知識分享◎經驗傳承 系列

台灣唯一獲得世界品質桂冠日本戴明大賞殊榮的國際企業

台灣飛利浦品質文教基金會執行長 林昌雄 著

台灣飛利浦的 MIT
從追求卓越到全面翻轉

成長與蛻變

TFQM 財團法人
台灣品質文教基金會

基金會序：訴說這本書的由來

2013 年，台灣飛利浦的幾位前任領導，總裁羅益強先生、總裁張玥先生、副總裁許祿寶先生和基金會的同仁在台大的集思會上共同討論，希望能將集團在台融合東西方文化，發展出來獨特而唯一的國際企業經營管理模式和實務保留下來，回饋社會，略盡一份企業的社會責任。在規劃上期望透過基金會的努力，以**「知識分享、經驗傳承，House of Light」**的系列，分別在品質經營、追求卓越、組織變革、領導創新和人才發展等方面加以整理分享，兌現基金會成立的初衷。

台灣飛利浦企業於 **1985 年**啓動公司全面品質改善活動（CWQI, Company Wide Quality Improvement），於 1991 年榮獲日本戴明品質應用獎的殊榮，其後又於 1997 年贏得更高一層，象徵世界品質桂冠、企業卓越的戴明品質大賞，至今仍爲華人世界中難出其右。經過大家多年持續不斷的努力，這個系列終於得以完成，分別以**「總裁診斷」**/2015 中衛、**「組織創新五十年」**/2019 五南發行，這本**「成長與蛻變」**係奠後的一冊。

總裁診斷描述企業全面品質經營奮鬥卅年的旅程，探索台灣飛利浦 TQM 的管理思維、方案活動以及運用工技；組織創新描訴五十年來築夢與圓夢的跨世紀轉型；成長與蛻變則是集團發展史的紀實，荷商飛利浦從 1966 年響應台灣獎勵外人投資，在高雄加工區成立第一個建元電子開始，台灣飛利浦就一路快速成長擴充、從茁壯到卓越，也適時敏捷的隨著台灣消費電子製造環境的變遷，跟隨客戶轉移，最後配合集團總部企業價值的新定位全面翻轉，結束了 MIT 在台的製造，結束了大量電子領域的的業務，以另外一種方式延續企業全球競爭力的始末，其間重要的關鍵在前瞻的經營策略，它融合國際團隊不斷的學習，領導珍視人員的價值，建置出組織的能力，發揮趨動的力量所致。

改變是一項創新，類型有多種，有些是漸進式的，有些是激進的、破壞式的，它牽涉有大有小、程度有難有易，不一而足，如產品創新、程序創新、營運創新、組織創新、技術創新、商業模式創新等。不論是那一種，成功絕對來自組織的領導力、企劃力、學習力和執行力，希望台灣飛利浦的「知識分享、經驗傳承」系列提供讀者一探究竟的機會。

基金會成立於 1992 年，在台灣榮獲日本戴明品質獎後，將總部頒贈的獎勵和在台企業、員工的捐贈成立基金會，以企業一己之力公開辦理各項品質改善活動、論壇和研討，希望能提攜國內產、學、研各界。1997 年擴大將基金會登記成立為財團法人，進入第二階段，希望引入外部資源和大學院校共同合作籌辦活動。為了持續未來、不再侷限飛利浦的框架，希望能以更開放的立場，發揮一路走來累積的優勢基礎，融入更新的內容和空間，提升在台品質管理教育和服務，對社會和各界發揮更大的影響，於 2021 年向教育部更名為「**財團法人台灣品質文教基金會**」，邁入第三階段的發展。

財團法人台灣飛利浦品質文教基金會

推薦序一：全面品質管理爲基礎的經營管理模式

台灣飛利浦成功的特色乃是對品質的追求與堅持。
整體而言，飛利浦實際上推動的是一種以全面品質管理爲基礎的「經營管理模式」

台灣品質文教基金會董事長　**蘇朝墩**

荷蘭皇家飛利浦公司創建**於** 1891 年，是世界上少數能夠歷經超過百年環境劇變，仍然屹立不搖的頂尖企業之一。1966 年，飛利浦來台灣投資設廠。當時，正值台灣工業快速萌芽發展的年代，在台企業憑其獨特的經營管理策略，篳路藍縷，經歷各種艱鉅的挑戰，不斷成長茁壯，曾連續多年蟬連在台最大的外商，對台灣電子製造的經濟奇蹟堪稱貢獻卓著。

飛利浦在台製造深耕四十餘年，提攜了台灣電子產業，也培育了許多珍貴的人才，其所服膺的核心價值與經營管理哲學，包括企業文化、管理與領導、重視人員的價值、培植組織的能力與變革創新等，更是國內許多公司爭相學習的對象。

我個人認爲台灣飛利浦成功的特色乃是對品質的追求與堅持。整體而言，飛利浦實際上推動的是一種以**「全面品質管理爲基礎的經營管理模式」**，這個模式協助企業可以洞見趨勢，密切貼合顧客需求，大膽靈活調整，也能華麗適時的轉身、成功蛻變。

台灣飛利浦於 1991 **年贏得日本戴明應用獎 (此獎項於** 2012 **年之後更名爲** Deming Prize)**，並於** 1997 **年獲得更高一層，象徵世界品質桂冠的日本品質管理大賞 (此獎項於** 2012 **年之後更名爲** Deming Grand Prize)**，至今仍是華人世界中唯一獲此項殊榮的國際企業。**

1992 年，台灣飛利浦成立「**台灣飛利浦品質文教基金會** PTQF, Philips Taiwan Quality Foundation」，在台無私分享其追求卓越品質的成功經驗，積極推廣品質管理教育。之後基金會於 1997 年登記成立「**財團法人**」繼續擴大活動，為提升對企業和社會的服務並發揮更大的影響力，為了進一步突破侷限，基金會於 2021 年更名為「**財團法人台灣品質文教基金會** TFQM, Taiwan Foundation for Quality Management」。

本書作者林昌雄先生，為現任台灣品質文教基金會執行長，他也是中華民國品質學會服務品質工作委員，兼任民營上市公司獨立董事。他終生任職飛利浦超過卅多年，為標準的飛利浦人。工作歷經許多集團事業如半導體事業全球業務部亞太本部、電子組件事業亞太本部、飛利浦建元積體電路廠、被動組件廠等要職，有機會沐浴在飛利浦的經營階層，由他細數整個變革歷程，顯得格外生動。

本書的內容與詮釋，乃透過作者在跨國企業的經營管理、科技企業的生產製造、供應鏈的專業、以及推動全公司品質管理多年的體驗，其間連結了幾位飛利浦經營高層，對企業文化、策略思維、公司價值定位、團隊學習管理、組織創新、領導與領導力、人員的關懷等前沿領導的思想和企圖有深度的瞭解。作者憑藉著他強烈的使命感，經多年的資料收集和訪談，終於完成這本「**成長與蛻變**」，幫助讀者一窺世界級企業的變遷，著實讓人驚豔。

本書忠實的記錄飛利浦企業在台灣一路走來的軌跡，描述其成長、茁壯、蛻變、以至於全面翻轉的歷程。作者運用淺顯易懂的文字搭配簡圖編撰而成，非常適合一般大眾閱讀。期望透過本書的發行，分享成功的經驗作借鏡，可培育與增進企業掌握變革的能力，進而提升國內企業在國際間的競爭力。

財團法人台灣品質文教基金會

董事長　　　　　博士

簡介：蘇朝墩　博士

學歷：美國密蘇里大學工業工程博士

現任：國立清華大學工業工程與工程管理學系講座教授、國際品質學術院 （IAQ） 院
　　　士、美國品質學會 （ASQ） 會士、中國工業工程學會會士、中華民國品質學會
　　　會士、台灣品質文教基金會董事長

經歷：國立交通大學工業工程與管理學系教授、永光華金屬股份有限公司工業工程
　　　師、橡樹遠東電子股份有限公司工業工程師、中華六標準差管理學會理事長、
　　　中華民國國家品質獎評審委員、國發會政府服務品質獎評審委員

榮譽：科技部傑出特約研究員獎、國科會傑出研究獎 （三次）、上海白玉蘭質量貢獻
　　　獎、Walter E. Masing Book Prize （IAQ）、傅爾布萊特資深學者赴美研究獎
　　　勵、中國工業工程學會工業工程獎章、中華民國國家品質獎個人獎、中華民國
　　　品質學會品質個人獎

推薦序二：留下歷史回顧，見證台灣工業起飛

留下歷史回顧，見證台灣工業起飛
值得深思與細讀，期望能幫企業界達到繼往開來的功效

三創菁英協會、全球視野協會理事長　**羅台生**

壹、留下歷史回顧，見證台灣工業起飛

繼「總裁診斷」大作於 2015 年問世，本書的發行，對整個台灣的製造業及相關產業，有非常詳盡的描述。將台灣飛利浦從 1966 年開始，在高雄加工出口區成立，不斷成長與茁壯的歷程完整呈現，除了追求企業本身的成長，同時也善盡企業社會責任、重視知識的分享、經驗的傳承。在追求盡善盡美的原則下，毅然決然地挑戰象徵最高品質的日本戴明獎，並將心得用教育的方法來推廣品質管理，為了達到永續經營的理念，更進一步的成立了財團法人飛利浦品質文教基金會，無私的把經驗傳承下去。

台灣過去的成長，是以代工或加工為主，曾被譏笑為茅山道士（毛三到四）的產業，而要在毛三到四的現實情況下，如何能存活下去？ 良好的品質管理，是確保企業能獲利及生存的不二法門，因此，飛利浦所推行的 TQI（Total Quality Improvement）、公司的全面品質改善活動 CWQI（Company Wide Quality Improvement） 有如天降甘霖，適時的給企業注入活水，讓企業得以存活，並不斷的成長。事實上台灣飛利浦曾協助在初期萌芽階段的台積電及台達電，還有眾多的協力廠商，達到所謂的投資的乘數效應，這一段的歷史，應該是高成長的魅力時期，大家的共同美好回憶。

貳、值得深思與細讀，期望能幫企業界達到繼往開來的功效

很高興的有機會事先拜讀林昌雄先生的新作「成長與蛻變」，此書的重點是放在如何建構一個高效的組織能力？ 如何珍視人為組織最重要的資產，具體的開發出來？ 如何達到以人為本的最高境界，讓人的潛能可以充分的發揮？ 全書共分四大部分，從企業如何多元化開始，這也是我們中國人的經營哲學，不把所有的雞蛋放在一個籃子，接著談如何面對變革及所應採取的管理方法，以及如何去改善，更重要的是，如何能利用不斷的學習，最終形成一個學習型的組織，確保團隊能不斷持續的成長，共同面對環境變遷的嚴峻挑戰。在第二部分，更針對一個企業在面對全球不景氣的惡劣環境下，身為經營者，如何面對以及如何採取相對應的措施，作者更以台灣飛利浦在當時面對亞洲金融海嘯及全球不景氣時，所採用的 Vision 2000 及 New vision 2010 來佐證。

在第三部分，則針對以人為本的領導與人才發展，分別討論如何建構團隊的向心力，如何形成夥伴的關係，如何發掘企業最需要的明日之星-領導者，如何從事不同文化的跨國企業領導，這些都是國內企業在面對高成長及國際化的今天，所必須面對的問題。

在第四部分，更針對一個高階的經營者，如何面對危機，將危機轉變成轉機，也就是我們常說的化危機為轉機，套一句在 Covid-19 常被引用的一句話，如何能洞燭機先、超前部屬，書中也用了很多篇幅討論如何培養出一個真正有行動力的企業文化，這是一個永續經營企業非常重要的制勝關鍵，難得的是作者用台灣飛利浦的實例來佐證。

本書最大的優點就是可以分開來看，針對企業所面臨的問題，詳細的探討。除了可自行學習，更適合讀書會的方式閱讀，讓團隊能形成共識，進一步養成學習型的組織，是企業經營者的一本非常實用的參考書籍，個人在閱讀後真有感受到醍醐灌頂。

三創菁英協會、全球視野協會

理事長　羅台生

簡介：羅台生　理事長

學歷：菲律賓亞洲管理學院企管碩士、元智大學教授、國立台北科技大學教授、美國管理大學教授暨博導、國立台灣科技大學教授級專家、教育部大學評鑑委員、國立台灣科技大學管理學院聯合校友會榮譽理事長、國立台北科技大學校友總會理事

現職：三創菁英協會理事長、全球視野協會理事長、中華畫院協會執行長、宏外線召集人（宏碁集團）、飛友會召集人（飛利浦公司）、中央傑人會理事、中華幸福企業快樂人協會常務理事、中華海峽兩岸文經交流協會常務理事、全球客家/崇正聯合總會副總執行長、鄭豐喜文教基金會董事、台北市客委會委員、新北市客委會委員、中國國民黨中央客委會委員

經歷：晶訊公司董事長、美商愛美達公司集團副總裁、致福集團公司副總裁、台灣飛利浦公司亞太區總經理、群光電腦公司副總經理、宏碁電腦公司協理、台灣通用公司總工程師、2011 年第二屆世界客家嘉應大會總執行長

榮譽：2016 年中華民國模範父親獎、2013 年台北市工建校七十年傑出校友獎、2006 年國立台北科技大學傑校友獎、2004 年國立台灣科技大學傑出校友獎、1995 年中華民國十大傑出企業管理人獎、1989 年中華民國傑出商人獎、1984 年/1985 年榮獲亞太地區十大傑出行銷經理獎、1968 年台北市善行學生/全國好人好事代表

推薦序三：卓越經營品質企業的特色

卓越經營品質的企業需要具備優質的「領導、策略規劃與創新、顧客與市場、資源管理、營運管理、資訊與知識管理」與優異的「經營績效成果」等特色

中華民國品質學會服務品質委員會主任委員
元智大學管理學院副教授　**湯玲郎 博士**

本書是介紹台灣飛利浦過去 55 年來，在台產業精彩的成長與蛻變事蹟。企業卓越需有一項持續組織學習與創新的機制；因應變局需要有睿智的領導，擬定清晰的願景，充分和員工的溝通，才能激起組織的熱誠與共識，貫徹組織追求的目標。從本書可以學習到一家卓越企業，如何維持長期的經營，使公司能夠永續與永保競爭力。

台灣飛利浦是一家外商，早期從高雄加工區的海外製造公司據點，快速成長，茁壯為跨國營運、研發及行銷中心；由地方性的加工製造工廠成長為世界級的跨國企業。總裁羅益強先生在擔任台灣區飛浦負責人時，帶領公司員工不斷創新，引進研發技術應用到台灣本地製造，創造高生產力及優質的營運模式，帶動台灣電子產業的榮景，諸多亮麗成果如：飛利浦曾連續多年在台蟬連最大的外商出口佳績，兩度贏得日本戴明獎與日本品質大賞的世界桂冠殊榮等，使台灣飛利浦成為資訊電子科技產業的標竿，其如何經由成長與蛻變的經驗，值得企業經理人參考。

在中華民國品質學會的**「卓越經營品質獎」**評估指標上，指出卓越企業需要具備優質的**「領導、策略規劃與創新、顧客與市場、資源管理、營運管理、資訊與知識管理」與優異的「經營績效成果」**等特色。從本書各章節的內容，讀者可以找出卓越企業的成長要因與精彩的蛻變演化，例如：領導者具前瞻性的眼光，有清晰的願景，能為組織建立一致的目標，創造與維持組織內部優質的環境，使眾人行的領導力、引領團隊挑戰，貫徹執行力、計劃力，確保它的實踐，促使成員能

全力投入產、銷、人、發、財各種活動中，達成組織的目標。

卓越企業會把公司欲達成的無形理想願景，善用各種有形資源，轉化為激勵組織前進的架構或管理機制。飛利浦的科技創新是在市場上成功最重要的因素之一，經由組織學習成效與外部相關的研發網路優勢，公司員工更敏捷的累積許多科技知識與理解力，使得台灣飛利浦在創新與持續改善上有許多亮麗的成果，得以因應市場上愈來愈短的新產品與服務週期，能更快、更具彈性回應顧客。

每一家卓越的企業背後都具有成功的管理策略，如今在新興創價的經營環境上，更是絕對的關鍵。台灣飛利浦從企業組織、技術架構、人力資源及製造流程上，進行觀念的改變與調整，才能打造出即時重新配置資源的內部能力，提升企業自己的持續競爭力，如同普哈拉 (C.K. Prahalad) 和哈默爾 (Gary Hamel) 大師所言，將員工核心職能比喻為一棵起源的樹根，而公司由其發展成主樹幹與主枝的核心產品如主要元件、零組件，再由核心產品產生小樹枝的企業單位，最後由企業單位努力結成公司各式各樣最終產品的豐碩果實。台灣飛利浦珍視「人員的價值」，重視根源的核心職能，是能夠策略性使公司差異化之要項。

企業在面對未來挑戰、掌握變革，要能經常提出各種創新作為，引領不同的事業單位走向成功之途徑。台灣飛利浦在這展現出企業家精神，尤其重要的在領導和團隊的執行力，透過珍視「人員的價值」建置出「組織的能力」。企業這種核心職能產生「趨動的力量」，是因應未來變局的一項關鍵DNA，這種趨動力量不斷指引領導者激發及激勵公司全員的發展與學習、勇於創新及表達創意，並對公司做出貢獻。

此外，隨著企業向全球擴展，飛利浦在各國許多管理人才上，善用因地制宜之妙法，建置出自己健全的「組織能力」，當前國內許多企業爭相擴廠增能，在面臨少子化、企業人才短缺困境時，參考本書在企業人才培育、建立組織能力；在人員價值上塑造公司核心職能，或許可以借鏡飛利浦在海外相關業務培育管理人才之作法。

這本書的架構完整、內容豐富、事件詳實、論述清晰，是林昌雄執行長，繼六年前集結台灣飛利浦的「總裁診斷」出版後，另一本有關跨國企業-台灣飛利浦，從早期純海外代工，隨著總公司發展策略，而能與產業環境逐步成長、變遷之大

作。這些都是飛利浦在台灣眞實走過的實務，其成功經營及轉型發展，從追求卓越到全面翻轉的經驗，一定能提供企業管理者在經營管理上許多的新思維，並期望讀者能瞭解其間關鍵祕訣、學習其妙法，配合未來在資訊科技的靈活運用，或可創造出屬於自已永續經營的卓越企業。

中華民國品質學會服務品質委員會主任委員
元智大學管理學院副教授

簡介：湯玲郎　博士

現職：元智大學管理學院副教授、中華民國品質學會服務品質委員會主任委員、民營企業獨立董事

經歷：元智大學企管系主任、終身教育部主任、博士班企業化召集人等
　　　桃園縣婦女館館長、桃園市政府服務品質獎輔導委員等
　　　臺灣飛利浦電子公司工業工程主任、系統暨組織經理、資深顧問
　　　財團法人臺灣飛利浦品質文教基金會董事、執行長、監事
　　　中華民國品質學會理事、服務品質委員會主任委員、卓越經營品質獎委員等
　　　中華民國品質學會品質個人獎
　　　中華系統性創新學會理事/監事
　　　中華民國六標準差學會監事

目錄

基金會序：訴說這本書的由來 5

推薦序一：全面品質管理為基礎的經營管理模式 7

推薦序二：留下歷史回顧，見證台灣工業起飛 10

推薦序三：卓越經營品質企業的特色 13

前言 19

第一部　發展的軌跡：跨國企業來台的發展 23

第一章　布局與發展：多元事業的經營 24

台灣產業環境的變遷 24

國際企業的海外投資 33

飛利浦在台的發展 39

飛利浦的公司治理 45

第二章　管理與改善：變革的幾個階段 69

台灣飛利浦的組織發展 69

管理的機制和改變心法 73

全面品質經營追求卓越 79

第三章　學習與成長：持續不斷的挑戰 88

推行 CWQI：1985～2000 88

品質詮釋與標竿學習 93

掌握事業管理的核心 96

方針管理的展開實施 102

激發組織的創新動能 106

第二部　組織的能力：建構企業全球的競爭力 113

第四章　組織的學習與管理 114
組織學習的觀念 114
組織學習的模式 119
組織的學習管理 120

第五章　事業的經營與挑戰 131
事業單位的組織與運作 131
專業的領導和全員投入 144
追求卓越：建置產業主導的地位 154
前瞻未來：策略方針管理與規劃 170

第六章　從逆境中創造新機 181
數位時代大量電子的困境 181
產業的循環波動衝擊事業 184
急思轉變的事業：電子零組件的案例 199
功敗垂成的企圖：台灣飛利浦願景兩千 205
探索翻轉的機會：飛利浦 2010 新願景 211

第三部　人員的價值：以人為本的領導與人才發展 225

第七章　培養組織變成智能的團隊 226
組織的活動與表現 226
智能團隊蘊涵的基因 230
組織凝聚向心的內在途徑 232
人員是組織能力發展的關鍵 238
珍視夥伴關係的思維和作法 244
事業人力資源的策略性規劃 246

第八章　領導力與領導才能的發展 254

　　　　跨國企業量身詮釋領導和領導力 254

　　　　以領導才能評估主管的領導力 260

　　　　以領導才能評估主管的潛能 263

第九章　人才發展與績效管理的領導 267

　　　　主管人才管理和發展 267

　　　　績效連結企業的經營理念 283

　　　　全公司績效管理的領導 295

　　　　跨文化國際團隊的領導 300

第四部　驅動的力量：從危機到轉機的變革 309

第十章　前瞻的視野與行動的企業文化 310

　　　　洞察機先策略前瞻部署 310

　　　　總部的效能和專業奧援 316

　　　　品牌承諾驅動企業變革 326

　　　　台灣飛利浦經驗的啓示 333

後記 351

附錄一：多國籍企業在台發展的大事紀 354

附錄二：台灣飛利浦發展的大事紀 359

附錄三：台灣飛利浦在台投資彙總 363

前言

「你可以回頭看多遠，就可以往前看多遠」；**「如果糾纏於過去與現在，我們將失去未來」**，這是英國首相邱吉爾的名言，意寓在滄桑變化、世事浮沉的歷史進程中，回顧過往、不忘本來，記取先前的經驗，把握現在、追求向前、贏向未來。

本書以局內人的角度，敘述飛利浦這家百年的歐洲最大電子巨擘**在台工廠製造 (MIT, Made in Taiwan)** 近半世紀的歷程，荷商飛利浦曾經是台灣最大的外商，連續多年位居加工區外銷的首位，也曾被許多雜誌評為最佳企業。1966 年在高雄加工區成立零組件製造、IC 封測，1986 年與工研院簽約合資成立半導體晶圓製造，奠下台灣半導體產業的基石。為因應危機，同年推動公司全面品質改善活動，開啟了企業卓越的經營旅程，不懈的努力與標竿學習，歷經超過了十五年，獲得顯著的成效，曾兩度贏得世界品質桂冠的**日本戴明賞 (Deming Prize)/1991 和戴明大賞 (Grand Deming Prize)/1997**，在華人世界中至今仍無第二家擁有此項殊榮，一個智能組織獨特的學習和管理，將透過本書分享給讀者。

不同於其他跨國企業的海外組織，台灣飛利浦具有東方文化涵養，堅毅的精神，培養出組織的能力。領導以前瞻視野、知人之所不知、行人之所難行，建置幾個主要事業成為全球基地和事業本部。隨後，因應台灣產業環境的變遷，也適時的轉骨甚至變身。雖然身為跨國外商海外的一環，但憑藉的能力和條件卻是關鍵。有鑑於此，台灣飛利浦品質文教基金會將過往珍貴的歷程，透過「經驗分享、經驗傳承」系列回饋社會。本書是繼**「總裁診斷」** — 林昌雄/中衛發展中心 2015、**「組織創新五十年」** — 鄭伯壎/五南 2019 發行後的又一獻禮。

縱觀台灣經濟發展的軌跡，八十年代是台灣工業快速發展、經濟起飛的階段，其中消費電子占大宗。在六七十年早期來台的外商中，飛利浦是加工區最早設立的廠商之一，1965 年總部第四任董事長**弗立茲‧飛利浦 (Frits Philips)** 先生應先總統蔣介石之邀來台，當時台灣加工出口區剛剛設立，政府鼓勵外資，為了響應政策，隔年於高雄加工出口區成立建元電子，為飛利浦海外設廠的首例。起初生產人工穿線的磁環記憶體 (Core Memory)，其後陸續擴增其他相關的電子零組件

如微調電容器、碳膜電阻、晶片電阻、積層陶瓷電容與積體電路 IC 的封裝測試；在竹北投資電子玻璃、映像管、電子槍、磁性材料的生產；在中壢投資生產電視、監視器及其相關模組；在大園投資生產燈具，以及陸續在竹科園區的先進彩色映像管、雷射二極體。其他還有許多合資企業如台積電、台灣日光燈、建興光碟儲存等，這些家族暨其聯屬構築出飛利浦在台多元事業蓬勃的發展，譜寫 **"台灣製造, Made in Taiwan"** 和台灣共同成長的一片天。

在 1985 到 2000 年的十五年間，是台灣電子工業蓬勃發展的黃金時期，也提供了飛利浦快速崛起的機會，然而這般榮景，隨著市場的開放與大陸的極速增長，產業板塊大挪移，外商紛紛轉離。許多客戶在大陸強力磁吸的效應下出走，原以中上游電子零組件及系統模組為主的台灣飛利浦，也不得不調整部屬。在那時候，在台各廠的大量消費電子規模已是飛利浦全球重要的製造基地，甚至是數個事業部或產品群的亞太或全球營運本部，衝擊之大不可言喻。

另一方面，新世紀下的產業和競爭態勢已大不如前，像飛利浦這種大型傳統的消費電子，也無法憑藉過去的優勢，勢必思索長遠的未來，尤其顯示器、零組件和半導體產業受到景氣的波動影響鉅大，從技術開發到產品交付前，需不斷的投注大量資金，產銷時序的落差，往往存在著不可預期的風險，投資報酬難以達成對股東的承諾，縱使企業挾有諸多強項，也無法掌握。因此評估未來公司定位，聚焦市場價值所在，為不可迴避的課題。在全新的策略引領下，逐步揚棄傳統大量電子的製造和銷售，有意朝向攸關人類福祉，提升居家生活品質的先進科技應用發展，企業邁入智慧醫療及健康照護的領域。

飛利浦成立於 1891 年，是家歷史超過百年的電子公司，總部位於荷蘭的安多芬(Eindhoven)，從生產碳絲燈泡起家，標榜先進技術和創新研發，照亮全世界！隨著科技演進，產品不斷的推陳出新，衍生的事業快速擴張，跨入十分廣泛應用的消費市場、半導體、零組件、電腦、電話通信、國防、醫療設備器材及其他專業。市場及生產的規模涵蓋了世界大部分地區，是全球跨國多元事業的巨人。在電子科技發展的歷史中，擁有許多先進的發明，掌握一些關鍵的電子零組件及生產技術，七十年代甚至和美國奇異公司並列為全更能球最大的家電業者。

企業經營有如牌局，當手頭上仍握有許多好牌之際，捨得放下卻需要極大的決心和智慧。雖然春江水暖鴨先知，但領導得有前瞻的思維，早有決斷的打算，適時

把握未來主導的選項，才有此等氣魄。飛利浦的脫胎換骨、華麗轉身，為近世紀大型企業中讓人驚艷的例子。雖然論斷一個剛換跑道的企業為時尚早，但不爭的事實飛利浦的個案，為國際知名電子業中少數不陷入困境，成功延續企業的典範。

回顧歷史，掌握當下，更能砥礪前行，清楚的剖劃未來，本書提供讀者領略飛利浦在台製造的風華。然而作者特別強調，企業要有文化、尊重專業，主管具領導才能、有領導力，有機團隊肯不斷學習、貫澈的執行力絕對是個關鍵，其中憑藉的「組織的能力」和「人員的價值」為兩大支柱，是企業核心競爭力的所在，而實現它更需要「驅動的力量」。

不讓精彩的過往遺忘在時光隧道裡，本書找回飛利浦在台製造的始末，從篳路藍縷，歷經成長、茁壯、蛻變、到新價值定位，全面翻轉。內容共分四部，**第一部「發展的軌跡」**，回顧過去跨國企業在台的發展，闡述跨國企業的布局與發展，多元事業的經營；管理與改善，變革的幾個階段；學習與成長，持續不斷的挑戰。**第二部「組織的能力」**，如何建構企業全球的競爭力，闡述組織的學習與管理；事業的經營與挑戰，從逆境中創造新機。**第三部「人員的價值」**，說明公司擁有優質的企業文化才具有的潛力，它需要以人為本的領導和人才發展，闡述培養組織變成智能的團隊；領導力與領導才能的發展；人才發展與績效管理的領導。**第四部「驅動的力量」**，總結台灣飛利浦從危機到轉機的變革，為了因應危機而啟動全面改善，追求企業的卓越經營，最終甚至探索公司價值重新定位、全面翻轉。強調組織團隊要有前瞻的視野與行動的企業文化才能掌握變局，領導有能力洞察機先，規劃策略前瞻部屬；在執行上，有總部的效能和專業奧援；運用品牌承諾驅動企業變革，成功的完成追求的目標。結語前，作者特別以局內人、親身的體驗，將工作上的見證和長期觀察，給讀者一些台灣飛利浦經驗帶來的啟示。

作者　許祥昌先生

第一部
發展的軌跡：跨國企業來台的發展

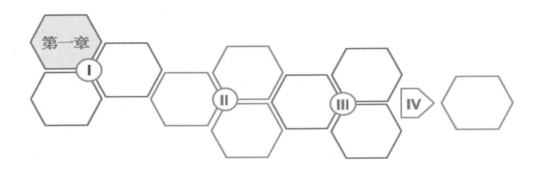

第一章

I

II

III

IV

布局與發展：多元事業的經營

第一章　布局與發展：多元事業的經營

台灣產業環境的變遷

縱觀台灣的經濟和產業發展，從戰後重建時期開始，歷經六七十年的成長和發展，造就「台灣經濟奇蹟」，其間有賴企業和人民共同的參與，但政府確實扮演了主導的角色，過去台灣能如此快速且持續的發展，重要的因素之一是政府在適當的時機採取適當的政策，掌握台灣經貿的本質和推動產業的變遷。

在專訪前台灣飛利浦總裁羅益強先生〈注一〉時，他巨細靡遺地描述過去台灣一甲子歲月的經濟演變和產業的轉換。羅總裁曾親身參與，見證台灣這段光輝燦爛的時代，從 1969 年進入剛成立不久的台灣飛利浦高雄廠開始，領導企業團隊擴展台灣早期電子工業發展不可或缺的關鍵零組件、顯示器和半導體產業，他曾擔任飛利浦集團總部董事，領導全球電子組件事業部，在八、九十年代，締造了幾項世界級的產品和規模，帶領公司成為在台最大營收的企業，由他親自講述「台灣經驗」最適當不過。這段台灣成長與變遷的過程，就像一部台灣產業的發展史，道盡台灣經濟環境的滄桑。作者根據其口述整理彙總如圖 1-1，更詳盡的敘述則一併參考經濟部官網以及相關的報導印證如下：

四十至五十年代

四十至五十年代正值台灣從戰後恢復及政府遷台的「**戰後重建時期**」，推出一系列的土地改革措施，像三七五減租、公地放領、耕者有其田、地主轉進工業等等，使得稻米、砂糖等農產品成為經濟復甦的動力，希望透過農、林、漁業以及傳統手工業的基礎，培植及發展在戰爭中幾已催毀的輕工業。

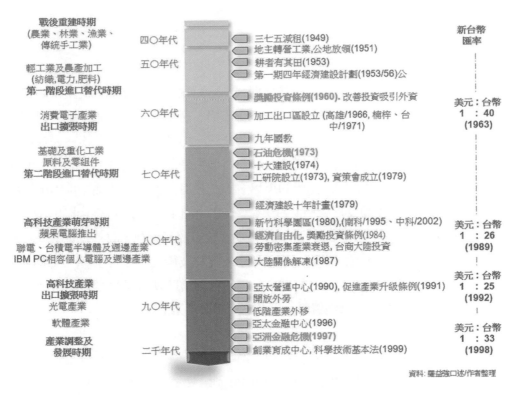

圖 1-1. 台灣經濟環境的變遷

接著政府透過農復會於 1948 年成立的輔導機構，積極地進行農村的教育和農業技術的推廣，提升農產品的收穫，也利用更多的農產品加工及外銷。此外，糧食局運用強制收購、米肥交換和向大戶收購餘糧等策略，將農業出口賺取的外匯轉化為政府所需的財政資金，換取工業發展所需之設備，以從事經濟建設。

1950 年韓戰爆發，美國協防台灣並進行經濟援助，由於美援的注入（1951 ～ 1965），讓國營企業的運作和民間輕工業獲得補助，電力、肥料、學校、技術人才培訓等受惠很多，使得台灣安然渡過戰後艱困的時期，爲經濟發展的重要支柱。在這個時期政府也推出第一期四年經濟建設計劃（1953 ～ 1956），生產內需，台灣逐步的邁入「**進口替代工業時期**」，實現以農業培養工業，以工業發展農業的目標，此時的貿易政策仍採取保護主義，外匯仍然受到管制、關稅保護、設廠限制等措施，刻意扶持國內工業能夠自立發展。

六十年代

在六十年代，當時的政府財政仍相當拮据、外匯短缺、人口遽增、失業率偏高，美國為世界唯一的超強，主宰著龐大的消費市場，產量高居世界的一半，經濟表現空前繁榮。日本及歐洲國家也隨著迅速的竄起，由於工資高漲，這些先進發展國家漸漸的受到國內成本壓力的影響，紛紛將勞力密集的產業外移到開發中的地區，他們依賴系統組裝再回銷國內的市場，因此政府掌握這個時機，提出出口擴張的策略，制定「獎勵投資條例」/1960，成立「加工出口區」-高雄/1966、楠梓、台中/1971，並透過租稅改革、開放市場、放寬貿易管制、改善投資環境等措施吸引外資來台設廠、回銷出口。希望利用外資及技術從事在台生產、擴展國外市場，同時也能夠增加在台就業的機會。利用台灣當時便宜又具素質的勞動資源和低生產成本的優勢，發展消費電子工業的**「組裝產業」**。

這個年代，政府的政策除獎勵投資及加工區建設外，還有其他相關措施的配合，包括（一）限制進口：由於外匯短缺，政府管制匯兌是「外匯管制辦法」/1958，須節制進口，減少不必要的外匯支出；（二）設訂進口關稅：特別對進口家電的產品，課徵較高的稅率培植本地企業；（三）生產事業輸入機器設備得以分期繳納進口稅捐的實施辦法（1961）；（四）機械電器製造工業自製計畫的實施辦法（1965），要求外資投入必要的技術和資源扶植在地生產的企業等，一系列保護國內產業的措施，有效地促進外資的注入，出口貿易快速增長、累積無數的外匯，不但經濟高速成長同時也提升本地工業的水準。

六十年代臺灣的 GNP 年平均成長率高達 11.1%，工業生產的年平均成長率 19.4%，出口成長率 29.7%。台灣產業結構在外資與出口擴張的影響下不再以農業產值為主，到 1964 年時，工業生產的總產值首度超越農業的生產值，而且這個差距仍持續不斷的擴大，台灣可以說邁入工業化生產的行列。

當時組裝產業的特質大都利用日本人的技術、原材料和零組件加工生產變成半成品、模組器件或最終的成品，外銷到美國或歐洲市場。因為當時日資比較偏重上游原材料和零組件製造，台灣成為國際產業加工的一環，屬於勞力密集的電子輕工業。

加工出口區是在境內劃出一塊區域，專供本國和外國廠商在特定區域內從事外銷產品的加工、裝配及製造。為吸引廠商進駐，區域內廠商使用的機器、原物料、半成品等皆免除關稅，但限制其產品只能出口外銷，出口的國家須提供生產所需的技術、機器、原料、零組件等進加工區進行下游組裝，加工出口區管理處配合簡化行政手續等優惠措施，爭取企業進駐。當時美、日兩國在加工區設置的產業大都為生活現代化所需的民生輕工業，像成衣加工、電子零件、光學製品、家電用品等，在吸引外資、拓展外銷的成就上效果十分顯著。

七十年代

到七十年代，經濟部於 1970 年結合民間工商團體，設立對外貿易發展協會〈簡稱外貿協會〉，協助業者拓展對外貿易，也成立工業局協助工業的發展，希望漸進式放開國內市場的政策改為鼓勵出口的**「出口擴張時期」**。為因應 1973 年發生的第一次石油危機，以及隨後在 1979 年接連發生的第二次石油危所引起的世界經濟不景氣，造成生產成本不斷增加，出口大幅衰退；加上過去持續的經濟發展，已使得台灣的基礎設施如電力、交通、港口等能量明顯的不足；政治外交上於 1971 年又碰上退出聯合國，面臨國際上的孤立，影響許多外來投資意願。政府適時成立工研院，並在 1974 年推出十項建設計劃，發展重化工業和能源、交通等基礎設施，降低國內製造業遭到重化工業原料及零組件受制外國的窘境，藉此改善產業的結構，促使台灣從勞力密集的產業，逐漸朝向技術、資本密集的方向發展，也希望透過大型公共建設的投資，創造出就業的機會，帶動經濟的復甦和發展。

在這個持續發展的**「第二次進口替代時期」**，明顯地曝露出當時台灣經濟所面臨的問題，像工資上漲、能源消耗、過度依賴外貿等，行政院通過「科學技術發展方案」，包括建立能源、材料、資訊與生產自動化四大重點科技，並扶植與延攬海內外學人，以及建立科技顧問制度等。之後，該方案在 1982 年修訂，增列生物技術、光電科技、食品科技及肝炎防治等，稱作八大重點科技。經建會也在 1979 年擬定出「經濟建設十年計畫」，計畫從隔年開始推廣機械、電機、資訊、電子等低污染、低耗能，技術密集的「策略性工業」，這個階段可以說準備為台灣加速產業升級，積極發展**「策略性工業的啟動時期」**。

所謂的策略性工業，依據經濟部策略性工業審議委員會所訂定，符合「二高」即附加價值高、技術密集度高；「二大」即產業關聯效果大、市場發揮潛力大；「二低」即污染程度低、能源密集度低的產業特質，選出一百五十一項產品做為策略性工業適用的範圍，並提供融資、租稅減免、經營管哩輔導等的優惠及協助後來又增加生物技術及材料工業等項。

八十年代

到八十年代，對美貿易連年的順差，累積龐大的外匯存底，促使台灣必須更加開放市場、台幣升值；民間累積的超額儲蓄不斷地投向股市與房市，使得股市從1980 年代初期的七百點衝上萬點的高峰，中小企業開始思索未來應該何去何從，因此「產業升級」變成台灣生死存亡的關鍵！為扶植策略發展、電子工業升級，政府在新竹設立全台首座的「科學園區」，結合科學的研究與生產，有效的帶動產業發展，園區後來陸續擴大範圍，一路延伸從新竹到台中、台南，園區內的廠商都享有免租稅，廠房、土地租金的特別優惠。

在積體電路 IC 晶圓製造方面，1976 年台灣工研院與美國無線電公司（RCA） 簽定CMOS 技術轉移，項目包括電路設計、光罩製作、晶圓製作、包裝測試、應用與生產管理等。RCA 並承諾協助台灣訓練設計人才，並在雙方合作的十年當中，全力協助技術的研發和人員的培訓，在工研院示範工廠順產後，於 1980 年技轉民間衍生的聯華電子公司（UMC）。資訊時代的來臨，各國均積極發展積體電路並冀望領先這個明星產業，台灣為保持國際競爭，於 1984 年在行政院長孫運璿先生和政務委員李國鼎先生的大力支持下，工研院再度推出「超大型積體電路計畫，簡稱VLSI」並將技術轉移給新成立的台灣積體電路製造公司〈注二〉。台積電成立於1987 年，由政府開發基金投資 48.3%，荷商飛利浦投資 27.5%並同意移轉半導體技術給台積電，同時保有增加持股過半的權利。這項合資開啟台灣專業晶圓代工的創新模式，為台灣半導體寫下重要的編章。聯電和台積電的建立，帶動上下游相關產業如晶圓材料、設計業、光罩業、封裝業、導線架業、化學材料業、測試業到設備產業的發展，這些關聯聚落彼此的協作，建構台灣完整的半導體產業鏈，造就世界難以撼動的優勢競爭地位。

在資訊產品製造方面，自從 1977 年蘋果電腦公司（Apple）正式成立並推出容易

使用和普及的個人電腦產品 Apple II 之後，創造出一個潛在的電腦市場。緊接著，美國國際商業機器公司（IBM）於 1981 年也推出第一部採用英特爾微處理器及微軟作業系統而成的個人電腦，微電腦不再像過去像個機器，為和蘋果抗衡，IBM 採開放系統授權的策略，讓電腦廠商都能採用，生產與 IBM PC 相容的個人電腦，並號召全球軟體業者開發應用，使得電腦普及蔚為風潮，成為世紀的創新文明，全球邁入個人電腦時代。

有鑑於此，台灣在工研院電子所主導下，於 1983 年和台灣宏碁等廠商聯合完成開發台灣第一部和 IBM PC 相容的個人電腦，並技轉宏碁等民間業者，其後更陸續推出更快的型號，帶動台灣資訊產業電腦及周邊元件像主機板、顯示器、電源供應器、鍵盤、影像、掃描等產業，像雨後春筍般在新竹科學園區及附近地區設立。完整的上下游產業鏈從零組件、主機板、代工、到組裝、到物流、到市場等，幾乎全包了下來，使台灣奠定全球難以撼動的地位。

由於產業技術能力的提升，產業型態逐漸擺脫過去母廠要求海外組裝的模式，進入原廠委託加工製造（OEM）的模式。政治上，政府也順應民意，於 1980 年代宣布解嚴；加上經濟環境走向自由化、國際化的助瀾，匯率開始自由化、調降關稅、放寬進口管制、讓國營企業民營化、分散美國市場到東南亞，資本市場從輸入變成輸出，尤其崛起的大陸市場潛力更是誘因，吸引在台企業包括本地台商轉進大陸或其他東南亞，一些外商紛紛離開台灣，尋找更有利基的地區。當兩岸關係於 1987 年解凍之後，更加速企業走出的腳步，這個階段是台灣經濟自由化下的**「高科技工業萌芽時期」**。

九十年代

到九十年代，政府於 1990 年六月將實施中的四年經建計劃改為「國家建設六年計畫」，此計畫包括十四類的建設，有農林漁牧、水利防洪、運輸通訊、都市住宅、觀光遊憩、文教、科技、能源開發、工業、服務業、環境保護、社會福利安全、醫療保健、其他等，總目標為重建經濟社會秩序，謀求全面平衡發展，預期將台灣發展成為西太平洋金融、交通轉運中心和科技的重鎮。

到 1990 年底，政府通過了「促進產業升級條例」，它取代原先實施中的「獎勵投資條例」，冀望推動十大新興工業，並進一步透過租稅獎勵如免稅或投資抵減等優惠措施，鼓勵廠商進行產業研究、發展自動化和人才技術的培育，促進台灣產業升級。其他相關的措施也在後續的年度中配套推出，像補助產品研發的「主導性新產品開發輔導辦法，1991」，最高補助研發費用 50%；推動國家通訊與資訊基礎建設（NII，1996）；補助技術研發的「民間參與科技專案計畫，1997」；在大學及研究機構設立「創業育成中心，1998」；研究單位保有政府資助的研發成果的「科學技術基本法，1999」等。

在落實自由化、國際化方面，政府從宏觀的經濟戰略觀點考量，也為兩岸經貿關係作長程思考，目標希望本國或外國企業能以台灣為據點從事投資並開發經營東南亞和大陸市場，同時能夠發展和各成員間全方位的經貿關係，使台灣成為區域性經濟活動的中心，於 1990 年做了一個前瞻的規劃目標，希望將台灣發展成為「亞太營運中心」；於 1995 年初行政院通過「發展台灣成為亞太營運中心計劃」推動三大類經濟活動、六大專業營運中心—「生產製造」– 製造中心；「專業服務」– 金融中心、電信中心、媒體中心；「轉運服務」– 海運中心、空運中心，具體作法的時程推動分成三個階段分別從 1995 到 1997、1997 到二千年以及自二千年後依序展開。

到 1995，台灣的桌上型電腦已經外銷世界 466 萬台，全球市占率 10%；筆記型電腦則有 259 萬台，全球市占率 27%；主機板、監視器、鍵盤、滑鼠與影像掃描器等資訊產品也暢銷主要各國，全球市占率 64~72%。台灣名符其實成為世界的資訊電腦製造大國，這個階段是**「高科技產業出口擴張時期」**，技術能力上更提昇一個層次能夠提供客戶委託加工或設計（OEM/ODM）的製造服務。

由於台灣產業已經逐漸朝向高技術、高資本密集的方向發展，不斷地將低階產業移往海外，主要分布在中國或其他東南亞國家，利用台灣接單、營運管理，海外生產的模式壯大產業的規模和國際競爭力，這個階段是**「海外移轉的時期」**。期間，重工業占製造業生產淨值的比重已由 1986 年的 48.5% 提升至 1998 年的 71.5%；若分開高科技、非高科技涵量來區分的話，到 1998 年高科技產品占製造業出口值比重達 49.8%，較之 1986 年的 27.6%，提高 22.2%；若按重化、非重化的內容來區分的話，1998 年重化工業產品出口值比重則為 64.3%，較之 1986 年的 35.6% 高出 28.7%，顯示工業升級的具體成效。

至於農業，成長漸趨遲緩，整體 GDP 的比重已由 1986 年的 5.6% 持續降低到 1991 年的 3.8%，甚至到 1998 年續降到 2.9%。農業發展的重點已不在強調經濟發展的地位或早期產值的貢獻，而轉為兼顧綠色經濟、生態永續的維護。鑑於農業為穩定國民生計，維護生態環境的重要產業指標，政府推行「農業綜合調整方案」、「台灣省農業建設方案」等系列措施持續發展。

此時，由於民間多年累積下來的財富，促進了民間的消費，內需大幅的擴張，對勞務需求也急遽增加，各項新興的服務業如雨後春筍般冒出，帶動服務業的蓬勃發展。同時政府為彌補台灣日益短缺的勞工問題，開放外國勞工。到 1998 年的時侯， 服務業占 GDP 63.1%，總就業人口 53.2%，充分顯示出台灣的經濟發展已從工業邁入第三產業，服務業為主的階段。

二千年

進入二千年新世紀，由於東亞整體的經濟情勢已嚴重受創於 1997 年七月從泰國引爆的金融危機，連鎖效應受到牽連的國家擴大漫延，幾乎成全球的災難，台灣在當時也難以倖免。影響所及首先在金融面，繼而衝擊到產業，蕭條的經濟急需尋求各種途徑來恢復，扭轉財政上的赤字，若按當時台灣經濟的表現來看，有下列不利的指標和意義：

匯率貶值：新台幣兌美元由 1997 年六月底的 27.81：1 漸貶至 1998 年十二月底的 32.22：1，貶幅達 13.7%。

股價重挫：由於新台幣貶值導致貨幣的收縮、利率上升，股市交易隨之變冷，股價應聲下跌，股市權值由從 1987 年八月的萬點高峰一路下滑到 1998 年十二月底的 6400 點左右。

出口衰退：各國在金融風暴的嚴重衝擊下需求減弱，進口紛紛萎縮，不利於台灣的出口。若以美元基礎計算的話，1998 年台灣出口值較前年減少 9.4%；商品及勞務輸出實質成長率也下 5.8%。

失業率攀升：疲弱的經濟及產業活動使得勞動市場不振，1998 年的時侯失業率達到 2.7%；降低了勞動意願，勞動力參與率也降至 58.0%。

企業的營運衝擊：危機不但波及許多財務及體質不佳的企業，甚至一些國際性企業也面臨短期營運的壓力，必須採取適當的因應措施，重新配

置資源、調整全球原有的布局、調整營運據點和模式，特別針對大陸這塊新興地區，許多企業還將台灣納入「大中華」地區營運，因此減、併、關、轉廠的事件頻傳，對台灣無異爲一個莫大的衝擊。

產業鏈的生態改變： 由於市場及客戶的遷移，產業的結構重新組合，台灣已經不是大量電子消費產品生產的基地，連帶的衝擊協作的夥伴，中、上游的電子零組件業者隨著市場、客戶移轉就近短鏈供應。

出口競爭力： 危機導致東亞五國及南韓的貨幣大幅貶值，各國的相對競爭優勢很明顯的也發生變化，所幸九十年代台灣推行許久的經濟自由化、國際化已給許多企業及早的因應，經濟得以維持中度成長，物價相對穩定，比起鄰近國家算幸運許多。一些根基仍在台灣的產業，其出口到美國、日本及中國大陸市場的國際競爭力仍然存在，而且有些企業甚至還受惠於大陸這塊增長神速的市場。

新世紀是台灣「**產業調整與轉型**」的契機，政府在 2002 年提出「兩兆雙星」的新產業政策，明確的勾勒出台灣新的策略方向，以發展積體電路（IC）、液晶面板（LCD）、數位內容與生物科技四大產業爲目標。在生物科技產業方面，台灣可以善用既有的資通產業的科技和研發實力爲基礎，並結盟全球先進、大廠的策略來協作發展，而結合腦力與創意的數位內容產業，則兼具知識經濟和數位經濟發展的意義，除可促進傳統產業的轉型成爲智識型產業外，也加速產業升級，落實科技島建設，維持台灣整體產業競爭力的重大挑戰。以上所述，可以看出台灣過去經濟發展的軌跡和產業環境的世代交替。

歸納台灣產業演進的主軸，由民國三十年代的農業、四十及五十年代的輕工業、六十及七十年代的基礎重化工業、到七十年代後的高科技產業；生產的模式從組裝到委託加工、委託設計、到營運總部管理海外生產銷售據點；政府運用各種財政、租稅、金融、貿易等政策工具，因勢利導推動必要的政策調整、或改善投資環境、或給予直間接的扶植，從保護、扶植到開放，引導產業結構朝向國家期望的目標發展，讓企業順利茁壯，成功地進入市場自由化、競爭國際化的環境。

國際企業的海外投資

二次大戰後，全球經濟的發展一直都由美國主導，擁有進步的科技、龐大的國內消費市場、經濟規模的優勢競爭。當時的歐洲也不遑多讓，由於歐洲國家受限於國內市場的狹小，企業強烈追求國際化。到六十年代後，日本企業也以品質極致的要求與技術打入國際，這些先進國家的企業以母公司所在為企業總部，擴充發展海外的分支單位，組成一個多國籍的企業體。海外分支單位從事各種價值鏈賦予的功能，包括市場、銷售、生產製造、研發與配銷物流等，各分支單位或多或少接受總部的指揮與控管，成為一般人所說的多國籍企業 MNCs（Multi-National Corporations），他們都有不同的動機和目的，有些考量一般傳統的誘因、有些是策略的盤算，或因應客戶供應鏈的就近要求。一般而言，國際性企業的海外投資大致可以歸納有下列幾類考量：

✧ 擴展新市場，可能因本國市場規模太小，已經達到飽和，或為取得特許，或生產貿易流通，市場包括海外當地或鄰近地區可能提供一個大好的機會。
✧ 取得生產原物料，不管天然資源、加工製品，資源的取得可避免政經風險，或該地區能夠取得較高層次的資源等。
✧ 降低營運成本，不論在工資、原物成本、運輸成本、基礎設施費用、或其他相關關稅與非關稅的障礙等，希望能夠增加投資效益。
✧ 當地具有優秀或充沛的人力資源，如作業勞工、管理、研發、科技、工程、或其他專長等。
✧ 具有吸引力的投資誘因，例如加工區特別的投資獎勵、租稅減免、補助或受到當地政府的邀請合作、專案開發等。
✧ 維持夥伴的供需關係，追隨客戶的海外布局及協作。
✧ 利用當地的優勢、分工協作，擴大營運的規模，或建置多點供銷保持彈性或分散市場變動的風險。
✧ 貼近客戶及市場、快速回應，強化營運管理以維持主導地位或競爭優勢。

國際性企業的產品發展多元，其間涉及的產品策略和商業模式各不相同，核心能力、組織架構、供應鏈的需求和回應等也大異其趣。公司若多角化、多樣化、多國籍跨域發展類型的企業，可稱為多元事業的跨國企業（DMNCs, Diversified Multi-National Corporations），許多歐美知名的大型企業都屬於這種，各不相同，荷商飛利浦（Philips）就屬其一。

在六十年代，當台灣提出出口擴張的策略，制定獎勵投資措施、開放市場及貿易、設置加工出口區之後，吸引一些美、歐及日本的國際企業來台，初期都只限於工廠製造型態，利用台灣比較低廉的資源成本如土地或設施、勤奮優良素質的勞工，發展勞力密集的民生用品電子組裝，也很快的吸引關聯的產業聚落發展。低階的加工技術提供了可觀的就業機會，改善了勞工生活，這些企業以及他們出口的產品更進一步促進產業的發展，對經濟帶來可觀的貢獻。

這種來台外資的成長，從六十年代持續到 1973 年達到最高峰。爾後成長的趨勢逐漸平緩，直到 1986 年以後，台灣的情況有了變化，土地及勞工成本在持續高度的成長帶動下逐漸高漲，台幣在這個時候不斷升值，尤其在 1986 到 1987 兩年之間對美元升值的幅度更驚人高達36%，使得美商原先所依賴的勞動密產加工出口漸漸不支，有如浮萍無根式的漂移，另逐水草而居，紛紛關廠或轉徙他處。

有鑑於此，政府鼓勵台灣朝高科技的產業發展，適度開放大陸投資，讓企業有機會轉移到適當的地方延續發展，本地企業紛紛外移布局下，外人投資因之遞減。『前來扣門者逐漸稀落，奪門而出的情節輪番上陣』《遠見雜誌，第 067 期》，1992 年一月號一篇『前進的動力：是卒？ 還是帥？ – 外商眼中的台灣』，曾經這麼報導過。

圖示 1-2 彙總 1960 ～ 2000 年期間，電子業來台的幾個關鍵的國際企業，在本章最後，作者也特別引述台灣文史的資料給讀者作補充，文中提到有關飛利浦企業曾經扮演的重要角色，走過從前、風霜履歷，讓讀者回顧過去的來籠去脈，它是如何伴隨台灣經濟和電子產業環境無數的變遷。

引述「台灣工業文化資產網」的文史資料中，有下面一段敘述家電如何以電視帶頭的產業群聚效應為台灣發展出民生工業，促進現代化的初始過程，從官方的資料佐證當年美、日、歐等先進的國際性企業先後來台設廠，造就台灣電子加工出口工業化的史實：

『從日本與美國的電視機產業發展的過程來看，電視台開播都會帶動電視機的消費，例如美國 CBS 的大股東 RCA，它的電視機銷售量就受惠於 CBS 的開播。此外，

日本 NHK 在 1953 年 8 月正式開播時的電視銷售商機，也促成松下電機與飛利浦在 1952 年 12 月合資成立映像管工廠。』

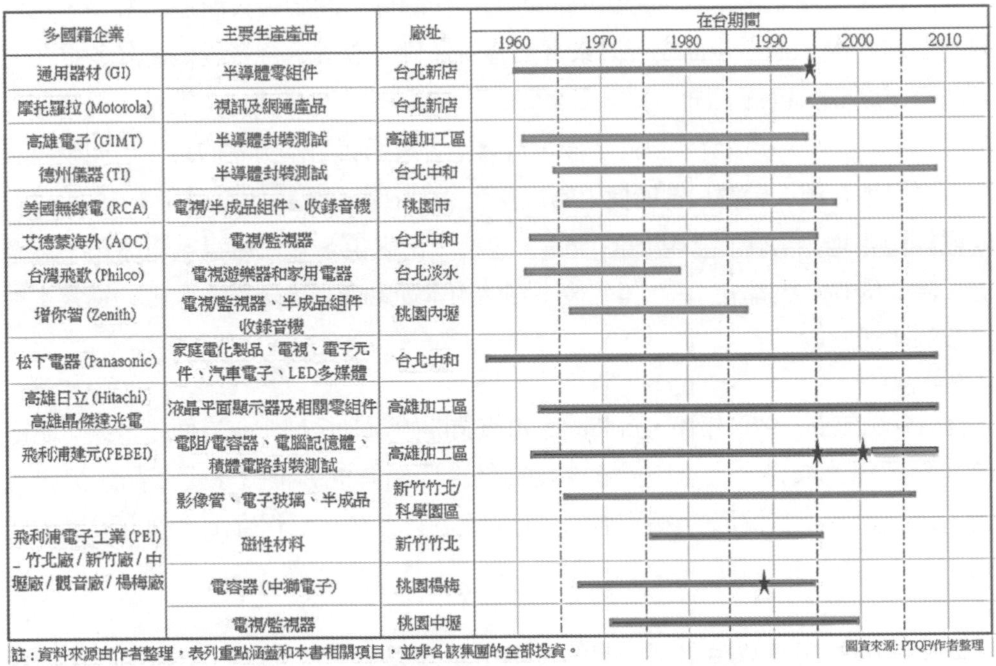

多國籍企業	主要生產產品	廠址	在台期間（1960～2010）
通用器材 (GI)	半導體零組件	台北新店	
摩托羅拉 (Motorola)	視訊及網通產品	台北新店	
高雄電子 (GIMT)	半導體封裝測試	高雄加工區	
德州儀器 (TI)	半導體封裝測試	台北中和	
美國無線電 (RCA)	電視/半成品組件、收錄音機	桃園市	
艾德蒙海外 (AOC)	電視/監視器	台北中和	
台灣飛歌 (Philco)	電視遊樂器和家用電器	台北淡水	
增你智 (Zenith)	電視/監視器、半成品組件、收錄音機	桃園內壢	
松下電器 (Panasonic)	家庭電化製品、電視、電子元件、汽車電子、LED多媒體	台北中和	
高雄日立 (Hitachi) 高雄晶傑達光電	液晶平面顯示器及相關零組件	高雄加工區	
飛利浦建元 (PEBEI)	電阻/電容器、電腦記憶體、積體電路封裝測試	高雄加工區	
飛利浦電子工業 (PEI) _ 竹北廠/新竹廠/中壢廠/觀音廠/楊梅廠	影像管、電子玻璃、半成品	新竹竹北/科學園區	
	磁性材料	新竹竹北	
	電容器（中獅電子）	桃園楊梅	
	電視/監視器	桃園中壢	

註：資料來源由作者整理，表列重點涵蓋和本書相關項目，並非各該集團的全部投資。　　圖資來源：PTQF/作者整理

圖 1-2. 電子業來台的國際企業（1960 ～ 2000 年期間，選樣）

說明：電視- 台視開播/黑白電視（1962）；彩色電視（1969）；開放家電進口（1986）

　　❋ 併購易主，工廠繼續經營：通用電器 → 摩托羅拉；飛利浦建元/被動元件廠，飛利浦工業/磁性材料廠→ 國巨（Yageo，2000）；飛利浦建元/積體電路 IC 封測廠 → 恩智浦（NXP，2005）

　　他們締造許多「台灣第一」的記錄：

　　　第一家生產電視工廠 — 松下（1962）

　　　第一家外商來台投資設廠—通用器材（1964）

　　　第一家外商來高雄加工出口區投資設廠—建元（1966），高電（1966）

　　　第一家保稅工廠 — 飛歌（1966）

　　　第一家積體電路封裝測試工廠—高電（1966）

　　　第一家生產 STN 液晶顯示器工廠—高雄日立（改名晶傑達，1967）

　　　第一家生產影像管顯示器工廠—飛利浦竹北廠（1970）

『台灣也有類似的經驗，1962 年，台灣的第一家電視台：台視開播後，帶動家電產業的發展。台視與日本富士電視台合作，由東芝、日立、NEC 聯合經營在台銷售的電視機。當時的電視機，在日本裝配好主機，然後運到台灣裝上木箱進行銷售。之後，台灣家電業者，透過與日本的合作關係，開始從日商進口零件，在台灣組裝電視機，進一步促成台灣家電業者引進日方資本，合資設廠。許多重要的台灣家電廠商，包括三洋、國際（台灣松下）都在 1962 年成立；歌林、聲寶則分別於 1963、1964 年成立。自此之後，台灣業者透過與日本業者的合作，開始將許多家電引進台灣。台灣民眾所使用的電器產品中，除電風扇、電鍋在 1960 年以前就已經由本地業者生產，其他的產品，包括黑白電視、彩色電視、電冰箱、洗衣機、冷氣機等，大都在 1960 年代後，開始由本地廠商生產，然後大量的進入本地民眾的生活當中。』

『從 1960 年到 1970 年代，台灣的家電產業開始蓬勃發展。一方面，台灣以出口導向獲致經濟成長，民眾所得逐漸提高後，開始有能力消費家電產品。另一方面，政府對於產業採取的保護政策，也讓家電業者在一定程度上，獲得發展的空間。』

『產業發展的現實條件限制台灣的市場不足以完全支撐起以內需為主的家電產業。而從日本廠商的角度來看，台灣乃是日商在國際行銷中的一環；日本家電廠商無意將台灣視為一個重要的海外市場來經營，藉此將日本的產品外銷到台灣來。』

『到六十年代中期，日本對台投資的思考，已經從台灣本地市場轉向到利用台灣廉價勞動力來拓展第三國市場。六十年代後期，台灣進出口商品結構及貿易對象來看，整個國際經貿圖像是日本將原材料和電子元件等半成品出口到台灣，加工裝配後再銷往美國。美－日－台的 "三角貿易循環" 的網絡關係得以建立，主要背景在於當時日本經濟所面臨兩個問題：一、國內工資迅速上漲，導致生產成本急劇增加；二、美國和西歐紛紛對日本設置關稅或非關稅的貿易壁壘，遏止日本商品的輸入。為了利用台灣的廉價工資和突破輸美產品的限額規定，遂將耗費勞力的生產程序轉到台灣，加工運回日本；或將半成品、零件運到台灣加工裝配，以台製標記轉銷美國。』

『事實上，美國廠商也有類似的想法。美商通用器材於 1964 年，為因應當年的東京奧運商機，在台北新店設立電視機零件加工廠。當時大力促成通用器材來台灣

投資、任職國際經濟合作發展委員會副主任的李國鼎先生回憶，這間工廠是全世界第一間以代工模式為運作考量的電子工廠，所生產的電視機調諧器（Tuner）與偏轉線圈（Yoke），是要出口回美國，繼續在美國本土加工製成電視機。而在通用器材成立後，美國的電視機業者，包括 RCA、Zenith（增你智）、Admiral（艾德蒙）、Motorola（摩托羅拉）等廠商，紛紛來台灣設立零件加工廠。』

以上引述的文章來自經濟部工業局/國立科學工藝博物館的「台灣工業文化資產網」。

如上述，電視及家庭電化製品或遊樂器等的組裝需要許多的電子關鍵零組件，其中包括各式的電阻、電容、積體電路、分立元件、影像管、偏向軛、液晶顯示器等等不一而足。這些仰賴早期來台設廠，引進技術，而且具有相當規模的當屬1966 年隨高雄加工出口區成立後，立即進駐的荷商飛利浦以及美商通用器材。飛利浦設立「建元電子」主要生產磁環記憶體，兩年後增加電子元件的微調電容、碳膜電阻及應用非常廣泛的積體電路 IC 的封裝和測試；通用器材設立「高雄電子」主要生產電晶體、微晶片到相關應用的積體電路微處理器、面板驅動 IC 的裝配與測試等。隔年日商的「日立電子」也加入生產顯示器的行列；1969 年更有美商德州儀器在台北中和設立半導體的封裝測試以及飛利浦增資擴廠在新竹竹北和園區的電子玻璃、映像管，電子槍、磁性材料等重要元器件。這些電子元器件和半導體零組件工廠的陸續到位，引進技術，培訓技術人才、品質管理、市場及營運等專業知識、技能，為台灣日後的產業發展打下厚實的基礎，為初期台灣電子工業培植的搖籃。有這些電子元件企業做下游組裝產業後盾，使得台灣建置出完整的產業鏈，促進了台灣產業的全球競爭力。

還有一個難能可貴的情形，企業隨著台灣產業政策和環境提升而布局，像德州儀器居世界領導地位的全球半導體公司，台灣是他們亞洲的總部，在 1983 年設立積體電路設計中心，全球分工、研發設計電腦產品因應台灣產業的需求，為客戶提供即時產品及技術服務。

依據台灣地方文史介紹台北新店時，提到該區有一家影響台灣，甚至世界經濟深遠的電子工廠 – 通用器材公司。六十年代初，當政府剛頒布獎勵投資條例，設法改善投資環境、吸引外資時投資來台，那個年代正值美國企業面臨工資及製造成本高漲，積極尋求海外製造基地的時候，台灣正好趕上這波熱潮。為響應台灣經

建計劃，發展外銷工業為主的策略，以及行政院國際經濟合作發展委員會〈經合會〉撮合下，通用器材於 1964 年來台設廠，為外商第一家投資生產加工出口的電子公司，也是當時規模最大的電子工廠之一，它的產線被稱為美國海外的第一條全球組裝線，產品外銷美國及世界各地，開啟台灣加工出口的「代工」經濟模式。

由於突出的效益產生產業關聯的群聚效應，在通用器材成立之後，美國許多的電視機業者，包括無線電（RCA）、增你智（Zenith）、艾德蒙（Admiral）、摩托羅拉（Motorola）等廠商相繼來台，這些公司引進他們現代化的生產技術、管理方法，訓練出有紮實的技術人才、管理專業人才，為後來台灣電子資訊產業的發展奠定了雄厚的基礎。

經過將近四十年後，通用器材已分拆事業，將半導體事業轉售威世（Vishay）集團，成為威世旗下的一員，網通產品則轉售美商摩托羅拉，仍以通用先進系統為名。比起當時新店多數居民賴以為生的四大工廠（通用器材，裕隆汽車、正達尼龍、卡林塑膠），為碩果僅存的工廠，雖然業主已數度轉手，生產產品也有變化，畢竟生產仍在，然而雇用規模已不復往昔。據報導，四十幾年前通用的職工曾經高達卅十多萬人，到今天新店、景美和文山地區可能還有很多年紀四五十歲的女性，在他們心中仍然深藏著不少「女工的故事」，她們曾經在產線上奉獻青春、工作服制式的打扮、在紛擾擁擠的人群中穿梭、鼎沸的上下班人潮、進出廠區依序的打卡這些過往情景，日夜辛勞的為著生活，冀望無盡的付出能為家庭經濟帶來改善，他們可是創造台灣經濟奇蹟的無名金釵！

其實，對照新店地區和其他地方，只要有外商電子工廠座落的所在，也都類似，在淡水、中和、桃園內壢、中壢、新竹、高雄/楠梓加工區等製造基地。工廠帶動城鄉發展，週遭的人文、生活、交通等，仍然歷歷可數，對曾經付出的勞動階層來說無不刻骨銘心，一段難以抹滅的青春記憶！有關多國籍企業在台發展的大事紀，請參閱附錄一。

飛利浦在台的發展

荷蘭皇家飛利浦，荷語 Koninklijke Philips N.V.〈注三〉成立於 1891 年，總部原座落於荷蘭的安多芬（Eindhoven）後遷移至阿姆斯特丹。公司以燈泡起家點亮世界而聞名，注重創新和發明，在研究和開發上投注無數的資源。1914 年設立一個在歐洲工業界享有盛名的實驗室，這個先進研究室裡累積了數以萬計的照明、電子、通訊、精密醫療等多項科技的重要發明與專利，如歐洲第一台真空管收音機、錄音帶、電視機、刮鬍刀、雷射唱盤、X 光醫療器材、工業用玻璃、電子材料等開創性產品，持續造福現代人的日常生活。在七十年代更與美國奇異公司（General Electric Company, GE）並列全球最大的家電廠商，歐洲第一大電子企業，全球知名科技領導企業之一，歷史悠久發展至今已超過一百卅年。

飛利浦為**傑拉德·飛利浦**（Mr. Gerard Philips）和其父親**弗雷德·飛利浦**（Mr. Frederik Philips）先生所創立，後來比傑拉德小十六歲的弟弟－安東·飛利浦（Mr. Anton Philips）先生於 1895 年加入公司，負責行銷，帶給公司新的商業活力，公司不只專注生產，業務種類快速的擴增。在傑拉德和安東一起經營之下，帶領飛利浦奠定日後成為跨國企業的發展基礎。

安東的兒子－**弗立茲·飛利浦**（Mr. Frits Philips）先生於 1961 年接下了第四任飛利浦董事長的位子，那個時候正逢高雄加工出口區的興建時期，為經濟發展策略以及吸引外資投資的機緣下，佛立茲·飛利浦於 1965 年透過蔣夫人教會關係之邀來台訪問，晉見先總統蔣介石先生，根據前台灣飛利浦總裁羅益強先生的回憶，轉述一段所知的插曲，總統當時表示台灣沒有資金、沒有技術，但擁有充沛價廉的人力資源，教育普及、人力素質佳，何不考慮來台投資？ 佛立茲考慮到台灣的優厚條件正可彌補當時歐洲高漲的工資和成本，認為台灣有潛力發展勞力密集的電子加工，藉此可以擴展產品事業。但當時飛利浦董事會成員都很訝異，壓根不知台灣在哪？ 認為投資太過冒險，董事會成員全不同意，但佛立茲董事長心有定見、獨排眾議，毅然決然地到台灣進行投資。

另外一個事蹟是今天在安多芬市區廣場中仍然可見一尊紀念長者的雕像，表彰他在二戰中以技術工人的藉口拯救了 382 位猶太人的性命。他於 2005 年 12 月 5 日逝世，隔晚球隊在飛利浦球場（PSV）賽前，全場默哀致意，並且宣布座位 D 區 22 排 43 號，佛立茲·飛利浦常坐的席位將永遠空下，紀念這位忠實的老球迷。

1966 年，配合台灣第一座高雄加工出口保稅區完工，飛利浦成立「**建元電子**」，從事生產電腦磁環記憶盤(Core Memory)，為加工出口區設置的首批外商，飛利浦海外的第一家加工廠，剛開始對台灣仍沒有信心，對台灣生產的產品品質仍存有疑慮。因此這第一家工廠雖為百分百的飛利浦海外子公司，但掛名「建元電子股份有限公司，Electronics Building Elements（Taiwan）Limited」，沒有"飛利浦"的招牌，任命賴迪（Mr. F. M. Leddy）為高雄建元廠的第一任總經理，兩年後才冠上公司飛利浦抬頭，正名為「**台灣飛利浦建元電子股份有限公司，PEBEI – Philips Electronics Building Elements（Taiwan）Limited**」，並在磁環記憶體廠邊，同時增加生產微調電容器、碳膜電阻器與半導體的積體電路（IC）封裝廠。

就這樣一步一腳印，開啟飛利浦在台灣的海外加工生產事業。在剛開始的一段時間直到八十年代初，產品像積體電路封裝仍然需要使用非常昂貴的測試設備，產品未經最終功能檢測和驗證不能直接交貨，工廠的成品須先送回母廠，經測試、包裝完成最後一程再交給客戶。這種情形直到 1980 年，工廠擴大投資、經過客戶的認證通過後才改成直接出貨，面對的客戶也從歐洲，慢慢的擴大到全球。這個階段時的工廠角色已經提高一個層次從母廠海外加工廠的位階成為「國際生產中心，IPC – International Production Center」。

至於本地市場的行銷，開始於 1974 年，除銷售飛利浦的消費性電子產品以及一些專業器材外，並進行工業電子有關的公共工程承包。和各地方政府簽約的則有交通號誌控制系統、路燈照明系統、建築物照明等，民間企業共同投資的則有許多合資事業，其中最大的投資為 1987 年在新竹科學園區和政府一起合作，利用工研院的基礎衍生成立的半導體（IC）晶圓廠－台積電〈注二〉。

當時，在彿立茲‧飛利浦先生接掌飛利浦董事長後，整個公司的事業已經從安東‧飛利浦先生時代的八個產品事業部（PD – Product Division）擴充到十四個，分別為照明、電子槍、工業用元件及材料、收音機/電視及電唱機、家電/通訊/國防系統、電子玻璃、X-光及醫療器材、音樂、專業及工業用器材、醫藥化學產品、音樂、電腦、以及其他的聯屬工業項目。銷售全球超過六十多國，業務的範圍多樣、五花八門。

公司的事業由各該事業部，或該事業部轄下的產品群負責營運管理。其中主要的

成員從高雄一開始生產的被動元件以及積體電路 IC 所屬的「電子元件和材料部，ELCOMA, Electronics Components & Materials」事業部，於 1988 年改爲電子「零組件部，Components」，這個事業部投資加注竹北/新竹廠的「電子玻璃」、「電子槍」、「鐵氧磁體」、科學園區廠的「雷射元件」；中壢廠的消費電子事業部生產「收音機/電視及電唱機」；大園廠的照明事業部生產「燈具」，後來組件部又添加新成員，如亞太地區被動元件事業在楊梅的中獅電子等，這些均屬飛利浦百分之百的公司。合資企業若屬於非受控管的子公司則由總部的「工業聯屬，Allied Industries」事業部統籌，像台積電、台灣照明等。若合資企業屬飛利浦控管（>50%）的子公司，就直接由各該負責的事業部管理，像南京的華飛（彩色）、華浦（單色）映管廠、常熟的鐵氧磁廠常飛等工廠。台北總公司行銷業務涉及的產品也非常廣泛，包括專業及工業用器材事業部，承包政府大型電子相關的工程，像過去大家可能還有印象的高雄過港隧道的機電工程（1981 年）中正文化中心兩廳院的舞台電子音響、燈光照明、安全及機電工程（1984 年），台市交通號幟工程，飛利浦照明曾經閃耀過知名的台北建築則有圓山大飯店、關渡大橋、新光站前大樓、一○一大樓等，這些都是大眾矚目的公共工程。特別一提有關兩廳院的新穎項目，當時政府冀望透過與國際知名企業的合作，保障完成前所未有的大型建設，這項艱巨的任務係飛利浦結合專業工程的電子音響事業部 ELA（Electro-Acoustic System Division）、照明事業部以及其他公司/跨領域的支援才得以順利的完成交付。到今天這兩座宮殿式的標緻建築國家音樂廳、國家戲劇院，依然美侖美煥，屹立於國人面前，成爲許多藝術家們和表演團體展露才華的聖地，當年政府和企業結合最新科技的公共工程，成就台灣的藝文大夢！

從產業投資類型來看，飛利浦來台資金的投入，產品早期用大量人力加工裝配，偏向勞力密集型態，到了投資竹北廠映像管的時候，已提升成爲資本密集型態，工廠不斷擴張，投入雄厚的資金，增大產能和自動化，提升效率、降低成本，使得 MIT 變成飛利浦各該產品全球最大的基地。到了設廠科學園區後，投資更上一層，屬於智慧型態，因爲新竹廠爲全自動化無人中央監控的高解析度彩色映像管廠，它需要龐大的建廠費用，在當時號稱爲飛利浦海外單項投資最大金額的案子。一般智慧型態和高資本型態都屬技術密集產業的投資。飛利浦在台的規模不但連續多年位居加工區出口金額第一名，於 1987 年成爲營收最大的外商公司，更於 1992 年獲選爲形象最佳的外資企業。

到 1997 年後，爲因應亞太快速成長的趨勢，深化台北支援大中華、甚至亞太地區包括印度的市場及客戶需求。台北總部也成立多項實驗室，一個是 1997 年半導體成立的「台北系統實驗室 SLT, System Lab Taipei」，爲飛利浦半導體在亞洲設立的第一個研發。系統實驗室爲半導體的技術核心，從客戶支援開始著手、進入設計參考、有了經驗基礎後再進入創新開發，涉及的技術則有系統技術、設計技術以及再應用技術等。全球飛利浦半導體的事業，除台北的系統實驗室外，其他三個分別位於英國南漢普頓（Southampton）、德國漢堡（Hamburg）、荷蘭總部安多芬（Eindhoven），台北從事的主要範圍契合台灣產業趨勢的走向，包括數位電視、使用介面、液晶控制器、數位相機的發展及整合等。

另一個是 1998 年，總部選擇台北成立的「東亞研究實驗室，PREA, Philips Research Lab East Asia」，爲飛利浦在亞太創立的第一個研究實驗室，以台北研發創新爲基礎提昇東亞技術層次，爲飛利浦全球六大據點之一，其他五個分別位於總部荷蘭、德國、英國、法國、美國。因應崛起的大陸潛在市場，研究實驗室更於二千年將觸角延伸到大陸的上海及西安，大陸朝發展數位電視、無線通訊、光學儲存和適用於大陸技術標準等，台灣則著重資訊應用系統、語音辨識及人機介面等。

就研究開發的鏈接而言，台北成立的實驗室，利用優秀的人力，從基礎的技術實驗，透過技術演示，到專精領域的系統整合技術，到客戶產品的應用使用，這些均將早日實現智慧家電、資訊家電的整合，促使人類未來生活更加便利。實驗室確實扮演重要的孵化過程，連結早期的基礎研究到產品開發如圖 1-3。

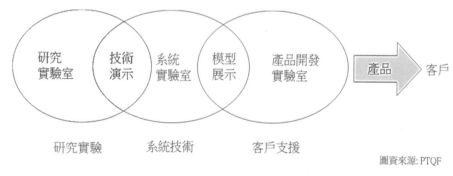

圖資來源: PTQF

圖 1-3. 研究開發實驗室的連結

在七、八十年代，各廠均快速成長、創造出傲人的績效，深獲公司全球事業總部的青睞，幹練的專業與管理、技術人才也值得大家信任和肯定，尤其 1991 年台灣贏得日本戴明賞的殊榮後，台灣的經營領導階層更深獲飛利浦各事業總部的信賴，認為在總裁羅益強先生帶領下擴展亞太市場的盤算應大有可為，因此賦予台灣更大的期望，肩負事業經營管理的重責大任。陸續跨出傳統的生產製造，邁入事業經營的領域，具體的說，在 1988 年消費電子的視訊產品事業部成立的全球視訊產品企劃/開發及製造中心；1991年飛利浦事業部在台分設的事業部「電子組件事業部亞太地區本部, PD, Product Division – APAC Region」，轄下的事業單位（BG, Business Group）包括顯/顯像管（BG Display）、磁性材料（BG Magnetics）、被動元件（BG Passive Components）、中小型面板（BG MDS）、光碟機儲存及讀寫元件（BG Optical Storage）等產品群；此外，半導體事業部高雄廠也成立亞太發貨中心、IC 的全球組裝生產技術中心、業務由亞太商務中心行銷整個亞太地區，將台灣營運和管理的舞台推向大中華、亞太、甚至更寬廣的全球。就以上所述，台灣飛利浦的事業投資及組織型態階段性的發展逐漸轉變，從起初的勞力密集型，增長到資本密集型，邁入智能化、自動化技術密集型態如圖 1-4，年表詳述有關四十年來的大事紀則請參閱附錄二。

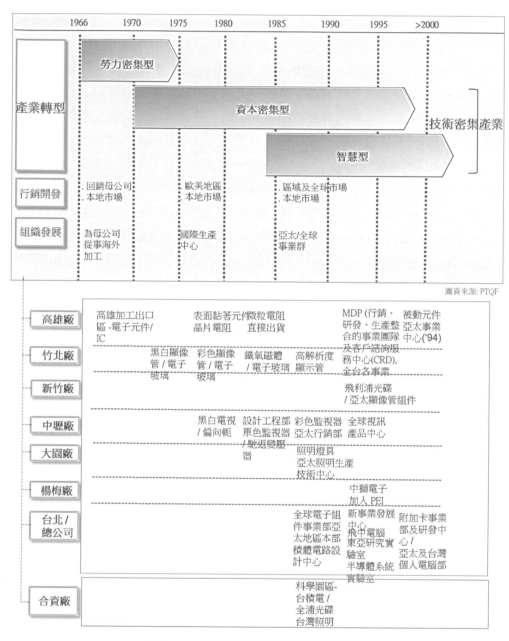

圖 1-4．台灣飛利浦的事業與組織

飛利浦的公司治理

飛利浦·企業集團事業經營十分多元，產品生產和銷售橫跨各大洲，國家地區超過百個，不難想像公司管理各事業相當不易，關係著各事業體差異化的建置和營運。筆者從兩個角度試著來解釋飛利浦對產品和事業的管治，一個從縱向沿著產品的結構來看；另一個則從橫向由組織賦予的角色扮演上來區分，兩者構成事業的組織和營運管理模式。

從產品的結構方面：縱軸依序由下而上，從底層的產品品項（Item）疊加到型別（Type）、到產品線（BL, Business Line）、再上則組成產品群或叫事業單位（BG, Business Group/BU, Business Unit），數個產品群/事業單位構成事業部（PD, Product Division），事業部組成公司的業務，財報的基楚單元。產品線以下屬實體的東西，以上則屬經營的組織層級和管理。事業部劃分公司的責任，有如一般企業的事業群或事業集團，事業部的規模有其一定的營業額以上才足以擔當。每個產品的品項均編有全球統一及唯一的料號，除了料號，每個品項還編列對應的類別（AG, Article Group），一個六位數的產品類屬編碼（6TG, Type Group），類屬編碼連結下層的產品料號（Item Code），產品類別再連結上層的產品大類（MAG, Main Article Group），有如親屬關係從品項依序總成到上位的產品群（BG）／事業單位（BU）以及事業部（PD）。

因此，任何產品、任何地方的業務，均透過這種結構性的親屬關係反應業務或財務活動，掌握事業各種產品的異動及交易。飛利浦旗下各事業繁複龐大，地域橫跨不同時區，聯屬往來交易的分界點容易混淆，有這套全球統一明確的編碼管理機制，工作日曆時點切結和紀律，所有產品的產、銷、存、轉的內部異動或對外與客戶、協作廠商間的交易紀錄均有跡可循，各組織依循會計工作指導，一致的標準，人人恪遵作業規範，在全球完整、透明、及時的資訊系統支援下，無論生產製造、工程技術、行銷及服務或經營管理，各事業部都能精確無誤的經由這種關聯產出結果，減少可能的人工漏誤，提供事業主管精確的產銷及財務報告。飛利浦這套巨細靡遺、放諸四海皆準的管理運作機制十分到位。每到期末結帳，總部看板更有各國/區域的財報警示燈號，監控各單位是否及時完成結帳。往往不消幾天工夫，各階層就能依序如期如質的關帳，直接彙報總部，讓事業負責人清楚掌握公司及各事業的營運績效和差異，尤其全球的作業效率在 SAP ERP 系統建置更新之後更加快捷。

從組織的結構方面：考慮事業管轄的幅度和責任範圍而定，工廠扮演的角色可能從初級的海外加工，或進階的國際生產中心；行銷的職能除市場業務、銷售以外，是否兼具調度發送產品的發貨中心，負責客戶的直接交貨；或業務範疇更廣泛的與客戶互動的訂單處理中心、發票中心；或客戶服務中心、技術支援中心等。這些業務活動的當責程度和範圍均不相同，它往往代表組織不同的發展層次，牽連其他部門的協同運作，也涉及公司稅務上的考量。每個組織角色的賦予有賴組織的能力而定，事業管轄的地理轄區有大小之別，從地方、到國家、到區域或全球，舉幾個在台灣主要事業部的組織為例：

	管轄範疇	事業部
電子組件部亞太事業本部	- 區域	組件
彩色監視器亞太行銷部	- 區域	組件
被動元件亞太事業中心	- 區域	組件
積體電路亞太發貨中心、全球發貨中心	- 區域/全球	半導體
積體電路全球生產裝配、測試支援中心	- 全球	半導體
全球視訊產品中心	- 全球	消費電子
亞太照明生產及技術支援中心	- 區域	照明

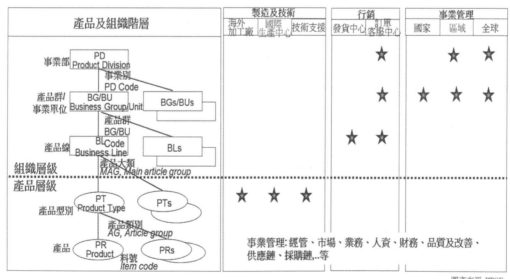

圖 1-5. 事業部的產品和組織

發貨中心：以半導體為例，在香港葵涌設立 24 x 7 x 365 全年無休的全球發貨
　　　　　中心。

發票中心：以半導體為例，在新加坡設立全球發票中心，這個中心原在台灣的高
　　　　　雄，礙於無法解決稅賦的問題，曾一度移轉到香港直到香港回歸，再
　　　　　移轉到新加坡。

轄區的範圍，一般取決於各該事業主管和當地負責人雙方的協議而任命，人員則
視有無適當的在地團隊或從外派駐地的人員而定。用圖解的方式說明事業部如何
從產品組成和組織賦予的角色構成事業管理的架構如圖 1-5。

跨國企業的布局與管理

根據兩位管理大師**巴雷特（Mr. Christopher Bartlett）**和**高沙爾（Mr. Sumantra
Ghoshal）**先生的國際企業布局策略，對世界知名的國際企業有過一番研究，他們
將結論闡述在合著的「跨境管理」一書中，提到企業跨境布局的策略有兩個重要
依據，用來觀察一個企業在投注資源或組織的能力需求上有不同的考量，從而可
以歸納出企業的國際化程度。這布局策略的兩個依據分別為**「協調及整合」程度**
和**「在地的回應」速度**，這兩個尺度的高低區分出四種不同特質的國際性企業，
分別稱呼**「多國企業，Multi-national」**、**「國際企業，International」**、**「全
球企業，Global」**或者**「跨國企業，Trans-national」**，其間對應關係的高低構
成企業國際化布局的不同策略如圖 1-6。

	協調及整合程度	在地的回應速度
多國企業	低	高
國際企業	介於之間	介於之間
全球企業	高	低
跨國企業	高	高

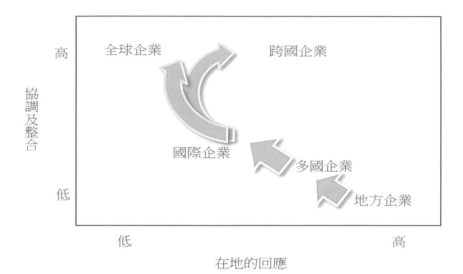

資料來源: Adapted from Christopher A. Bartlett 與 Sumantra Ghoshal 兩位學者的全球企業的策略

圖 1-6. 企業國際化的布局策略

多國企業 — 企業依賴國家/地區之間的進出口互通有無，地方分權的產銷和管理，企業集中在當地的活動，事務由在地打理，這種型態容易造成資源重覆的投注，國家/地區彼此之間的差異也可能很大。

國際企業 — 企業的核心能力及知識技術來自中央的傳授、轉移，其他事務活動則任由地方安排，但地方需要學習跟從總部。

全球企業 — 企業總部主導全球的產品策略和營運，中央高度集權指揮，講求效率，需要和地方高度協調，但地方之間的差異可能較小，但地方的期望也許會被抹煞。

跨國企業 — 企業總部和全球市場屬分散式的協作，依專長有差異化的任務部屬，彼此共同參與運作、也分享成果，管理上顯得較有效率。

另一位知名的政經管理學家**麥可波特**（Mr. Michael E. Porter）先生更進一步的分析企業國際化的策略管理，他將模型更實際的解釋，他以**「資源與業務的部屬」**及**「組織的協調及整合」**兩個向度說明企業國際化不同的策略和反應的特徵如圖 1-7。

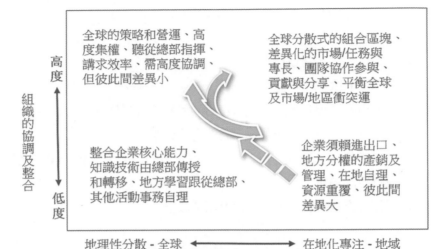

圖 1-7. 企業國際化的管理策略

作者以這種理論觀察可以約略印證飛利企業歷來的發展，頗爲符合大師的論述。認爲不同的產業有不同的市場和條件，譬如消費電子及家電就不同於汽車，資通訊和光電、醫療器材產業，彼此各有所重，有些產業需要因應多國籍在地化的營運，而有些則較適合全球或跨國的統理。對飛利浦而言，事業跨域多元，各擁不同的科技、產品的應用和市場特質、客戶需求，國際化的發展路徑隨著規模急速的擴充、其間歷經幾次變革，也不難看出不同時空下的目標反應相當不同的需求。

地方企業 → 多國企業

追溯飛利浦國際化的發展，過去的成長靠各個國家或區域增設的生產、銷售據點不斷累積，事業的管理因在地的營運而生，也漸趨龐大和複雜，地方彼此分權，各自負責產銷及管理，業務上的互補多靠進出口的貿易，國與國間或區域間的資源容易重覆、營運成果彼此相異，形成在地一方的特質，屬於企業早期的發展狀況。

一般來說，多國或區域的企業反應下面的特質：

- 國家或區域因應市場、客戶需求的所在
- 受限於地理空間和的距離或環境、規範
- 受限於產品本身的限制、負荷
- 受限於企業運用的資源和人力或地方特有的優勢與設置條件
- 受限於政治、經濟、貿易的藩籬或保護的現實因素
- 國家或區域營運所在、績效的所在，國家或區域的最高主管為企業所在的當責人，而非在遠距的事業主管
- 主管的企圖和意志強勢左右，可能影響組織設置

在成長發展的過程中，事業營運的決策常受到強烈的在地影或主導，往往向強勢的地方偏斜，有時候甚至超過事業部所能掌握，或事業得採取與地方妥協的方式解決。這個時期的飛利浦事業的決策管理像「多國企業」的型態，這個型態相當貼切的反應出九十年代以前的飛利浦，總部座落荷蘭，在歐洲傳統的文化下，一般人民態度開放、尊重，不像美商的集權式，營運像買下全世界的做法，事事得聽從總部的指令。飛利浦除特別強調法務、會計和財務的工作準則外，也善用內部控制、內部稽核，其他都放手地方運作發展，這種國際化的型態可說偏向地域性、在地專業的管理模式。

還有，對地域的定義補充說明，當一個國家的政治、經濟環境或業務推展難以獨自形成氣候的時候，會考慮與周邊共同，以相鄰較大的地理統轄，這時負責管理的範圍劃歸較大的地理區域（Region）或更大的區塊（Cluster），像大中華（Great China）、東協（ASEAN）、拉丁美洲、南歐及非洲等大區塊的管轄。

雖然在地域主導的管理決策模式下，充分回應地方的需求，卻不一定表示公司全球資源有效的運用，況且全球幅員遼闊，企業資源一旦受限，必需有所取捨或優先排序的時候，地方的最大未必成就全球的最佳，當公司面臨危機時刻，財務出現連年赤字，斷然逼迫新任總裁採取當下即刻的整頓。在八九十年代很難讓人想像一個百年歷史的老店，擁有全球高達四十幾萬員工、數百個生產基地，多角經營的方式、行銷遍及世界各大洲、上百個國家，要如何的有效的管理與決策？

國際企業 → 全球企業

每當危機來臨，公司為提高績效、都會重新檢討資源如何配置和運用？產品組合取捨以及如何快速開發？如何迎合客戶需求提高企業競爭？迫使事業部採取必要的縮減、關閉，或為進一步提高前線市場狀況的掌握，將事業部相關市場業務、產品設計、開發或經管，遷移到市場所在，降低國家/區域性、地方專注下顯露的缺失。

因此在八十年代末期，飛利浦高層就醞釀權力的轉移，希望業務決策從國家/地區「NO, National Organization/Region」主導轉換成事業部「PD, Product Division」，藉由專注事業的方向，著眼全球的市場，採取快速的因應，這些有助於全球事權統一，動態調整事業產品的組合，汰換或結束不具經營效益的地方。說來容易，實務執行起來卻沒有那麼簡單，由於全球各國龐大的組織體系，牽涉法務、稅務、人事、勞工權益糾紛等，尤其國家/地區的主管多屬難以駕馭的高層，權力轉換為一條漫長的道路，組織慣性的做法非朝夕能夠快速改變，總部需多次利用區域執管高層的會議宣達溝通，頒布方針、準則，界定國家/地區和事業部間運作的權限特許（Charter）。

回顧這一段飛利浦的組織變革，其路程足足花上將近十年，記憶中回顧台灣的狀況，1988 年已經就有總部的訊息，從起初的觀望情勢到局部遵循，後來各事業部漸漸接受。直到 1997 年後，從公司國家領導人的行事作風就明顯的感受不同，因為 1996 年新接任的總裁**柯慈雷 (Mr. Gerard J. Kleisterlee,**〈注四〉）先生剛從歐洲全球顯示事業總部調來台灣，同時他也兼任組件事業部亞太地區的總裁，在行使國家領導人的權力時更奉行總部全球執行的方向，配合執行他事業部角色的決策。他不諱言自己在國家領導人的角色上祇是個國家經理人（Country Manager），更直白的說不參與事業的決策，像個國家的房東，側重提供資源給事業，任由事業單位自行決定。

這種模式下，事業單位有自己人員在地，不管由本地人才或外派專家駐地負責，他們都和產品或事業組織相關的人員直接溝通和決策，除一些在地人事行政事務支援外，這樣和當地的國家組織就形成矩陣式的權力結構，有多線的主管上司面對，此時人員和團隊如果沒有成熟的心智和矩陣心態，妥善應對處理的話，往往

衝突不可避免。

全球企業 → 跨國企業

本來，事業單位需要就近地方建置組織，強化產品及縮短開發時程，更加專注對市場及客戶，但事業線直接指揮的情形下卻有弱化地方的不耐。趨勢下，組織權力的轉換不斷地從總部擴散和加強，漸漸的也就接受這個發展，改變原先公司賦予的地方業務積極的參與，甚至國家經理人也自我解嘲稱只為事業部提供服務，只要維護好房子和設施，那管得了房客在做什麼？這種現象似乎表露出業務決策在執行上有翻過頭的現象，廢馳地方主管的積極和主動、竭力探索發掘地方的潛能或共同發展的機會，造成事業遠距，無法顧及地方、失去掌握市場先機，對公司整體而言畢竟也有失分。

逐漸的在地域方面，有趨於地理平衡的現象，不再那麼強勢侷限於過去的國家概念，將地域擴大成區塊（Cluster），取代國家政治的藩籬，簡併國家組織變成可能，也為減輕小國組織運作的成本，建置區域共同的服務單位，像新加坡、北美、歐洲分別成立區域的會計帳務處理中心（Accounting Share Service Center），中心負責區域內許多國家的帳務，集中運用專業資源、降低人事、系統和維持的作業成本，對企業長遠而言，反而更具營運的效益。

台灣當時確實是個特例，在 1991 年時台灣是電子組件部非常重要的基地，事業部希望藉由台灣發揮優質的管理，有效的運用資源，快速的擴展事業，亞太地區為全球市場中唯獨保有持續成長的潛力，尤其寄望在科技和新興市場的東南亞以及即將崛起的中國的地區，委任在台企業的負責人同時兼任電子組件事業亞太本部的總裁，發揮國家地區和事業單位共榮發展的重責大任。事實證明在羅總裁主事的那段期間，組件事業的成長幅度年年超過百分之卅以上的成長，績效十分卓著，也因此於 1996 年晉升全球組件事業部，遠赴歐洲總部上任。台灣的事例為成功的典範。這種國家經理人和特定事業負責人二合一的領導方式，不僅發生在台灣，陸陸續續在其他重要地區（i.e. 新加坡、美洲等）都有如此安排，為一石兩鳥、兼顧事業與區域發展、減低單邊強勢的傾斜，發揮高層領導的務實作法。

企業的經營決策絕不像鐘擺的律動一樣，有其固定震盪的幅度，各種措施實施的結果，有預期的正面效應，當然也有不可預期的反作用力。尤其當企業再一次經歷巨變、重新定義核心事業之後，全新的目標追求需要不同的環境和條件配合，但其中一個不變的冀望是公司能有展新的再出發。

在 2011 年，新上任的總裁**萬豪墩**（Mr. Frans v. Houten）先生就職後，審視過去與未來事業的環境變化，考慮如何迎接未來快速成長的挑戰，他提出不同的看法，認為飛利浦具有許多的科技優勢，擁有相當廣泛的產品組合，全球銷售超過百個地區，市場本身不單一可期，基本上全球可依市場的主要科技應用或所在客戶的需求劃歸成十七個主要的區塊做為事業發展的所在，業務的目標和績效需要地方市場的團隊和全球事業單位共同主導。提出決策採取事業市場組合「BMC, Business Market Combination」的概念，這似乎又嗅到些許地方權力的升級，管理權力決策的模式兼顧區塊市場所在的需求，畢竟市場為戰場所在，市場的區塊不同於國家的行政劃分，而是客戶需求之所在，成為全球事業認同的著眼點。

從下列一段管理的新期望，就可以體會其所陳述的意涵，組織團隊兼顧事業、市場區塊可能揭露的機會和挑戰，平衡先前事業導向或國家/區域行政的權力導向。

『我希望能讓我們的經理人、地方市場團隊與事業單位充分掌握主導權，協助飛利浦獲取最大利益。及時的決策不見得永遠都對；但為時已晚的決定一定是錯的。藉著讓市場團隊自由調度資源以掌握獲勝契機，我們便能不斷享有成功的投資成果。對於未來而言，創新策略是公司持續的基石。投資創新正是投資成長的環節之一，但我們的決策必須建立在對地方市場與客戶的深入瞭解上。』 － 資料來源自飛利浦網頁

公司的治理

如同其他荷蘭大型企業，飛利浦總部的公司治理需符合所在地的規定，這個治理規定有兩層的結構，一個是公司的「**董事會**, Board of Management」；另一個是在其上獨立運作的「**監事會**, Supervisory Board」。

根據荷蘭法律，公司董事會的董事成員由公司股東大會選出任命，對「**執行管理委員會，Executive Committee**」，簡稱執管會所做的行動和決策負完全的責任，也負責公司最後的對外財報，並且在年度股東大會上提供公司必要的資訊，答覆公司股東的問題，董事長的任期為五年一任。執管會由公司主要的董事成員和一些指派的公司最高主管組成，他們受託管理公司的營運，組成執行管理委員會執行公司的管理，公司最高層級的管理群體，過去也曾稱呼它為總部集團管理委員會「GMC，Group Management Committee」。

執管會在公司總裁暨執行長的領導下集體領導，共享管理公司的權力和負擔應有的責任、執行公司的策略布局、擬定政策以及實現目標和成果。以 2014 年為例，組成員共有十位，總裁暨執行長擔任主席，成員包括財務長、事業部執行長和另外六位專業及富有經驗的主管。執管會為公司最高管理階層，代表公司重要的**職能（Function）**、**事業（Business）和市場（Market）**區塊，組成員包括創新、策略、人力資源、法務、主要事業部負責人和全球主要市場負責人尤其中國這一塊主要增長的地區。當時的執管會中有三位公司董事成員，分別為董事長的總裁暨執行長，也是董事會的主席，另外兩位董事從生活家電事業部執行長以及財務長擔任。董事的權責超越執管，必要時也可以自行開會決議，無需執管會人員與會，執管會成員視公司事業組織調整。

監事會的機制獨立行使其職權，運作績效受公司董事會的監督。根據 2014 年的官網，監事會的組成員共有九位，遴聘來自全球各界具有豐富企業經營專業及聲譽的社會賢達。具有全球及多元事業經驗的國際企業代表、政府或公共事業機構管理的專家，成員組合具多樣性的獨特價值，包括歐洲及非歐洲的背景，領域廣泛的跨界領導，有製造、科技、財務、經濟、社會以及法務，其中女性至少達到三分之一，而且其中至少有一位或更多成員需從最近五年內曾經擔任過企業或社會機構的負責人選任，顯見飛利浦監事會成員的條件嚴苛，專業和多元包容。

監事會議一年六次，四年一聘，在換屆年度經股東大會同意後生效，可接受續聘兩次，為獨立不受干擾的企業監管。按企業保密及利益迴避原則，監事會的成員不可來自飛利浦執管會、董事會或飛利浦職工的一員。監事會著眼公司以及股東的利益，監督和建議董事會和執管會管理任務的執行，公司事業發展方向的設定，這些主要包括：

（1）達成公司設定的目標

（2）符合公司的策略及事業活動潛在的風險

（3）符合內部風險管理的機制和運作以及其控管系統

（4）符合財務報告的程序

（5）符合法律及其規定

執管會重大的管理決策和公司策略，需先經過監事會的討論核可，監事會下轄三個功能委員會分別為：

. 薪酬委員會，有關董監事、執管會成員的薪酬及獎勵。

. 審計委員會，有關公司的審計及外部稽核。

. 公司治理及提名委員會，至少有兩位以上，其中包括公司董事長/執行長以及副董事長，負責公司及事業有關的管控、風險以及董監事、執管會成員的資格、提名及推薦，委員會的提議經董事長/執行長同意後，提交股東大會同意任命。

監事會在股東年度報告中記述各功能委員會的活動、會議次數和相關的討論事項，定期向公司提出工作報告。有關公司的治理方式，董事會、執管會、監事會，以及監事會轄下的委員會的作業程序和規則、主要職責、運作方式、利益迴避或衝突等等的處理都載明在公司的企業規範裡面，也公布在公司的官網。就公司治理的角度而言，企業能夠如此公開、透明的程度召告大眾誠屬難得，讀者若有興趣更進一步探討，不妨自行上飛利浦官網查詢。

讓人驚歎的，讀者會發現官網的內容刊載了相當豐富、透明的訊息，包括企業重大的新聞、公司介紹、執行長的公告、演講，有些甚至以影音公開。法說會的歷年報告相當完整的存檔甚至長達十年之久，有些財務報告資料以工作稿 Excel 格式提供媒體、專業分析師，或讀者自行下載進一步處理。

這種先進的企業治理模式，分離企業的所有權和經營權，公司治理交由專業的經營管理和社會賢達的專業監理，不落入家族傳承或長年久治的局限。全權委任信賴的經理人按經營機制管治，透過民主、專業、多元均衡的董監制度，足為時下一些企業的典範。歐洲這種法制化的公司治理模式，值得國內上市櫃公司反思，為何企業常顯露下列的治理問題：

- 組織不健全，董監成員常為創辦人的親友或密切的關係人，缺乏獨立與公正的立場。
- 議事規則形同具文，執行上偏袒也不明確。
- 內部控制缺乏專業，不受重視、或無法發揮審計應有的功能。
- 資訊不透明、公開，容易受到主其事者的影響。
- 決策近視、只顧當前，難以周全考慮社會責任、企業長遠永續經營的未來。
- 老驥伏櫪，沒有儘早接班人的布局，也沒有委由專業經理人管理。

企業的運作

一個多元事業組合、多國籍、跨國企業的組織絕不可能單純的，其執行運作須兼顧事業和地區以及總部顧及的管理。對飛利浦而言，它架構在事業、地區以及總部幕僚三個支架層面。業務透過產品的事業部（PDs, Product Divisions）來運作；銷售由市場所在的地域以地區/國家（Regions/National Organizations）的劃分來執行。事業部負責產品的規劃及供銷；地區/國家則提供市場和客戶的需求，或生產及其他業務活動的據點，提供在地營業的公司法人、公司的基礎設施、人力資源供業務行銷、交付產品和提供服務、滿足客戶。總部幕僚統稱為管理中心，為中央的經管，公司事業經營管理最高的幕僚單位，包括幾個重要的核心職能，他們都具相關的專業，可以支援總部及全球各地，不論任何事業單位或地區單位；另外，公司的研發創新單位、包括研究、設計中心以及智慧產權等相關的功能也配屬於管理中心，下面就這三個支架進一步說明。

事業（Business）：事業部（PDs）為公司業務的構成元，下轄該事業部的產品群（BG, Business Group）。事業部包括照明、醫療器材、優質生活以及從前的工業電子、大家電、消費電子、電子組件、半導體。事業部依其需要設置該事業的專門職能，提供事業轄下自己直屬的服務，主要的包括：產品策略創新與企劃、事業行銷、財務、人力資源、採購、供應鏈、資通訊科技等業務必備的功能和服務，這些事業部幕僚直接和全球自己的事業相關產、銷、研、管各管轄單位連繫執行。事業本部考慮資源和地理的優勢地位所在，總部起初大都座落在荷蘭，歷經幾次變革之後，有些成立地區總部、事業群或甚至責成產品線或研發團隊遷移到他們的策略地區，就近運作。

舉個例子：

早期飛利浦家電用的 "電鍋" 設計在歐洲，不難想像用歐洲人煮飯的思維所設計出來的電鍋難以贏得東方人的口味？幾經教訓之後，家電設計就遷移到亞洲的香港，貼近市場所在；讀者也可以理解 "刮鬍刀" 這種東西的設計一定不宜建置在亞洲的道理一樣，其他的例子真的不勝枚舉。

地域（Geographies）：地域指市場或生產、銷售或其他公司相關業務活動所在，可能在地區/國家（Regions/NO, National Organization）或更大的區塊（Cluster）。地域為事業部業務活動的範圍，法人交易的所在和平台，公司當地的企業代表，肩負傳達地方的任務，處理公司與政府間的關係和地方公共事務，也替公司探索新事業、發展新機會。如果事業部轄下有派遣分支經管單位駐地，則需要協助支援管理或接受委託執行其委託職能。

基本上，地域組織不論地區、國家或區塊，其在地的職能和服務主要的分成三大類：

（1）代表企業在地執行其職能與服務

（Local Corporate Functions & Services）

包括法務與智財、財務、稅務、人力資源的招募/訓練和發展/人事管考/薪酬/福利、媒體及公關、永續經營、採購、資通訊科技等。執行代表企業在地的權力和義務；也承擔企業活動可能帶來的風險，除此之外，在地公司也執行企業公民在地的社會義務，當地除百分之百持股的法人以外，也須支援處理子公司、合資公司或其他與政府單位、學術、研究機構、或其他團體進行的各種合作方案等。

（2）提供在地的職能與服務

（Location Based Functions & Services）

提供便利的交通、差旅、電訊以及提供工廠生產、辦公室事務必備的設施和服務，有些地區甚至還須要考慮食宿、交通問題等，地區若有分支機構所在，這些職能與服務視運作的規模及需求而設，必須配套合理到位。

（3）駐地事業單位的職能與服務
（Presence Local Business Functions & Services）

當事業部（PD）或產品群/事業單位（BG/BU）設置分支單位駐在當地執行業務時，地域的負責主管須和事業部共同合作或支援建置，有些甚至直接的受事業單位委託扛起該特定職能的運作。這些職能的種類各有不同，從研究開發、市場行銷、訂單處理、發貨中心、客服中心、技術中心、專案工程到經營管理，各式各樣。受委託執行事業單位職能的單位主管就需掌握其直屬上司的隸屬，這時主管至少有兩個，不可混淆凌駕。

總公司管理中心（Corporate Center）：總公司的管理中心屬中央經管的職能，為公司高階層經管事業部的最高幕僚，包括企業的核心功能如企業的策略規劃、法務、財務、稅務、金融、人力資源、媒體及公關、資訊科技、永續經營、稽核等。飛利浦標榜科技企業，總部轄下有企業的創新服務的功能，包括研究中心、設計與智財中心，創新服務等，為企業先進科技研究、產品設計與創新的核心，使企業保持技術的前瞻和領先。隨著事業的發展，總公司管理中心的構成也會因應需求而調整、並非一成不變。

總公司管理中心支援公司海內外各單位，為各項專業知識和技巧學習的最佳來源。從作者數十年的親身經歷以及外界的接觸可知，飛利浦同仁何其有幸，在相對開放的歐洲總部，隨著工作有機會參與與各種職涯發展機會，智能得到管理中心不斷的滋養、培育和啟發。因為那些專業幕僚，不像美式企業的做法，總管理中心偏重在中央營運的職能或對旗下事業日常營運的「管控，Control」，飛利浦歐式企業的開放和信任，只在專業領域裡制定指導的策略政策（Strategic Policy）；從公司未來的立場探索事業發展應有的投資組合（Portfolio）；或公司跨事業可能的新契機，是公司管理的設計師；有必要時更會利用其宏觀、領域知識，建置管理和作業需要的平台（Platform）。

總管理中心使得飛利浦全球各單位瞭解專業，掌握世界級標竿或典範的水準，透過不斷的集會、座談、參訪、學習、觀摩，鍛練國際展露的才能，提升工作專業的深度、廣度和高度，提攜人員的角色定位，讓飛利浦人倍覺珍貴。也許有人認為只有家大、業大的公司，才有如此雄厚的資本培養這些優秀的人才，有如此的規模全球實施，也有可能遭負評，給事業沉重的成本分擔。但筆者深信一個公司秉持企業文化和其制度，提供專業及技術絕對值得，對全球經營，能以包容、重

視的態度接納各國的濟濟人才，發掘菁英、共同創造。而不像有些國籍企業只限定本國以及限定本國人才，或總部人員自己缺乏專業，不斷的充實，也吝於提攜人才，怕人才變成未來的可能競爭。飛利浦的國際化、全球化的實務做法值得企業參考。爲進一步說明，作者參考 2014 年飛利浦的官網，將企業的組織架構示意說明如圖例 1-8（作者按：這並不代表目前實際的組織）。

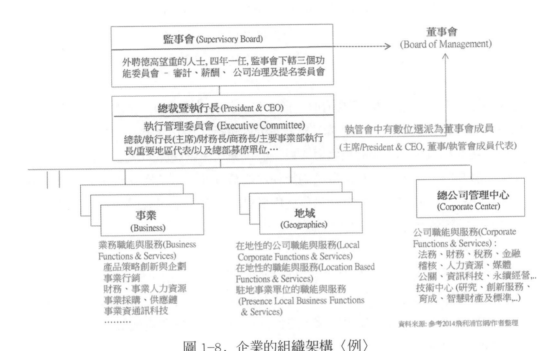

圖 1-8. 企業的組織架構〈例〉

在進入新世紀之後，飛利浦爲因應亞洲金融風暴引發的世界經濟危機，有了新視野（New Vision），重新架構公司統轄治理事業部、地區/國家、總公司管理中心的角色及定位。其中包括幾個較大的措施，如持續處理、減少非核心事業部及其相關生產據點。但事業全球化的發展和成長必然擴大管轄及責任，事業部逐漸接管原來國家強勢主導的新業務開發，雖然事務仍由指派專人或專案經理執行，但可能改變其隸屬直轄事業部，而且事業部的成員也逐漸擴大，不僅限於自家事業，也可能擴及合資事業。

後來，在一些重要的地域，地區/國家經理人同時兼任該地域最大的事業部負責人或事業部區域的負責人，同時也可能被指定爲公司在地法人的代表，在全球化趨勢發展下，爲減輕地方，國家限縮代表企業的業務，改由總部管理中心所屬直接執行。地區/國家與事業部合併之後，移轉一些原有在地職能服務，由事業部更有

效的運作，也許過去他們就是最大的使用者。

同時總公司管理中心也進行大瘦身，不再維持像過去龐大的中央經管體制，定位更形精簡，角色上只選擇公司策略及政策相關職能，從公司加值貢獻、加值的角度出發。除總公司必要的法務、稅務、金融、稽核不動以外，其他或多或少都有具體的因應，除非必須維持事業部們共用的功能及服務（Shared Functions & Services），以確保事業職能的運作及維持必要的經濟效益外，甚至將事業策略的管控交給各事業部，而專注公司整體更高階的企業策略的設計和架構。

總部的管理中心和地區/國家的情形一樣，有些服務考慮委由本來就更具專業、更有效益的外包機構來承接、提供服務，甚至考慮將其獨立分出，成立專門的服務公司，藉此縮編總部不必的組織與人員，展現公司主管整頓的決心，獨立分出成立專門服務的公司，除飛利浦自家的業務為奠基以外，也承攬外部的業務分割獨立（Spin-Off）的運作，其中資訊科技為最早的嘗試，是過去經歷的最大變革，作者將二千年新視野的看法說明如圖 1-9。

跨國企業組織的設置相當複雜，須兼顧事業、地域以及中央職能三個不同的角度，每項跨區或國際性的職務都有其對應的層級，對海外各分支機構的幕僚或主管而言，須兼顧全球性的多角事業，運作上並不單純，實務更面臨三向的矩陣組織（Matrix Organization）結構。

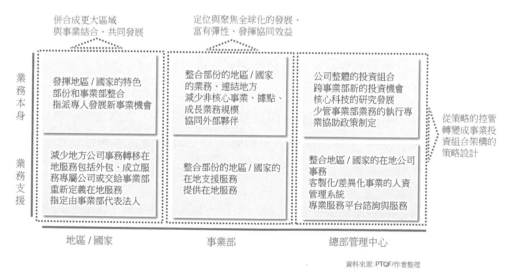

資料來源：PTQF/作者整理

圖 1-9. 二千年的新視野

然而矩陣組織的挑戰不在於組織的架構有多複雜，而要看人員在矩陣架構下的管理心態、認知和做法。一個職工通常在職務上只有一線的直屬上司，但可能該職務有另外兩條或多條的虛線與該員的業務或機能有關聯。因此如何帶領團隊衝鋒陷陣，考驗主管的領導智慧，如何發展主管的才能和企業共成長為不可或缺的體認，而且幕僚職涯的發展也是主管本身一部分的考績。有關主管能力的發展將進一步在本書第三部詳細介紹。

從事業的角度而言，筆者以自己非常熟悉的半導體事業為例說明當時的情形，一般事業總部會依其特質和需要，在其事業轄下設置全球事業經營的執管會（Executive Board），執管會重要的組成員不外乎財務長（CFO）、技術長（CTO）、商務長（CMO）、營運長（COO）以及產品群（BG）或事業單位（BU）的負責人；事業總部通常還設置支援全球的幕僚職能或共同的服務單位如事業部辦公室、法務室、人資部等等。要先聲明，並非每個事業部的組成都相同，雖然其中重要的職能大同小異。營運長則一般統轄全球的生產設施，不論前端或後端的組裝、測試工廠。產品群為產品線組成，視其規模組成不一，為了專注，通常依其產品技術及市場應用的不同特性和客戶所在以及資源共通性組成數個群組或單元。根據當時的組織大概，以示意的方式表達如圖例 1-10 （作者按：這並不代表公司實際的組織）。

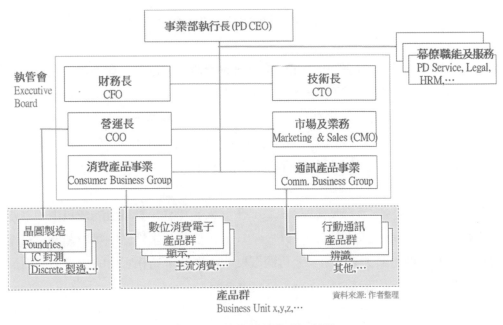

圖 1-10 事業部的組織〈例〉

從地域的角度而言，在九十年代羅總裁主政的時期，成長最爲快速，本書以那個時期的管理爲例說明，一個地區/國家（Regions/NOs）組織的層級如何在地方上架構如圖例 1-11（作者按：作者根據當時的組織以示意方式表達，這並不代表公司實際的組織圖）。

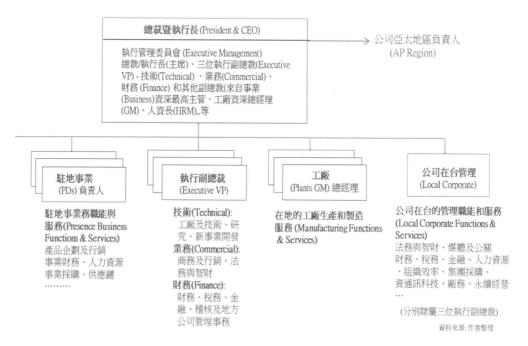

圖 1-11. 台灣飛利浦的組織，九十年代〈例〉

從管理的結構上看，當時的模式和公司總部的治理十分近似，在總裁暨執行長下設置國家的管理執行委員會，稱作 PEMC,（Philips Executive Management Committee），台灣最高主管的會議或簡稱執管會，每兩週一次。爲首任總裁貝賀斐（Mr. J. Bergvelt）先生於 1983 年在台北總公司成立，其目的在擴大在台企業營運的管理層面，確保政策與執行的一致和貫澈。

執管會的主席由總裁/執行長（President & CEO）擔任，執管會的成員中，主要包括轄下的三位執行副總裁（Executive VP），他們分工轄區、集體領導、和總裁一起分擔管理所屬企業的事務。毋庸置疑的，總裁承擔執管會的決策，仍爲公司最後的負責人：

．技術部分（Technical）－ 有關技術、在台的研究、發展設計、新事業開發、組織效率、人力資源、採購、廠務以及在台所有工廠生產製造服務的直接督導管理。

．財務部分（Finance）－ 有關財務（Finance）和公司在台的幾項職能和服務如財務、稅務、金融、差旅、資通訊科技、永續經營等。

．業務部分（Commercial）－ 有關各事業在台的業務從市場、行銷、法務與智財、推廣、媒體及公關、經銷及代理各項衍生業務等。

執管會其他的成員還包括重要事業的駐台資深負責人、人資長以及重要工廠資深總經理，從這些成員的組成可以看出執管會執行運作的代表性。當然，這些成員中有些資深主管是在行使執管會主席所賦予的「執行副總裁，Executive VP」的角色和地位。由於董事會（Board Meeting）每週在台主要單位的經管例會，執管會和董事會交錯舉行。執管會進行固定與臨時排定的議程，按照年度工作月曆依序進行，涵蓋所有公司經管的項目，透過有效的溝通、建立共識，充分掌握營運的業績、及早設定未來的方向，也會不定期邀請國內外專家蒞臨指導、座談或邀請屬下做專題報告，以高度的企圖心創造整個組織的動能。這種兼具事業發展型態的管理，一直持續到近公元兩千年，當公司事業決策的機制逐漸轉移到事業部主導為止，當地區/國家的權力地位逐漸定位成國家經理人之後，尤其在接任的柯慈雷總裁主政的時期，著重事業主軸的領導，輕於執行地區/國家經理人的新角色，原有國家的強勢不復從前。

〈注一〉**羅益強**〈Mr. Y. C. Lo 1937 ~ 2015〉**先生**

羅益強先生出生於南京，成功大學物理系畢業。1985 年升任台灣飛利浦執行副總裁，並於次年開始負責生產、工程及品質的業務，推展全公司的品質改善活動，追求卓越。培植優秀團隊，成功的挑戰戴明，建置的組織能力足以因應挑戰、全面轉型，羅先生為靈魂人物，功不可沒。1988 年至 1996 年間擔任台灣飛利浦企業的總裁，並於 1991 年兼任全球電子組件事業部亞太地區的總裁，拓展業務版圖走出台灣，管轄大中華以及整個亞太，範圍包括東南亞、紐澳和印度地區。在他領導下，於 1991 年榮獲日本戴明企業實施獎（後更名為戴明賞），為日本海外東亞地區的第一家。當初若沒有他的膽識，魄力與堅持，幾乎花兩年的時間證明並成功的說服飛利浦董事會，很可能

這個發展就全然不同。

「落實本土化的經營,擴展亞太地區市場」,爲羅總裁闡釋企業的走向,提到在落實適地經營理念的同時,無形中也帶動台灣產業的升級。並以穩固的自主性基礎,從加工基地蛻變爲區域的事業中心。這種重視員工、強調溝通、適應性與延續性的作法,使得員工體認爲自己的公司,締造快速的成長,也對台灣相關電子產業的發展帶來相當的貢獻。羅總裁於 1992 年獲頒台北市「榮譽市民獎章」,1994 年榮獲經濟部頒發「一等金質獎章」以及「國家品質個人實踐獎」,當時的報紙這樣報導,個人實踐獎對瞭解羅總裁的人來說,等於在羅總裁的品質冠冕上,璀燦奪目的鑽石旁加上一塊碧綠憎人的翡翠,當時參與國家品質評審的中國生產力中心總經理石滋宜先生則指出:「他追求品質的決心和毅力值得台灣的企業家學習」。

優異的表現,於 1996 年榮升飛利浦公司全球組件事業部的總裁,爲飛利浦企業超過一百零五年以來的首位,進入集團總部及總部事業管理委員會的亞裔人士。當年,他剛就任,在一場員工大會(Town Meeting)的上午,筆者正好也在那出差總部,一位同事告訴我當天發生的情景,讓人印象十分深刻。他說,看到羅總裁步入會場時,手中抱了一大疊投影片資料(那時候使用的方式),大家紛紛好奇的在猜想,這個首位亞裔新老板不知要講些什麼?由於語言非一般亞洲人的強項,可能多用資料來代替。結果讓大家十分驚訝的是,整場演說他只用了一張圖片,一張個人在波濤的海上駕馭風帆,風帆是荷蘭人相當喜愛的戶外運動,意思在鼓舞大家具有風帆運動員的精神,「順應環境、創造機會」。

羅總裁於 1999 年因爲個人健康因素宣布退休,退休後減緩了些步調,但仍然熱誠的奉獻,擔任許多知名企業顧問、董事,2000 年並受聘爲南京市高級科技顧問。在本書規劃初始,無不傾力爲作者詳細追述。然而非常不幸的,他不敵心肌梗塞舊疾復發,於 2015 年 5 月 11 日溘然長逝。緬懷斯人,他是我們的世代一個創造歷史的人!

〈注二〉合資成立台灣半導體晶圓製造

飛利浦於 1986 年與工業技術研究院簽約合資成立台灣半導體製造公司,當時代表飛利浦法務及投資協商的前副總裁劉振岩先生轉述,那個時候新竹科學園區剛成立,正尋求積體電路發展的國際技術的可能協助。李國鼎先生找上飛利浦,力邀和政府共同合作。在總裁貝賀斐(Mr. J. Bergvelt)先生積極的響應和不斷的催促下,終獲得總公

司同意投資及技轉，配合政策在園區製造數位先進的積體電路產品，有機會促進台灣產業升級。劉副總裁回憶說，簽約儀式出席的飛方代表為當時的全球飛利浦 CEO 范德克（Mr. Cor vd Klugt）先生以及台灣飛利浦總裁貝賀斐先生，台灣出席的簽字代表是經濟部長李達海先生和台積電的董事長張忠謀先生，他擔任在場簽約儀式幕僚。在諮商期間，他不但代表公司協議合約內容，同時也發揮前擔任財務長的豐富經驗，設法由台灣各單位先行籌措初期的注資，避免總部投資審議費時的程序，成功加速投資案的進行。

於 1987 年「台灣積體電路股份有限公司，TSMC」晶圓廠成立，引進 CMOS 製程，以專業晶圓代工的商業模式（Dedicated IC Foundry Business Model）經營。當時，飛利浦在台已具相當規模的投資和突出的營運績效表現，這項投資可以互補原在歐洲主打的消費電子應用，未來有新的機會進入數位創新的資訊電腦應用領域。初期的資本約十四億新台幣，飛利浦以現金投入，股權 27.5%，合約中也載明未來飛利浦有權增資控股公司。這個條件，對台灣而言，有如一條不平等條約的束縛，也顯見飛利浦當時對這項投資的高度期待。根據羅總裁轉述，後來幾經董事長張忠謀先生極力的爭取，希望台積電的營運和管理能夠獨立自主，維持本土的型態公開上市，增加市值，吸引高端人才。他居間協調幾經努力終於說服飛利浦總部，奠下今天台積電傲世成就的基礎。

飛利浦為台積電的策略夥伴，不但是客戶也是股東，在技術上更合作聯盟，提供半導體晶圓的技術、訓練、專利保護和研發，共同拓展晶圓先進技術製程，也曾經一起渡過初期慘淡的歲月。還有一家與台積電非常密切的供應夥伴，荷蘭半導體曝光設備製造商艾斯摩爾（ASML），原為飛利浦子公司，羽翼呵護多時後獨立分出上市，因獲台積電客戶而逐漸壯大，筆者原在 IC 裝配廠的廠長陳哲雄先生還曾是台灣 ASML 的首任總經理。在總部的網頁介紹公司的歷史中，還特別提到是 TSMC 客戶開啟了 ASML 在亞洲的業務。

TSMC 和飛利浦雙方也於 2001 年共同攜手投資新加坡的晶圓廠 SSMC（Systems on Silicon Manufacturing Company）。為分攤高額的先進科技研發費用，尖端業者初期都紛紛壓寶多方加入研發聯盟，合作開發產品或製造新技術。根據報導，台積電加入飛利浦在 2003 年和意法半導體（ST Microelectronics）格勒諾伯（Grenoble France）附近興建的研發聯盟中心（Crolles2 Alliance），共同研發半導體十二吋晶圓奈米高階製程，也與飛利浦、摩托羅拉、英飛凌共同成立 90/65 奈米兩代技術研發

聯盟，在法國英飛凌研發中心展開研發。由於飛利浦的財務規劃及策略定位和轉向，逐步釋出手中台積電的持股，直到 2007 年宣告將於 2010 年以前逐步計劃性的釋出全數持股。不遑多言，台積電的成功經營，開創半導體產業雄厚的基礎，這項合資為飛利浦帶來豐厚的效益，為過去海外眾多投資案例中，少數高報酬回饋股東的成功範例。

貝賀斐先生在台任職六年，在 1988 年離台赴印度履新之際，當時的經濟部長陳履安先生特頒予金質獎章，表勛他對中華民國經濟的卓越貢獻。2001 年，天下為羅總裁出版他的個人生涯專輯「經理人生」，更盛讚羅總裁為催生台積電重要的推手。如今 TSMC 和 ASML 兩家都成為世界半導體業界晶圓製造的重要夥伴，台灣的護國群山，令人欣慰。有說台積電造就了艾斯摩爾，更可以說飛利浦給了艾斯摩爾和台積電奠基的機會！

〈注三〉荷蘭皇家認證

皇家認證荷蘭語稱呼 Koninklijke，英語稱呼 Royal，一般皇室認證（Royal Warrants of Appointment）只有各國皇室的核心成員才有資格授予，君主國家除了荷蘭，其他如英國、比利時、丹麥、瑞典、摩洛哥、泰國、日本等均有自己國家的皇室認證方式歷史數百年，頗有皇家御用品牌之意，各國認證標準不一，也有不同的要求和保質期。

荷蘭皇家的這個頭銜象徵著皇室對授予者的尊重、認可及信任。這項殊榮的審核相當嚴格，獲認證者也能夠將皇家及皇冠圖樣加入其產品名稱或標幟中，授予給企業、基金會、機構或者是協會。以荷蘭而言，保質期為五年，必須達到下列標準：1、創立至少一百年；2、在該領域極具影響力；3、經營穩固，有好的聲譽；4、不屬於任何已有「皇家」頭銜的集團；5、為荷蘭公司。除了飛利浦，幾個比較知名的企業有荷航 KLM、殼牌石油 Shell、遊艇斐帝星 Feadship、樓梯升降椅 Otolift 等。

飛利浦以電燈泡公司起家，1991 年在大量消費電子時代，公司改名為飛利浦電子，1998 年在獲得皇家認證後名為皇家飛利浦電子，兩千年經過轉型揚棄大量消費電子，致力於醫療健康領域，以有意義的創新來改善人們的生活品質，相關產品、系統和服務已不在電子領域為優先考量，於 2013 年將公司命名為荷蘭皇家飛利浦公司（Koninklijke Philips N. V.）。

〈注四〉柯慈雷〈Mr. Gerard J. Kleisterlee〉先生

柯慈雷先生荷蘭籍，於 1946 年出生于德國，荷蘭安多芬科技大學電子工程、美國賓州華頓商學院 MBA 畢業。於 1996 ～ 1999 年間擔任台灣飛利浦企業的總裁，並兼任飛利浦電子組件事業部亞太地區的總裁。到任的隔年為擴大其歷練，成為飛利浦大中華地區企業的總裁，1997 年代表台灣飛利浦接受日本戴明大賞，這個獎項為繼 1991 年獲得日本戴明賞之後的另一榮耀，肯定企業追求卓越經營的努力和成就。柯慈雷先生於 1999 年調回歐洲，成為飛利浦全球組件事業部的總裁，更在 2001 年五月晉升執掌飛利浦全球 CEO 直到 2011 年兩任屆滿退休。

柯慈雷先生為飛利浦世家，有如老爸終生奉獻飛利浦，從加入醫療系統事業開始，歷經消費電子事業、1986 年進入電子組件事業部，媒體報導說他在電子零組件豐富的歷練，造就他掌管全球飛利浦的巔峰。柯慈雷先生於任內將飛利浦企業作了非常大的轉型，整合原先各自為政的事業，提出「一個公司、一個品牌，One Philips、One Brand」的思維，將公司的治理朝向一個整體的公司模式整合，緊接著更新企業形像，推出全新的企業品牌承諾：「精於心、簡於形」。他檢討公司資產配置、事業組合、投資重心擺在高成長的產品事業、重新部署公司未來的核心專注，分拆許多的大量消費電子事業群，包括電子組件、半導體及消費電子，帶領飛利浦擺脫產業循環的泥濘，進入一個全新的科技、醫療照護以及生活風尚的領域。承襲企業科技主導的傳統，不斷的創新與研發，致力於提升人類健康福祉與優質生活。

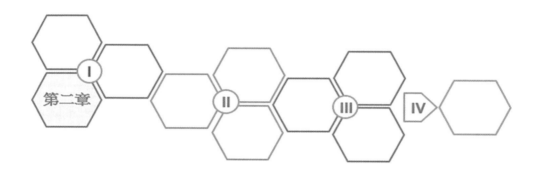

第二章

管理與改善：變革的幾個階段

第二章　管理與改善：變革的幾個階段

台灣飛利浦的組織發展

1966 年從高雄加工出口區成立第一個被動元件工廠開始，隨著擴充，增加新的產品、增設新的工廠，在竹北、新竹、桃園中壢、大園等地投資保稅的工廠，其間歷經四十多年，組織的變革大致可以劃分成下面幾個時期：

發展時期 (Expansion Phase)，	< 1985	
重建時期 (Structuring Phase)，	1985 ～ 1991	
改造時期 (Shaping Phase)，	1991 ～ 1995	
振興時期 (Vitalization Phase)，	1995 ～ 2000	
轉型時期 (Transformation Phase)，	> 2000	

「飛利浦和台灣共成長，Philips Moving With Taiwan」，是一句公司當時非常響亮的豪語，揭示在台發展的宏圖，和台灣電子工業發展的脈動息息相關，台灣經濟發展的縮影。在八九十年代，營運的規模常被政府評列爲加工出口區外銷廠家的第一名，外資企業的榜首，爲台灣的電子科技提供了一些實質貢獻，在這幾個階段，經歷主要的發展扼要敘述如圖 2-1。

1985 年以前，台灣有快速發展的機會，當時產業正值進口替代，鼓勵國內工業發展。1966 年起初的十年，工廠生產的產品屬於勞力比較密集的組裝加工，開廠初期組裝生產電腦磁環記憶盤，隨後擴充增加被動元件電阻、電容、積體電路；竹北廠投資的電子玻璃、黑白映管，中壢廠的電視機等。工廠主要的任務做爲海外加工出口的生產中心。在這個階段，工廠首要的目標建廠、擴廠，完工後試產、驗證設施、驗證產品，通過後正式量產，做好產品，提高收成率，降低成本和售價，確保市場的競爭力。

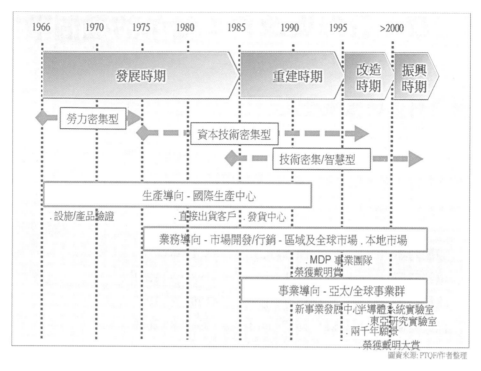

圖 2-1. 台灣飛利浦的組織發展

在 1975 年後，產業出口持續擴張，投資持續增加，隨著進階的產品技術和高額的資金投注，進入技術密集產業，產品增加金屬薄膜電阻，也開始生產表面黏著元件像晶片電阻、多層陶瓷電容、彩色映管、鐵氧磁體、馳返變壓器、電視也增加監視器。在這個階段，公司不斷擴充產品和產線，提高生產效率和產能，工廠自動化、無人化，成為飛利浦幾個事業全球的生產中心。此時，除工廠的生產外，也設置業務開發，擴大銷售市場，除了行銷本地市場，也銷亞太及全球各地。工廠首要的目標為做好產品，降低成本和售價，除了維持成本的優勢以外，品質更是絕對要求，態度上強調第一次就把工作做好，品質必須符合產品的規格和要求。

到 1985 年後，台灣經濟環境進入危機，由於台幣對美元匯率在 1983 年貶值下跌到四十比一，薪資年年高漲百分之六~八，堆高了製造業的成本，逐漸的難以和鄰近新興國家競爭，特別在大陸沿海。台灣的幾支主力產品像積體電路、被動元件、映像管、監視器等廠均遭受極大的打擊。1985 年甚至出現首次的零成長，為1975 年以來未曾有過的殘酷事實。

另一方面，爲進入亞太的市場，產品若僅符合自家規格的水準，難以滿足日本客戶嚴苛的要求，公司以「危機」喚起全體的意識，希望積極採取因應措施，化危險爲轉機，推行公司的**全面品質改善活動 CWQI，(Company Wide Quality Improvement)**，以日本品質管理的精神爲典範，設定挑戰日本戴明獎項爲標竿。全面改善透過團隊，從個別部門 / 工廠提升到公司的所有機能，共同探討核心作業的程序、介面和整合，強調事實管理、追溯根因、掌握現場和問題改善、防止再發。

在這個階段，除保持成本的競爭優勢外，產品的品質要求以零缺點爲目標表現。經過六年不斷的努力，於 1991 年榮獲日本戴明賞 (Deming Prize)〈注五〉，前身爲戴明實施獎項 (於 2012 年改名) 的肯定。這項世界品質的殊榮，象徵組織勇於挑戰的企圖，讓全球飛利浦對台灣飛締造出的世界級標竿刮目相看。

到 1991 年後，台灣的經濟環境受到自由化、國際化有了急劇的變化，產業紛紛外移。然而台灣飛利浦並未停歇改善的腳步，過去學習累積的經驗已塑造出智能的學習團隊，跨出公司內部和客戶、和夥伴共同努力，構築競爭的優勢，要求產品、服務以及作業程序不斷優化，贏得客戶獲得最大的滿意。在管理上開始推行策略方針管理「Strategic Policy Deployment」，事業不僅要求短期的營運績效，更要考慮長程的規劃。這種獨特的中西管理方式，於 1997 年再次贏得日本戴明大賞 (Deming Grand Prize)，這個獎項相當於日本國家品質獎的崇高榮耀，爲公認爲世界品質的桂冠，門檻要先能獲得第一階品質賞的業者才有資格申請。在頒獎典禮時，戴明評審委員會還特別讚賞台灣飛利浦融合東西管理優勢的獨特性，有許多值得日本企業未來學習的地方。

然而，擁有一身榮耀，也難擺脫外部環境現實的考驗，面對產業空洞化的危機，消費電子、電腦、電子元器件等產品上下游已紛紛轉移。尤其在 1997 年亞洲金融危機後，全球各企業無不遭受嚴酷的打擊，加速事業的危機整頓。當時，台灣飛利浦是國內的第一大外商，國內十大製造廠商之一，員工人數在自動化作業環境下 1997 年仍達一萬兩千多人的歷史高峰。然而隨著台灣電子產業製造的生態丕變，不得不隨著下游客戶進行遷移，尤其佈局在海峽對岸，在那個階段的大陸已經是幾個事業單位在台事業部或產品群的全球/亞太本部的管轄範圍。

誠如當時羅總裁對事業主管的要求，領導要能預見產業趨勢，認清市場、客戶和競爭所在，因勢利導，隨著變化轉型，事業才能夠延續，尤其高科技智能產業的環境已變，必須及早思考如何擺脫過去零組件低附加價值生產的型態，朝創新價值的投資組合進行。敏銳的觀察全球產業變遷，洞燭機先。其實，在這個時候，全球大量及消費電子事業部高層已思索多時、展開規劃，積極的部屬全面的轉型與改造工程。副總裁許祿寶先生〈注六〉也說，「春江水暖鴨先知」，跨國企業以全球眼光佈局，不局限於一地，那裡好、就那裡去是很自然的事，尤其看到快速崛起的大陸市場和其他亞太地區。身為領導，知人之所不知，行人之所難行。縱使情感上大家曾一起造就台灣這個根基，生產力更居世界前沿，共事奮鬥了多年，這些基地有如自家的貝比（Baby），心有戚戚焉，總有難言的感傷與不捨。

在轉型之前，為了準備邁向兩千年曾揭櫫新世紀的願景，勾勒出一些對新事業發展的期望，目標整合多媒體相關的產品，預期打造成一個迎合未來產業發展的科技與軟體併重的公司。分別成立多個研究實驗室，像半導體事業的系統實驗室（System Lab Taipei），是飛利浦半導體在亞洲設立的第一個實驗室；以及飛利浦東亞研究實驗室（PREA, Philips Research Lab East Asia），是飛利浦在亞太創立的第一個研究實驗室，全球六大據點之一，以台北研發創新為基礎，提昇東亞技術層次。

在這個階段，公司業務的決策權力已經由全球事業部主導。公司希望全球秉著飛利浦風範邁向卓越，以半導體事業部為例，領先在 1997 年七月推出「**卓越經營：BEST, Becoming Excellence through Speed & Teamwork**」的方案，它統合飛利浦原有的 PQA-90 （九十年代的 Philips Quality Awareness）改善以及卓越經營品質獎勵計劃 PBE（Philips Business Excellence）的模式延伸而成，做為改善績效的框架，而審查的方式強調兩階，一為自我審查（Self-Assessment）、一為同儕審查（Peer- Assessment）。這時期，活動由全球各事業部主導，專注所有的資源和企業關係人，強調品質、強化產品、服務及程序的競爭力，改善重心在探討事業的加值鏈，前瞻策略規劃是否有效的執行。

轉型期間，針對非核心的事業單位以及轄下的生產工廠，則依規劃採取不同的方案，進行遷移海外或剝離轉售的各種可能。這個階段對台灣飛利浦而言，影響層面非常巨大，其中幾個重要的事項有：

- 總裁柯慈雷先生於 1999 年調回歐洲總部，晉升電子零組件事業部負責人，總裁張玥先生接任，負責亞太地區電子組件事業的發展和持續電子組件事業的轉型。張總裁於 2002 年轉赴大陸負責飛利浦中國的事業，很自然的台灣地區成為大中華的部份，不久就正式隸屬大中華公司組織。
- 接著，重要的核心研究實驗室陸續遷移大陸，就近科技和新興市場的客戶所在。
- 準備剝離事業，於 2000~2006 年間陸續遷移或進行分拆、獨立、出售，在台相關的各組織的生產、技術、研發、行銷、管理等專業人才，隨同事業的方案轉移海外據點或新業主。
- 飛利浦在台 MIT 的製造工廠全部遷移或移轉，從過去大量電子為主的電子零組件、資訊產品、半導體事業的產、銷、研、管，成為進口貿易的商務模式。

管理的機制和改變心法

如前節所提，台灣飛利浦從發展、重建、改造、振興到轉型為止，前後歷經幾個不同時期，每個時期肩負著不同的任務、目標和組織訴求。團隊能否適時完成任務、實現目標，全賴各階層人員有無擔當，肯負責的表現，發揮組織能力，才能締造出的結果。一般在高科技產業的市場競爭，領先者通常備有下列幾個優勢條件：

- 為客戶創造特殊的價值
- 不斷運用新科技追求更好的產品、品質與保證系統，維持產品與服務的優勢，甚至居技術前沿、領先競爭對手，甚至主導產業
- 系統的思誰，有先知先制的決策智慧
- 認同的員工，積極投入，塑造團隊合作的精神
- 優秀的領導與管理，激勵、培育、發揮組織的潛能

這些條件是否具備？能否充分發揮？要看企業的組織能力，兌現的執行力。這種能力不是僅依靠個人專業的知識、技能；也不僅依賴組織內擁有多少的專門技術或知識、或資產，還要看組織人員是否能有效地行事，在日常管理體系當中充分的運作，它是組織、人員、程序、任務的整體表現。

在製造的環境，組織能力呈現的代表性指標是「生產績效」，如生產力、製造的前置時間、品質合格率、產品收成率等；當產品及服務推出上市時，與客戶介面的指標就是「市場績效」，如價格、交期、客戶感受的產品性能、品質、服務等；最後，當營運的結果出爐時，呈現的就是「利潤報酬」如營利率、投資報酬率等「財務績效」，這些績效彼此間是因果的關連、有什麼因產生什麼樣的果。

一般，組織能力的好壞可從日常的活動中觀察，像生產、市場、銷售、財務、供應鏈、採購等業務，是其中幾個主要的程序。組織能力的高低反應在企業成長、獲利情況、能否創造客戶更高的價值？ 甚至看企業是否掌握趨勢變遷的機先，能隨境先發、保持市場優勢？

現代企業的競爭也是考驗組織能力的競爭，組織能力反應企業的動能（Momentum），能力表現企業實力的強弱，伴隨著它顯露組織的價值信念、管理文化。組織能力是企業的核心、一種基因，每個企業的能力往往都很獨特，專屬而不相同，即使透過刻意的學習、模仿效果也難相同。因為在訓練課程裡有句話：「你能牽馬到水邊，卻無法強迫馬喝水」或是說：「師傅領出門、工夫各不同」一樣，每家公司在其日常運作的體制中，因人、事、時、空不同，呈現的行事風格、管理方式，從而塑造出與眾不同的組織能力，是企業專屬的基因。

環顧企業一些重要的活動，像推行全面品質管理與改善、世紀更新、企業卓越經營或是應用專業領域的品質管理、現場管理、策略方針管理、品質機能展開等系列的措施，在啟動之初，主管總要先反思下列問項，預備組織實施的環境和條件。

.組織有誰？ 有能力嗎？

.知道要做些什麼？ 又知道如何去做？

.團隊需要什麼協助或支援？ 有那些專家或顧問可以學習借鏡？

經營管理審慎的思維，加上身教言教的帶動團隊共同的學習，不斷的接受挑戰，為筆者體驗出台灣飛利浦與眾不同的地方。有說「學習」等於「機會」加上「能力」，意即透過學習能夠創造機會，也有加持的能力實現。實務上，它從組織中的日常管理為基礎出發，透過基本的學習，每個人能夠澈底遵守標準，然後透過團隊或小組適應性要求的學習，持續不斷的改善標準，甚至能進一步創造性學習突破。透過專案，改善、創造，也具有前瞻策略的視野和規劃，塑造企業獨特的

競爭力，它的實現不單憑藉企業本已具有的科技優勢，更要有優秀的領導和到位的管理促成。可以這麼說領導不要只抱怨缺乏人才，其實缺乏的是沒有能發掘人才的領導者，一個好的企業不能只靠挖角其他企業的人才，更須投注長遠的關注，培育自家精英的胸懷。

本書的第二部，將進一步介紹，企業如何經由智能組織的學習與學習管理培養組織能力、構築企業競爭力、掌握變革；第三部人員的價值，敘述以人為本的領導與人才發展，讓組織隨著持續向上的能力和激勵，與企業一起成長，選人、育人、用人，構築組織能力的獨特所在。

根據台灣飛利浦全面品質改善活動執行副總裁的許祿寶先生描述，組織能力的提升的力道來自"管理"與"改善"兩個層面，它分別從部門直線職能隸屬的日常管理和橫軸的機能管理來運作。執行力配合目標的設定能力搭配，彼此相加相乘，有效地發揮出倍數的效果。

縱的直線指組織原有的職能，屬於部門職能的**日常管理**（Routine Management）；橫軸指事業橫跨的專注業務，跨部會的運作，或叫它為**機能管理**（Cross Functional Management），又叫做方針管理。所涉的領域而言，機能不等於個別分工的職能，而是部門間的協作與整合，特別著重容易流失或輕忽的部門和部門間的介面和統合，它涉及**程序**（Processes）**和步驟**（Procedure），**也可以稱它為程序管理**（Process Management）。以交期為例，它涵蓋的業務從客戶接單、交期確認、工廠排程、料件採購跟催、倉儲發貨、客訴及客服等主要功能，而那些功能分別由職司的人員操作完成。從經驗上觀察一個公司的業務能否落實到位，要看其程序介面和整合的程度，這往往也看出其組織能力的好壞。一般企業專注的主要跨部機能包括「品質、成本、交期、新產品開發、人力資源開發」等項，這些叫核心程序，和日本戴明定義的程序相同。

機能管理主要透過「**方針管理，Policy Management**」展開，它和部門自行運作的日常管理不同但相關聯，有些日常管理的計劃包括來自方針管理的展開，就看事務涉及的範圍、程度和屬性。

在目標的設定上須考慮周全且具挑戰性，優勝者設定理想目標，配合積極有效的執行力。目標導向、持續不斷螺旋上升的改善，而且有主管全力到位的支持，提

供員工成長和發展有利的環境和條件，同時也需讓他們具有專屬的知識、技能，不斷透過個人學習、團隊學習的途徑充實、提高。在目標設定時，若高標配合高執行力，就能成為贏家。偏頗一方如低標配合高執行力，或是高標配合低執行力，就可能落入盲目追求、沒有理想，或是流於妄想、不切實際。它不依賴組織的強勢領導、一時的指令或受到主管個人的意志隨機指揮，這樣才能自持不斷，成為贏家。總之，提升組織能力的機制是透過全面有效的部門管理和方針管理來實現，一個為日常的維持及改善，另一個為機能的橫跨改善，兩者合而為一，構成管理矩陣，而目標的設定和執行的力度關係著組織能力提升的良竄如圖 2-2。

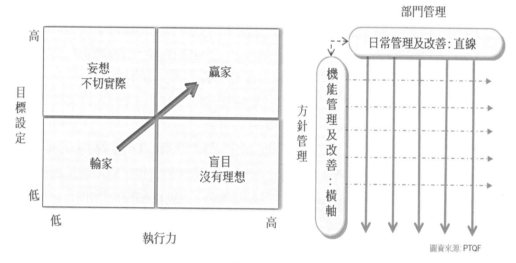

圖 2-2. 組織能力提升的良竄

許祿寶先生闡述說，台灣飛利浦為何有如此的信心提升組織能力？一方面來自外部聘請的日籍專家、顧問的協助、指導，他們具有豐富的學養和經驗，更有無數的實例來自他們曾經輔導過的戴明優勝者；另一方面依靠組織內部自我的牽引，這個力量來自所有的主管和部門、推行工作小組以及專案團隊在活動中的團隊學習。換句話說，如果組織沒有虛懷以對；或祇有一時的熱頭、局部的掌握，缺乏全員的積極參與、持續自我帶動，能力的提升效果是有限的。

改變的心法

改變為漸層發生，如果試著以個人行為的表現來瞭解，就有助於掌握情況的發生以及牽涉的層次和目的。通常一個人的行為自然流露出個人的才能，而團隊和組織是人的集合，累積的個人績效反應組織的能力。然而影響個人的因素是多重的，有外在的、有內在的因子，外在的主要是指人身所處的環境，不論是公司、社會或自然的環境；內在的主要指個人的心理和生理因素的綜合。

個人的行為別人看得出來，或是感受得到的肢體動作，常在所處環境中本能的發出，行為表露出他的信念和價值觀、個性特質。這種情況換成團隊或組織時，其邏輯層次基本上也雷同。當對個人、團體或是組織的表現有所疑問時，可以運用這個行為模式了解癥結在那？

對個人的工作而言，其外在的因子指其工作的環境所在，包括工作的組織、結構、程序和溝通。企業想要影響個人的行為常以改變其工作的環境作做為主要手段，但這種方式又不能隨意採用，好像搬動桌椅那麼輕鬆，必須尋求內在因子來配合，依序由下而上、由內而外。由於改變的是人，而人非一成不變，其影響複雜而多重，不是單一因子可以全然支配。

韓非子八經中有一段話說：『力不敵眾，智不盡物。與其用一人，不如用一國』，『下君盡己之能，中君盡人之力，上君盡人之智』，一個睿智的領導者應該懂得如何掌握個人與組織的改變，善用眾人之長，鼓勵所有的員工努力學習、改變自己，竭盡所能、自我要求，達成目標。

如果企業預期改變，首要清楚知道改變些什麼？由誰負責？而且企業追求的目標是多元，許多有賴平行進行或是彼此協同、互相影響。所以必須借助整體的、有結構性的措施，而且上位的主管要和員工一起、全員參與，共同完成。

就改變的內涵而言，全公司品質改善目的在喚起組織及所有員工的危機意識，在當時採取師學日本品質管理的精神和行動綱領，因為日本產品的品質領先世界，日本是我們的目標客戶，要求十分嚴謹而且苛刻無瑕，可做為學習的典範，先後聘請多位日本的專家、顧問，介紹他們推行全面品質管理（TQM, Total Quality

Management）的理念、經驗和具體的做法。

在理論上，東西方許多的大師已就全面品質管理有些不同的論述，但最早實施品質改善活動的積體電路高雄封測廠是以**菲利浦.克勞斯比**〈注七〉在《**品質無價,Quality is Free》**一書裡闡述的**克勞斯比哲學**（Crosbyrim）為啟蒙，它又稱呼**品質的絕對要件**（Philip B. Crosby's Four Absolutes of Quality）做心理建設，塑造個人團隊或組織在品質上重新的認知和行事態度。這個品質絕對要件就是關鍵的改變心法：

- 品質的定義：**符合要求**（Conformance to Requirement）
- 品質的標準：**零缺點**（Zero Defects），**第一次就要把事情做好的態度**（Do It Right the First Time）
- 品質的系統：**預防性的**（Prevention），**所有的措施都建置在預防發生的基礎上**
- 品質的衡量：用**品質成本**（Cost of Quality）來衡量，它主要指不符要求所付出的代價

為給讀者進一步佐證 CWQI 的想法，特別借重英國一位知名 TQM 專家**神治先生**（Mr. Gopal Kanji）的全面品質管理金字塔模型來詮釋。由於這個模型融合相當多日式當時領先的想法，提綱契領的結構也十分貼近 CWQI 的重點與方向，因此經常作為教育訓練的範本，引導行動的方向，他的 TQM 金字塔模型如圖 2-3。

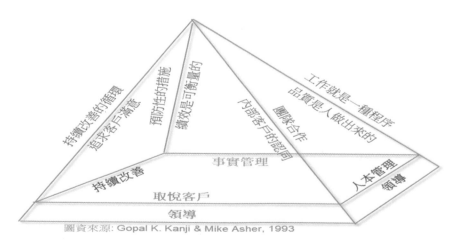

圖資來源: Gopal K. Kanji & Mike Asher, 1993

圖 2-3. 神治先生的 TQM 金字塔模型

全面品質管理牽涉的元素不是局部、突發的，或信口說說、紙上劃劃、牆上掛掛的口號，是具體經過層層展開的實務。在高層的心目中，品質管理就是管理品質的挑戰，TQM 實際上就是各階主管管理品質的考驗，它是公司不可迴避的艱巨任務，避重就輕、或只是擷取其中部分實施，其效果絕對沒有預期的豐碩。金字塔模型的底座支撐整個活動，由**領導**（Leaders）**和領導力**（Leadership）代表全面活動的支持和管理，是組織推動的關鍵。基座底層向上有四個向度，就像構築金字塔的四個支柱一樣，面對客戶、員工、現場管理、改善活動四個層面。

- **對客戶：**以取悅客戶為導向，追求客戶最大的滿意，認同內部上下游間為內部客戶的關係人。
- **對員工：**以人為本的管理、尊重員工，激發團隊精神，品質是人做出來的。
- **對現場：**強調事實的管理，工作本身就是一種程序，過程就是步驟，所有的工作都與程序、步驟有關，掌握工作要掌握現場，掌握現場要掌握程序和步驟，而且工作的績效是可以衡量的。
- **對活動：**持續不斷的改善循環，採取預防性的措施，追求客戶滿意。

金字塔的重要意義強調 TQM 是一種競爭策略，一種新的管理突破，在當時有人甚至稱為一種新的工業革命，但實現它卻不容易。它的改變須率先從經營高層本身開始，展現追求品質的決心和行動，並身先士卒、積極投入。有了品質導向、重視四個方位的領導、發揮領導力。換句話說，一個公司任何活動推行的初始，須先讓組織瞭解全面品質管理的意義，凝具共識，規劃方案，具體實施。它有賴全面溝通和建立的共識，全面教育不可或缺，往往企業瞭解也實際周延投資的卻是不多。一般說來，為了根植全面品質導向，透過全員教育訓練滲透管理層，執行層的路途是遙遠的、漫長的，收穫不易，卻是企業追求利潤和永續的唯一憑藉。神治先生的 TQM 模型，人們推崇它為 K 氏卓越管理模式 KBEM（Kanji's Business Excellence Management）。

全面品質經營追求卓越

坊間有許多不同的討論，到底全面品質管理（TQM）和 ISO 9001 系列以及六標準差（6-Sigma）間有什麼差別？運用這個可否取代另一個？許多的學者也各有不同的見解和撰述。在推行之初台灣曾經聘請日本品質專家**狩野紀昭**（Mr. Noriaki Kano）先生演講並做現場輔導，他是日本東京理科大學的教授，也曾任戴明審查

委員，更是近代品質管理的大師，他非常具體的介紹有關全面品質的管理和策略上的意涵，剖析具體實施的做法，因此在理念和看法上受到他的影響。

狩野先生的見解：

ISO 9000：以客戶為中心的作業管理，以標準化的程序建立品質管理系統，符合客戶的需求，並找出問題的癥結加以改善。

TQM：以客戶為中心的作業管理，也以公司盈利為目標的策略管理，作業管理找出現有管理系統的癥結加以改善，甚至建立創新管理系統來突破；策略管理則放眼未來的規劃，讓公司持續盈利、永續經營。

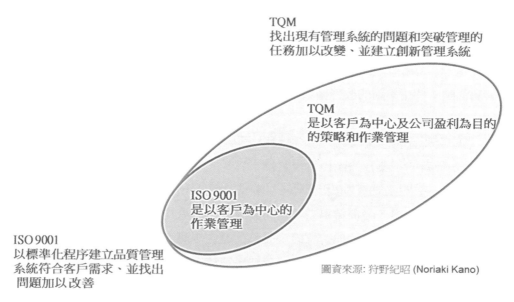

圖 2-4. ISO 9000 與 TQM 的關聯

兩者之間有明顯的不同，在範疇上有大小之別，全面品質管理兼具全面經營管理的訴求，尤其當公司面臨危機的時刻更是個利器。6_Sigma 原來的目的是協助生產提高製程的能力，在工程上或程序上消除變異或不確定性的缺失，穩定品質。後來 6_Sigma 也被擴展推廣應用到其他關聯領域，特別用在現場處理問題、確定問題、解決問題的一種系統手法，屬於工具或方法的運用，兩者的範疇與關聯如圖 2-4，所以說 ISO_9000 和 6_Sigma 不能取代 TQM。

當台灣啓動全面品質管理活動時，由 "承諾從經營主管開始" 以及 "全面雙向拋接球的政策溝通及機能展開" 出發，從公司經營面臨的艱難處境，激發危機的意

識，積極面對，以「危機就是轉機」回應環境內外在的壓力，強調改變，採取全面的行動。

管理上，爲了凝聚共識，高層勾勒出企業的願景，設定出中長程的發展方向和追求目標，將市場的競爭困境和客訴教訓轉變成一種挑戰、一種機會，把品質改善當成創造企業價值，事業管理與品質管理視爲一體，用全面品質改善爲平台號召，實務上卻是事業經營與管理的精益路程。

做法上，品質改善不是品管或職司部門的業務報告，它著重**機能問題的辨識「能力，Capability」**以及如何到位的「**程序，Process」過程掌握**，要求事務團隊的合作無間、行動的落實。實務上整個改善方案實踐在三個主軸，行動上的觀念、方案中的活動、改善用的工技如圖 2-5。

行動上的觀念 (Concepts)

- 從中高層主管的共識決心開始基礎建設
- 品質學院結構性的訓練課程，全員洗禮，從心改造到體現
- 專注客戶的改善措施，快速回應
- 正確的處理問題: 意識問題、面對問題、解決問題、預防問題
- 有效的掌握現場: 持續改善、追求完美

方案中的活動 (Vehicles)

- 年度的方案計劃，周而復始: 方針展開、總裁診斷
- 無缺點日活動: 承諾及挑戰
- 品質月活動: 關心與付出、總裁診斷
- 品質小組的落實執行: 現場及幕僚全員編組
- 提案制度的創意構想
- 其他組織活動的凝聚

改善用的工技 (Techniques)

- 品質小組的活動: 品質工具、管理新七工具
- 工業工程手法:成本效率的改善
- 製程管制及能力的提升: 管制圖、變異分析、實驗計劃
- 新產品開發: 品質機能展開、品質模型
- 其他相關手法的應用

圖 2-5. 改善的方案

當年從日籍顧問引進許多完整的概念和做法，具體的運用在各項活動改善上面，成果斐然。比方說從狩野先生處習得大眾比較熟悉的 TQM 理念、方針管理與展開（Policy Deployment）、品質模型（Mr. Kano Model）等。下面進一步解釋狩野先生的 TQM 之屋（House of TQM）的架構，實施改善方案體現日本品質大師的品質之屋的理念如圖 2.6。

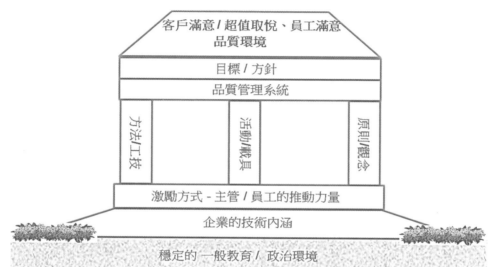

圖資來源: 狩野紀昭 (Noriaki Kano) DNA of TQM, 2009

方法 / 工技：品質展開、品質七工具、品質管理新七工具、品質個案的故事，等
活動 / 載具：方針管理、日常管理、跨部門的機能管理、品質小組/品管圈,等
觀念 - 思維 / 原則：品質上－外部客戶滿意、內部客戶滿意、管理上－PDCA、事實管理、品質
　　　　　　　　　　是大家的事等

圖 2-6. TQM 之屋

經過六年的試煉，受到許多日籍顧問多方的輔導和協助，終於 1991 年贏得日本戴明賞的肯定。其後，視野更大，目標的設定放眼更長遠的市場趨勢，時間軸距從年度改善計劃拉長到前瞻四年，連結策略規劃，由於這個本是飛利浦企業的強項，將它融入近程的改善和管理一體，形成「**策略方針管理，Strategic Policy Management**」。

通過兩個階段的試煉之後，適逢全球飛利浦的事業卓越經營計劃全面推廣，在全球統一的模式下由全球各事業部主導，於是融合原有的實務爲體、配合新的框架爲用，兩者合一，持續不斷改善的旅程。事實上，飛利浦的這套事業卓越經營計劃就是**歐洲品質管理基金會**（EFQM, European Foundation for Quality Management）於 1991 年推出的「**卓越經營模式，EFQM Excellence Model**」，每

年頒發「卓越獎，EFQM Excellence Award」，表彰在邁向卓越的路程上努力取得
顯著成果的組織，到今天歐洲已經超過三萬個組織推行這個卓越經營模式，影響
相當巨大。

飛利浦為 EFQM 共同的發啟人，在同期間，全球企業內部也推出「飛利浦卓越經
營計畫，PBE, Philips Business Excellence」向全球各單位發布實施，這個模
式等同歐洲品質管理卓越經營模式。觀察歐洲各主要國家所推行的國家品質管理
卓越獎，也都是依循這個歐洲品質管理卓越經營模式的框架，台灣生產力中心所
推行的國家品質獎辦法，在制定之初也參考日本和歐洲的模式。很自然的，各單
位將原有的改善基礎和框架配合卓越經營要求的要求，兩者巧妙的融合、沒有衝
突，穩定維持改善前進的步伐。

綜合上述，從八十年代中開啟全面品質的改善，到二千年新紀元初為止，每個階
段都有組織設定的挑戰和標竿，激勵組織的動員和活力，也從團隊持續不斷的學
習當中淬煉出不同的特質。大致上可依推行的改善方案、管理的焦點、品質的要
求、主管的管理方式、組織追求的目標來區分，其歷程如圖 2-7。

關鍵項目	七十年代 <1985	八十年代 1985~1991	九十年代 1991~1999	新紀元 >2000
推行的改善計劃 (Improvement Program)	部門的改善 (Department)	全面品質的改善 (CWQI)	飛利浦的品質 (Philips Quality)	卓越經營 (BEST)
焦點 (Focus)	部門/工廠	部門/工廠間 公司內部	客戶	所有企業關係人
品質要求 (Quality)	產品	產品及服務	產品、服務 及程序	產品、服務及 程序競爭能力
主管的管理方式 (Role of Manager)	授權	授權	支援	領導
目標	低成本	零缺點	客戶滿意	卓越企業

資料來源: PTQF

圖 2-7. 改變的歷程 – 全面品質改善的成效

其間幾個重要的轉折，一個是 1991 年獲得日本戴明賞，一個是在 1997 年再度獲
得日本戴明大賞，兩階段的標竿挑戰之後繼而轉向全球飛利浦的企業卓越經營，

挑戰世界的標竿。然而，在邁入新紀元後，隨著公司全新的策略目標和市場 定位轉型，這個方案轉由接手的業者主導。可以說，全面品質改善活動練就組織團隊的基本功，有組織能力和執行力，無畏面臨各種的困難和挑戰，具有掌握現場和解決問題的能力，才能在卓越經營的過程中勝任，順利的完成轉型。

〈注五〉戴明賞〈Deming Prize〉

戴明賞是日本科學技術連盟（JUSE）1951 年起設置的獎項，為日本人感念美國品質管理專家「**威廉・愛德華茲・戴明, Mr. William Edwards Deming 1900 ～ 1993**」帶給日本有關統計品質管制的深遠影響和貢獻，利用戴明捐贈的版費以他為名設置的獎項，表彰日本年度全面品質管理卓越成就的團體或個人，獎項分為「戴明個人賞」頒發給對全面質管理研究及著作傑出的人士或團隊，「戴明推廣服務個人賞」每 3~5 年頒發給對日本海外全面質管理推廣績效卓越的人士，「戴明應用賞」為每年頒發獎項，給予在全面質管理實施有重大改進的個人、機構或公司團體。2012 年戴明委員會將獎項改名為「戴明本賞」，「戴明普及推進賞」，「戴明賞」。另外，也將進階的「**日本品質管理賞, Japan Quality Medal**」改名為「**戴明大賞, Deming Grand Prize**」，每年十一月在日本舉行戴明賞頒獎典禮及得獎人案例發表。

戴明賞大賞原名為日本品質管理賞，為日本科學技術連盟（JUSE）慶祝第一屆國際品質管理會議（ICQC）於日本東京舉行而設置的獎項，目的在持續並提升會議的精神，接續未來以及進一步發展品管的世界，以會議經費節餘所設置的獎項。申請資格為已經獲得戴明賞或者品管賞三年（含）以上的企業單位、足以證明應用全面品質管理方面比上一次得獎又有更上一層顯著的績效。戴明賞大賞可以重覆申請，只要時間間隔三年（含）以上，為業界公認品質的最高榮譽。

戴明賞

戴明大賞

戴明的品質理念：品質是用最經濟的手段製造出來最有用的產品，品質改善應該全員參與，品質是製造出來的、而非檢驗出來的，品管散布在生產系統的所有層面，管理者應該將品質的觀念注入於決策之中，運用統計方法才能經濟有效地達到品質的目標，品質改善的步驟－計劃、實施、查檢、修正行動，循序而進、並且循環不斷。

〈注六〉許祿寶〈Mr. L. P. Hsu〉先生

許祿寶先生現任台灣飛利浦品質文教基金會榮譽董事長。國立成功大學物理系，美國哈佛企管學院高級管理課程。擅長策略、商業模式創新與管理等領域的專業，熱衷經營管理經驗的傳播。先後擔任交通大學 EMBA 兼任教授、清華大學工業工程管理學系兼任教授級業師，輔仁大學，講授有關全球視野的企業經營策略、價值創新、組織學習、組織能力等相關的課題，無私的分享業界中堅，珍貴的國際企業管理實務和豐富歷練的人生。

在製造領域，他曾先後擔任飛利浦高雄建元廠物料部經理/被動元件廠長，1979 年調任飛利浦中壢廠先後擔任物料部經理/生產工程部經理。之後，派赴總部，歷練電視新產品專案領導，於 1984 於年返台升任中壢顯示器廠總經理、飛利浦消費電子事業部全球監視器產品、事業負責人，也曾擔任台灣飛利浦執行副總裁，飛利浦全球製造咨詢委員會委員兼亞太區分會主席，協助工研院研發管理與經營策略的人才培訓計畫。這個計畫於 2010 年組織荷蘭創新思維再造研修團，他榮任團長兼隨團指導顧問，2013 年協助工研院產業科技前瞻計劃，以飛利浦為例研究國際產業巨人轉型策略。

在擔任執行副總裁期間，負責推動全面品質改善活動，連續於 1985~1997 年間創造出飛利浦在台傲人的績效，也分別榮獲日本戴明賞/1991 和日本戴明大賞/1997。後因應台灣產業環境的變遷，帶領公司全體邁入新世紀之際順利全面轉型。他孜孜不倦、終身學習的精神，還曾獲得當今「改善」的知名大師今井先生讚諭為最勤奮可敬的學生。

許先生也身兼國內多家股票上市公司的董監事，曾分別擔任過台灣積體電路製造股份有限公司董事、世界先進積體電路股份有限公司獨立董事、台達電股份有限公司監事、光寶科技股份有限公司監事、華邦電子股份有限公司董事監察人、新唐科技股份有限公司監察人、華新麗華股份有限公司副董事長、瀚宇彩晶股份有限公司執行長等職。

在國內財團法人或協會部分，許先生經歷中衛發展中心董監事、財團法人張桐生學術文教基金會常務董事、台灣研發管理經理人協會理事、財團法人時代基金會董事、元智大學教育資源教育發展基金會委員以及台灣平面顯示器產業聯誼會（FPD）會長，也應邀經濟部中國生產力中心龍騰搶珠創新人才培訓計劃、經濟部中小企業處新網路經濟時代企業全球化研討會，及其他國內外諸多國際科技論壇講演，分享全面品質經營的體驗，為產學研貢獻一己心力。

〈注七〉菲利浦・克勞斯比〈Mr. Philip B. Crosby 1926 ~ 2001〉

菲利浦・克勞斯比為二十世紀著名的品質管理實務專家。美國時代雜誌譽為 "本世紀偉大的管理思想家"，克勞斯比早期曾參與馬丁公司的導彈計劃，奠定他對品質管理的基礎，提出零缺點（Zero Defects）的觀念，被人尊稱為零缺點教父。

1979 年克勞斯比出版一本書名《Quality Is Free》，回應北美地區八零年代初面臨日本優質產品失去市場競爭的危機，同年離開 ITT 公司之後，自組菲利浦・克勞斯比顧問公司。他定義品質就是合乎客戶的要求，強調產品的標準是零缺點，品質的管理系統是預防，品質的衡量是成本，就是那些不合乎客戶要求的代價。告訴人們 "品質是沒有問題的"，凡事必出有因，不應歸究品質。要知道品質不需花費額外代價的，但品質卻不是免費的贈品。實務上，他對品質改善的程序定義十四個實施的步驟，概括分成 **「決心」**、**「教育」**及**「執行」**三個層面，以年度為一個週期，到底重頭再來，他最有名的一句話：『**第一次就把事情做好**』。

為傳播克勞斯比的理念，台灣飛利浦曾經徵得他本人的同意，將他的著作《Quality Is Free》翻譯成中文，書名：《品質無價》發給所有員工研讀，畢竟那是品質與改善的經典。當時市面上還不見任何譯本，也不同於坊間後來出版的譯名。在大陸，甚至有民間成立的克勞斯比學院積極推廣各界。為紀念克勞斯比在品質管理領域上的卓越貢獻，1995 年世界最大的專業組織之一 "美國競爭力協會"（ASC, American Society for Competitiveness）設立 "克勞斯比獎章"（Philip B. Crosby Medals）用於鼓勵全球品質與競爭力方面具有傑出成就的企業和個人。2002 年美國品質學會（ASQ）也感念他的思想與著作，特別以他的名字設立 "克勞斯比獎章"，以表彰他品質管理方面的傑出貢獻。

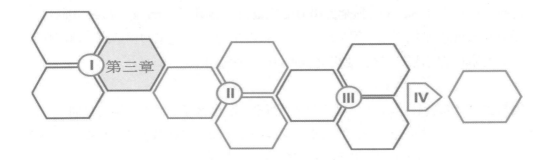

學習與成長：持續不斷的挑戰

第三章　學習與成長：持續不斷的挑戰

推行 CWQI：1985 ～ 2000

啟動的緣由

台灣飛利浦於 1985 年啟動**全公司的品質改善**（CWQI, Company Wide Quality Improvement）活動，為了因應當時企業遭遇的困境，從危機中再造的一種運動。負責推動的副總裁許祿寶先生說這個活動有幾個緣由：

現象面 － 體認到日本消費性電子產品、汽車、照相機等在世界市場的風潮，成就的主因來自全面落實日本的管理制度（TQC、JIT 及 TPM），尤其在 1985 年安排高階主管們參訪日本後感受更強烈。

本質面 － 體認必須建立一套系統的方法，吸收他國產業的優點，建立一個有機組織和團隊，不僅能夠領先競爭者，更能永續生存。

觀察西方、日本以及台灣產業的特質會發現許多彼此不同之處，從落實到位的管理與應用上，日本有許多值得我們學習借鏡的地方。台灣飛利浦可以融合歐洲企業西式和日式的優點加以發揮，預期將是個非常著力的管理方式。

環顧當時外部環境，亞太市場的競爭，面對許多日本客戶，他們的要求異常嚴苛，當時產品不斷遭遇客訴與抱怨，需立即採取有效的改善和預防再發的措施，於是下定決定展開師習日本品質之旅，並設定挑戰日本戴明獎項做為自我鞭策的標竿。西方、日本和台灣產業不同的特質如圖 3-1 可為作為學習改善的參考。

西方產業特質	日本產業特質	台灣產業特質
知識創造	知識推展	模仿及應用
策略	執行	介乎其中
成果	成果與過程並重	成果
突破(創新)	改善與維持	維持差
介乎其中	決策慢	決策快
介乎其中	彈性差	彈性配合度佳
垂直整合	介乎其中	水平分工
大型企業為主	介乎其中	中小企業多

資料來源: PTQF

圖 3-1. 西方、日本和台灣產業的特質

這段追求品質之旅，經歷了幾個關鍵階段，分別在 1991 年贏得戴明賞、1997 年贏得戴明大賞以及新世紀的轉型，組織鍛鍊有下列重要的啟發：

（一）主管新的意識和認知：認知誰是我們的客戶？瞭解以客為尊的理念

誰是我們的客戶：「企業的關係人」

首先，大家必須知道誰是我們的客戶？ 一般人只把市場上產品或服務的最終使用者視為客戶，然而這只不過是公司外部的客戶，飛利浦將定義的範圍更加擴大，客戶為企業所涉的「**關係人，Stakeholders」，包括員工、外部客戶、內部客戶、社會以及股東**。客戶提供我們工作的環境、工作的機會，也是我們工作的目的；股東投資公司，讓我們有分工作可做；社會是公司營運的所在地。外部客戶包括品牌客戶、代工客戶、代理商或經銷商、供應商等；內部客戶則包括上司、部屬、工作關聯的下一站或涉及的同事。客戶定義在工作程序的上下游間，提供者與接受者、「取」與「給」的角色分野上，告訴每個人，客戶為工作交付的下一站，不管你做什麼？你答應做什麼？有這樣的認知之後，才可進一步思考我的工作和我的工作目的為何？到底為誰而做？如何讓他們稱心滿意？企業的關係人如圖 3-2。

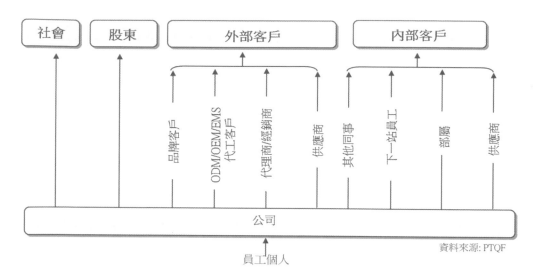

圖 3-2. 企業的關係人

以客爲尊的理念

以客爲尊的理念是日本品質管理大師**狩野紀昭**（Mr. Noriaki Kano）先生所提倡，以客爲尊將客戶放在最優先位置，從工作中完成交付，成員包括第一線的員工、基層、中層、高層，各階層，一起分工協作。在這個理念下，前台爲第一線直接和客戶互動的人員，作業程序的下一站爲前一站的客戶；組織層級裡上階以下階爲客戶，基層以第一線爲客戶，中層以基層爲客戶，高層以中層爲客戶，主管爲部屬服務的意味不言可喻。每個崗位有明確的工作內容、職務說明、交付的任務，不任憑口頭說說、沒有依據和標準，這個觀念認知適用於公司所有階層，不論專業的/技術的，還是管理的層次。

工作上，每個階層將工作的性質歸納成日常的管理、改善的管理以及創新的管理三個部分。日常的管理是崗位職能的維運，屬工作維持；改善屬小幅度的改變現狀，加強或增益其工作效能；創新則屬大幅度的變異，期望新目標、新平台。體認面對客戶的職責不只有維持眼前，而要不斷的思索如何改善，把事情做得更快、更好、更有價值，讓客戶滿意。這三種性質的工作比重隨著層級不同，時效上日常的工作是短期的事務；改善的工作是中期的事務；創新的工作是長期的事務，以客爲尊的理念如圖 3-3。

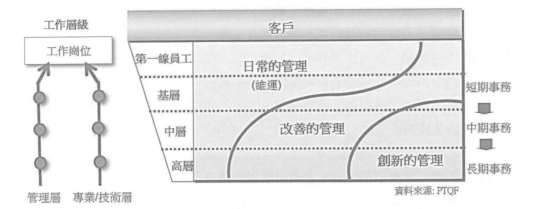

圖 3-3. 以客爲尊的理念

以客爲尊的價值貢獻該從幾個關鍵項目來衡量，用企業關係人對方的立場、設身處地判斷，而不從著眼本位。因此工作不但要瞭解客戶的期望，也要獲得客戶的回饋，是項挑戰，因爲工作的好壞從對方立場來評價，指標衡量：

客戶（Customer）— **客戶滿意度**

員工（Employee）— **員工滿意度**

股東（Shareholder）— **投資報酬率**

社會（Society）— **形象、公益及回饋**

深信，沒有設定衡量的績效指標就不可能有妥善的計劃，沒有計劃、沒有採取具體行動也無法達成預期效果，管理上有這麼一句話說得十分貼切：**『你怎麼衡量、你就怎麼獲得，You get what you measured』**。

（二）**團隊共同的學習過程：全員參與管理與改善，團隊共同的學習**

英國的生物學家**達爾文**（Mr. Charles Robert Darwin, 1809~1882），在他的物競天擇、適者生存的物種起源說道：

『自然界存活下來的物種並不是最強的，也不是最聰明的，而是最能適應環境變化的物種。It is not the strongest of the species that survives, nor the most intelligent, but rather the one most adaptable to change.』

在生存競賽中，適者生存，因為他們能夠在環境中成功地適應自己，適應的過程本身就是學習。企業的環境何嘗不像自然界生物面對環境的挑戰，所處的市場變化多端、不可預期，而且競爭者不會靜止不動，都設法想超越對方。因此，行動必須及時而且持續，能夠隨著市場環境的變遷調適，世上沒有從規劃一開始就能洞見的未來，必須透過組織智能的學習，團隊共同努力，不斷的學習克服周遭的挑戰，才能達成最後交付。

全面品質改善的活動是個平台，透過這個平台提供大家全面的、有計劃的共同學習，因應所有的變遷，從自我的學習、到團隊的學習、到組織的學習，它是一個整體持續的學習過程。台灣飛利浦在推行活動過程中投注長期的員工教育，聘請世界知名的專家、顧問，不斷地引進新知、新的工技應用，介紹最佳典範（Best in Class）或標竿（Benchmark），鼓舞激發人員士氣，藉外部成功經驗加速內部學習並從中獲得豐碩的回響。全面品質管理的活動不僅攸關品質的活動，實際上更是全面管理品質的活動，就像下面這句話雖說得淺顯普通，但意義卻十分不凡。

「簡單的事重覆做，你就是專家；重覆的事用心做，你就是贏家」

（三）組織管理上的突破：全面品質管理提升組織能力，也是管理品質的提升

全面品質改善的活動步步為營，紮實不斷的從細微處累積，它絕非一蹴可即，而是從平凡中累積出的不平凡。首先，組織獲得主管的承諾和投入，他們不在上位高調遠距地說，能和部屬一起參與各項活動，方案有整體的、細密的規劃，全面的展開、貫徹的執行。活動和管理融合一起，主管率先引領公司的願景、方向，透過教育、訓練、溝通，貫徹到每個單位、每個階層，大家都有一致的理念和做法；計劃有方針、有目標，實施的過程有查檢、檢討和跟催；透明的運作機制，經由品質小組到位實施，年復一年持續漸進，不斷的學習鍛鍊技巧、累積實力。何況飛利浦跨國團隊，其成員來自各地，不同的教育、文化和生活背景下，大家仍然能夠拚棄自我，以東方人細緻的方式同心協力，很明顯是主管有領導工藝高度的發揮。

不容他說，全面品質改善活動歷練出不只品質管理，更是管理品質提升組織的能力，是企業管理上的突破（Breakthrough Management）。這點，從日本學者**司馬正次**（Mr. Shoji Shuba）先生所提出的全面管理的突破模式得到印證，他說以全面品質管理為中心，透過組織的全員參與，專注客戶，持續不斷改善的社會學習活動，達到管理上的突破如圖 3-4。

圖資來源:司马正次 (Shoji Shuba)

圖 3-4. 管理上的突破

品質詮釋與標竿學習

品質的定義

以品質的定義而言，有一段學習演繹的過程，它的定義隨著體驗修正、充實，益趨完整。隨時代的改變，客戶的需求日增，當環境和競手的態勢匹變，企業有效的回應，不斷的充實，對品質的詮釋和追求目標也不斷的翻新，意涵不斷的擴充。副總裁許祿寶先生曾經就品質的發展歷程做過詮釋，具體的說明品質的要求，從過去歷經各年代的發展中探索品質的內涵，他說：

在**五十年代**，祇要符合標準就好，尤其處在大量生量、講求效率的年代，生產的產品有其一定的設定標準。就像美國汽車泰斗享利福特曾表述的一句頗具代表性的話，說生產的汽車顏色都符合客戶的需求，只要顏色不是白的就是黑的。

在**六十年代**，祇要符合使用就好，這個時期已經有客戶需求的想法，產品朝客戶的實用為目地，這個時期企業開始運用各項可用的資源，從事變化和客製化的生產。

在**七十年代**，講求成本，這個時期客戶的需求，除原有品質的要求外，另一項重要的因素要符合優惠的價格。品質變成理所當然，往往價格在市場競爭的條件中顯得非常關鍵，不但要品質、也要看價錢。好比品質不只是個門檻，價錢才是客戶坐下來談的原因，而能夠維持多久就得全靠服務來決定。因比，生產的現場紛紛運用各種品質管理的工具，來提高收成率、降低成本。

在**八十年代**，由於科技快速的發展、市場和產品更加快速的變換，講求除了能符合需求著重營運和管理的績效外，品質具有積極性，甚至考慮到潛藏的需求，取悅客戶讓客戶有值得的感受。此時，業者需要以前瞻設計、利用開發工具如品質機能的設計與展開，以及其他系統管理、分析的手法等。

註：筆者以工作經驗及觀察，將品質後續的發展和詮釋，補述從九十年代進入新的紀元，讓讀者有更完整的輪廓。

在**九十年代**，客戶已視同品質為理所當然，要求全面性的，供應商能夠和客戶協同運作、共同應變市場變遷，包括降低成本、市場轉移、更有效益的代工或營運。不僅僅對該產品及服務，也對產品系列及技術路線的未來發展和布局，以較長遠的規劃評價，追求對客戶全面最大的滿意程度。

在邁入**新紀元後**，做好讓客戶滿意已不足以符合要求，創新和速度成為一項極重要的競爭條件，講求商業模式，能為客戶創造價值，能和客戶快速回應各種挑戰，以前瞻技術持續的、領先的推出創新產品，一切都準備好的姿態，才能成為客戶信賴的供應商，發展的是客戶的事業夥伴關係，讓客戶在市場上延續優勢，保持成長和獲利。供應商（Providers）的角色專注、主動積極，從開發到上市，從試樣到建置產能、快速量化配合市場需求，適時到位的服務。同時，因應環境

的變遷和永續的企業社會責任，綠色與循環經濟的行動受到高度重視，評估企業落實在綠能循環、減廢、回收再利用等的程度，品質和社會責任、環境永續結合為不可或缺的夥伴要求。

飛利浦品質定義的演進有幾個階段，隨著學習體現與擴增而益趨成熟：

第一階段（<1991） 品質是符合產品的規格和要求，以零缺點為目標
第二階段（<2000） 品質是符合客戶所有的要求，取悅客戶，以客戶最大的滿意為目標
第三階段（>2000） 品質為客戶創造價值，成為客戶事業的夥伴，深得客戶信賴，成為客戶的首選為目標

螺旋式的持續改善

改善和日常的維持並不分軌，日常的維持屬於職能的運作，它是標準化的落實。改善本來是職場工作的一部分，但常被人忽略，以為凡事照章行事已足。改善同於維持的地方在讓現狀變得更好，不論其影響幅度是小的妥適還是大幅的變動，它可能影響從一個台階到另一個台階。管理的工作須考量串連日常維運、小幅度的改變（或叫改善）、大幅度的改變（或叫創新） 三種一起、持續不斷，行動上按照 PDCA/SDCA 循環，依序計劃 ／ 標準化 – 實施 – 查檢 – 改善措施，周而復始。

好比說從某一個情況開始，查檢現狀後找出改善措施，展開行動計劃，執行計劃，並從中獲取可能的成果、落實標準化、維持其成果。如果在該台階上經過再查檢，再進一步的提出改善措施，展開新計劃、執行新計劃，期望新活動進入上另一新的水平，不斷的累積成效、體質自然強化，成長的路徑有如螺旋般盤轉而上，經由改善提升，邁向更高、更好、更新的境界如圖 3-5。

持續不斷的改善是顧問**今井正明**（Mr. Masaaki Imai）先生所倡導，在他長達三年的顧問服務期間，帶給台灣飛利浦各部門有關改善的認知和作法，界定戴明循環的管理與以及職場的改善為全面品質改善不可或缺的實務，兩者能密實合一、無礙的執行，證明組織能力的提升。今井先生為日本有名的品質管理大師，被尊稱為現場改善的宗師，他的著作**《改善 Kaizen，以及現場改善 Gemba Kaizen》**有

相當精闢的論述。

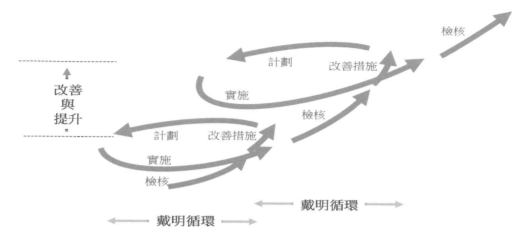

圖 3-5. 螺旋式的改善提升

掌握事業管理的核心

事業單位的核心程序

如前面組織能力提升的機制所述，各事業的管理要掌握兩個方向，一個從職能的垂直方向貫穿，另一個從水平方向程序的橫跨。垂直的方向為部門分工的職能，水平的方向為跨部會業務機能的介面和整合。

日常的維持屬部門管理，職能的日常操作，指令從上而下，為部門自己的運行。分工依事業需求劃分、制定作業範圍、責任歸屬和入員編制。以飛利浦電子零組件及半導體事業為例，事業的主要功能（Main Functions）包括產品開發、訂單交付、業務推廣、客戶服務、市場研究、供應鏈管理、採購及供應商管理、封測製造；其他的是歸屬業務支援（Support Functions），包括人資、財務、廠務等。日常管理是職能的維運，常規活動，因此業務程序的制式化、透明化非常重要，一言以蔽之，日常管理就是標準化的事務管理。

改善和創新屬變革（Changes）事項，變革有些由部門自己處理，更多的是涉及跨部會的運作。在諸多管理事務中，全面品質管理選擇下列幾個跨部會的功能為「機能管理，Functional Management」，又叫經營要素別管理、部門別管理，為事業單位關鍵的核心功能。程序橫跨牽涉的部門，有賴團隊的協作和整合，才能顯見績效，一個主管除了分工的職能以外，更需高度關注機能，構成事業單位全方位的管理如圖 3-6。

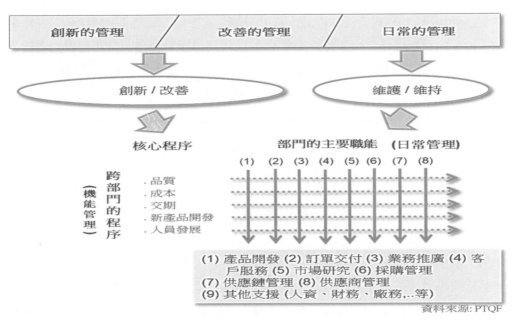

圖 3-6．全方位的管理

事業單位專注的機能稱作核心業務程序（Core Business Processes）有下列五項，它的範疇遠大於職能，這五項也是戴明審查委員會書面和實地審查的主要項目：

．品質（Quality）

．成本（Cost）

．交期（Delivery）

．新產品開發（New Product Development）

．人員發展（Human Resource Development）

一般的共識，部門的日常管理項目有兩個來源，一個來自職能本身，另一個來自跨部會的機能，後者透過方針管理（Policy Management）的展開而來，屬改善／

創新的項目。機能小組由公司高階主管兼任，通常選派該專業領域適當的主管帶領，為全面品質管理活動的主幹。

方針管理不等同於業務的內涵，方針管理不著重業務的東西，是從品質的角度檢視改善項目的進行方式，實施過程如何展開完成？ 焦點放在跨部會的工作程序（Process）和程序步驟（Procedure）的落實？ 程序步驟間的介面和整合有無周延？ 有無妥善處理？ 職責有無清楚界定？ 行動措施區分責任歸屬的當責人（Accountable）和負責人（Responsible）？ 動機是否從外而內分析？ 改善事項（Project/Activities）有無審慎考量？ 處理過程有無遵照戴明循環的邏輯？改善使用的手法（Approach）和工技（Techniques）是否符合科學數據的基礎？掌握組織對問題的處置，現場具有解決問題的能力（Capability），透過方針管理充分掌握過程（Process）和結果（Result），因為過程對了結果也就可期。

讀者也許發現作者多附註關鍵名詞的中英對照，那些均是過去活動過程墊下的厚實基礎，每個關鍵名詞有明確的定義、釘牢（Nail Down）動作、落實展開在組織的層級當中，活動有一致的認同和溝通機制，才能貫徹實施。

舉另一個例子，在討論或會議的場合中常聽到老闆們質問"這是誰負責的？"這句話常問得做事的人揹了全責，而該負責的人卻置身事外，導致屬下揹了黑鍋受到上司誤解，殊不知"負責"與"當責"的區別，屬下通常負責行事，上司才是真正的當責所在、擔責的人，真正該質問的人！如果分不清楚誰是當責人？ 誰是負責人？權責不分的歸咎，自然不會有好項目、好結果；如果當責人搞不清楚正確的工技使用，問題分析和結論，也不支援做事的人，就不必期望會有好收成；如果不能採取預防的措施、標準化避免問題的再發，就不要驚訝層出不窮的事件一再發生。

事業單位的管理機制

事業單位如何掌握經營績效？有如前述，事業的動能來自兩方面，一個從職能本身的編組；另一個來自營運創新/改善的指導組織，指導組織受全面品質改善推行委員會和旗下的機能小組的支援。兩方互補分別關注事業單位的營運計劃、改善計劃、創新計劃，發揮例行管理、改善管理、創新管理的能量產生綜效，這種行

動機制為全面品質管理的精髓，讓事業單位全面掌握營運，創造經營績效，事業單位的管理機制如圖 3-7。

重要的關鍵，事業單位趨使旳行動從高層開始，描繪企業追求的使命、願景、策略方針指引方向和進程，透過職能組織和改善指導組織展開與實施，由總部/事業部/生產中心分別執行，依循計劃、實施、檢核、檢討回饋的戴明循環，結果經再檢討分析，比較目標/基準差距回饋給自己部門的作業人員、機能小組或主管的診斷，彙整進入下一個行動循環、週而復始，形成嚴謹有效的管理。

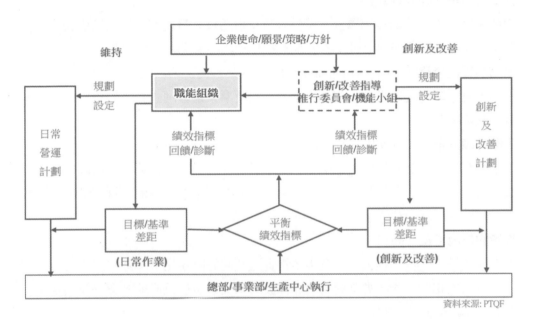

資料來源: PTQF

圖 3-7. 管理機制

事業單位與總部間的契合

跨國企業旗下的每個事業或海內外任何分支機構都必須接受總公司的管控，多寡與程度的輕重則要看公司的企業文化、治理的模式而定。一般跨國企業其總部對事業的管控，可依總部介入的程度和內涵構成矩陣模式。二維向度的橫軸表示運作的方式，它由什麼樣的組織來執行，說明總部介入的程度，從最高的程度由總部自己編配的作業單位提供服務給事業單位，是直接的介入，接著逐漸下降管治程度變成間接；由策略管控的單位制定共同的策略；再其次，只由策略設計的單

位提供共同的技能；最低的介入程度則由總部財務或投資控股的單位下達共同遵守的指令而已。二維向度的縱軸是管控的內涵，程度也有深淺之分，最高介入的程度由總部直轄的職能或服務部門提供服務內容，這個部門制定自己作業方式，編列營運計劃、提供事業單位共同的功能；其次的程度是總部設定策略的管控機制，頒布策略計劃；再來是總部設定策略的指導原則，頒布策略指導；最低的介入程度則是總部設定財務的指令、頒布財務準則，矩陣說明企業總部對事業的管治模式如圖 3-8。

作業的單位（Operator）：
總部編置中央幕僚的作業單位，提供公司及事業核心職能業務的共同服務、執行共享的功能，該業務為公司或各事業部需求，但直接從企業總部獲取。

策略的管控單位（Strategic Controller）：
總部編置策略管控的單位，規劃、制定公司及事業部管理上共同的策略，政策方針，執行和管控。

策略的設計單位（Strategic Designer）：
總部編置策略設計的單位，提供公司及事業管理上共同的技能，策略設計的單位設計公司及事業的策略框架，層次多半為涉及公司組織間或事業間的權限特許/政策/準則（Charter/Policy/Guidelines）之類的東西。

投資的控股單位（Holding）：
總部編置控股單位，提供公司及事業投資上共同的財務指令，通常著眼投資、財務及法人的相關要求，尤其對合資非控股的事業，至於控股的合資事業則隸屬於各該事業單位直接管轄。

若作業的單位為總部，自己直接部署資源，直轄的組織編制，提供各事業單位共同的功能服務；若是策略管控的單位則沒有提供日常作業，僅採取策略監管、針對共同的策略督導；若是策略設計的單位則遠距督導，僅規範總部策略的準則、傳授策略執行共同的技能。公司管治中干預最少的就是投資控股的單位，只頒布總部的財務指令，下達共同的指令，純屬財務上的投資。

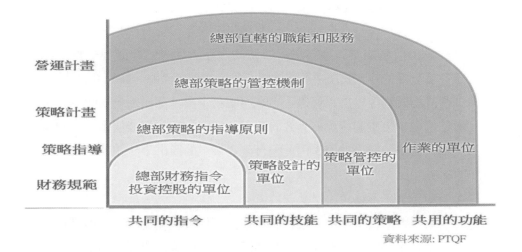

圖 3-8．企業總部對事業的管治模式

跨國企業受其事業所在地國的文化、發展歷史而影響，有的介入很深，有些則較為寬鬆。從經驗而言，飛利浦歐洲企業不若一般美式企業，除了多著重財務指令及策略指導，對事業單位和海外各分支機構的管治給予很大空間，事業的自由度甚高，這從總部派駐海外的經管人員除了負責人外多重視財務和稽核，可窺大概。

附帶補充說明，一個規模的跨國企業為了管控各個事業，有效的統轄整個公司，總部對下列的核心業務會有所保留，考慮維持適度的共同作業或者對相關專業人員提供共同的技能、作業指導原則：

. 績效管理程序包括策略規劃、年度方針計畫及預算、資本支出、績效檢討……
. 財務管理程序包括資本結構、現金管理、稅務、保險、投資者關係、授信管理、執行併購
. 高階層的人力資源管理程序以及相關的組織、個人及社會政策
. 全公司的技術管理含智財管理程序
. 監督和模擬跨事業部的技術發展與實現的程序
. 前瞻技術的發展包括產品、製程、設備與新事業的育成、全公司品質運動、工廠管理及製造技術
. 品牌政策，資訊科技政策
. 內部稽核
. 法務政策與檢核

· 企業社群、公共關係、政府關係

企業總部除了擬訂各事業營運作業的價值鏈、互動往來的介面與彙整、合併報表,管控各事業單位外,並在總部配置核心幕僚如市場策略、技術/產品開發、採購、中央會計與財務、中央人資等,一方面服務企業總部所需,同時也支援事業單位,希望透過中央整體資源做有效的利用,但經長久的發展擴張後,總部的規模逐漸的龐大,難免變得官僚、因此配合公司事業的簡併下,總部的規模也得進行逐步的縮減。

在新紀元、新視野的轉型當中,飛利浦總部做了相當程度的改革,朝輕量化的方向發展。希望除必要的核心功能外,儘量減少總部直屬作業單位提供的功能和服務,授權事業部直接操作,或委由外部專業服務機構支援,減少總部日常事務的維運,只專注於企業總部的策略規劃與設計,讓各事業部多些自由空間發展、直接擔當,這個時侯總部的管理中心設置只限公司法人及事務不可或缺者外,功能限縮在公司的策略設計、規劃和建構事務上。

方針管理的展開實施

方針管理的觀念來自日本東京理科大學的教授**狩野紀昭**(Mr. Noriaki Kano)先生。他用圖 3-9 一個「**船隻航行模式,Boat Model**」來解釋方針管理,比喻一個企業的經營有如駕駛一艘海上航行的船隻,船上有船長、輪機長、大副、二副、水手等的任務和編組,入員各司其職、分工協作,讓船隻能航行於大海之上。這艘船上的編組好比企業的正常組織一樣,船長等同執行長,但船隻如果只有日常管理和機能管理,則這艘船只會以一定的速度朝一個固定的航向行駛,若要這艘船隻能因應周遭環境的變化,能夠機動的調變速度或改變航向,應付波濤洶湧的海象,單單依靠這種定制的管理方式實際上無法勝任。

一個企業的經營有如船隻航行在多變的海上,經常處於蒐譎多變的經營環境和競爭當中,必需依靠動態的、應變的管理機制,那就需要所謂的「方針管理,Policy Management」它是主管高層的機動指揮,透過全面品質管理的平台實施,它是企業的靈魂所在。

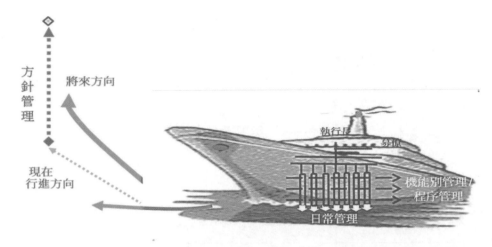

資料來源: 依據狩野的船隻航行理論繪製

圖 3-9. 狩野的船隻航行模式

但是，企業主管想要推行全面品質管理，卻未考慮到程度高低就冒然實施方針管理，就好比還不會拋接球的一群素人被要求去打棒球比賽，那必定徒勞無功！因為要引進方針管理之前，必須先落實日常管理和機能管理，尤其日常管理為組織活動的基本功，多偏重問題的解決。坊間有些書籍甚至稱為基本管理。沒有做好基礎的日常管理以及有了成熟的機能管理，就冒然闖進高層的方針管理，整個全面品質管理活動就好像進入軟弱不實的沙盤，它會流於形式而難以成功。

方針管理的架構分成三部分：分別是**「方針制定」**、**「方針展開」**和**「方針實施」**，方針制定是規劃年度政策聲明（Annual Policy Statement），政策指引當年度的重點，對策方向和行動綱領；方針展開是透過集會、溝通、宣告、研討、訓練等各種方式布達，貫徹到公司及事業單位各階人員；方針實施則是執行計劃，行事按照戴明循環的步驟進行、周而復始。

台灣飛利浦實施的初期，方針管理著重年度計劃的展開，短期的工作項目，包括前一年度殘留的問題。到第二階段的時候，融入自己國際企業特有的策略規劃於年度方針管理中，將企業願景、長期目標、上級的策略、市場情報、競爭態勢、內外分析等外部環境變化及長期趨勢分析，置入日式年度的方針管理裡頭，將年度方針管理和策略連成一體，特有的架構，兼顧短期計劃實施和長期策略形成策略方針管理，架構補足了日本模式的缺失，在戴明賞大賞獎頒獎典禮上，受到審查委員會的讚賞，台灣飛利浦進階的策略方針管理架構如圖 3-10。

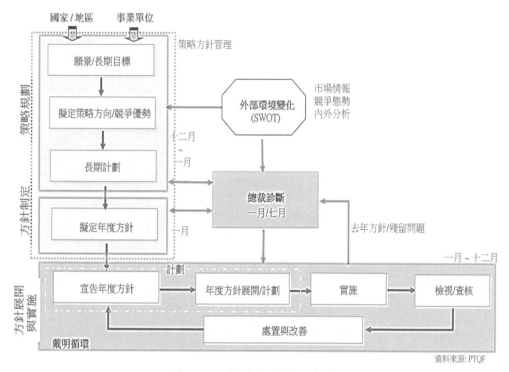

圖 3-10. 策略方針管理架構

方針管理著重應變的機制，在極度競爭與變化的經營環境當中，能夠洞察機先，必須密切的審視市場與競爭優勢，不斷地檢視自家所處的地位和營運模式，機動的調變、應變，以更積極的態度掌握機會、抓住機會以穩健的步伐朝向策略未來發展，目標不只突破現狀、更要進入下一台階優勢操作。一言以蔽之，方針管理是改善及創新的管理平台，時序上，一至二年的項目是年度計劃及計劃外可能的機會，三至五年的項目是策略的規劃重點，五年以上的項目歸屬策略未來的意向（Strategic Intent），策略方針管理將它具體無縫的連結一起，幅度可能橫跨五到十年。

不論日常管理還是方針管理，執行的步驟依據戴明大師所說的行動循環，日常管理是屬標準化 S-D-C-A 的作業，穩定現狀；方針管理 P-D-C-A 則屬改善/創新的突破現狀，目的在提升水平，整個架構形成一個大的行動循環，連結方針管理和日常管理，方針管理牽動日常管理，日常管理落實方針管理，兩者交互行進如圖 3-11。

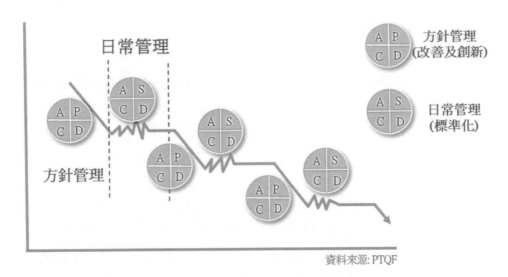

資料來源: PTQF

圖 3-11. 行動循環連結方針管理和日常管理

特別解釋 S-D-C-A 的重要性，一旦計劃啓動，實施有了新的結果，初期情況可能不穩、或仍處於摸索階段，此時須透過標準化的途徑落實，將方法透過全員的教育、訓練，讓大家遵循、維持成果，避免異常狀況再發。標準化的目的在於共同性、一致性、可重覆性、可互換性，因此需要制訂作業標準、操作手冊，將作業涉及的材料使用、操作方式、技術規格、行政程序、服務內容等明確化、文書化，再經由溝通、教育、訓練，貫澈實施，這是日常管理的重要工作。

然而，這些要求說起來並不複雜，卻是現場實務極大的考驗。企業能否澈底到位？到達什麼程度？考驗各家的現場管理能力！這個工夫鍛鍊學自日本顧問，幾經多次教訓領悟後有所體會，是全體堅持的成果。尤其如何正確的運用工技，提升掌握現場的能力、解決問題的能力，是經過不斷的學習積累而成，印證成長的途徑所謂慣用、會用、善用一點不假。

激發組織的創新動能

在一般的團隊裡，每個成員的意念不齊，而且只有少數的人具有較高的稟賦和技能，他們能指使低技能者，大多數人沒有機會接觸，潛能未能充分的應用及發揮。但智能的團隊裡，每個人的意念導向一致，組織的環境讓多數人有機會展露、歷練，獲得較高的能，經由他們自治、自思、自勵，人員的潛能得以發揮。

智能的團隊為一個有機體，人員的心智較成熟，肯思索如何做好？如何改善？組織自然產生一股力量，員工有思想，具有完成工作任務的知識和技能，能做正確判斷，而傳統組織只依靠少數人的表現，大多數的人只觀望，被動而不積極，也無意主動接觸學習，吸收相關的知識或爭取技能訓練，以致於造成擁有特殊技能的人只有少數，也只能依賴這些少數人表現，兩者之間組織蘊藏的能量（Momentum）就相差很多如圖 3-12。

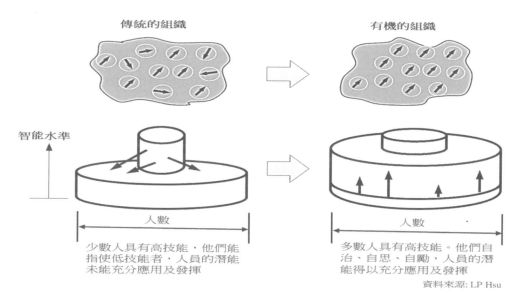

圖 3-12. 組織的能量

本來，有機體指生物，有其生命、活力、能學習適應環境。在企業裡，一個智能的有機組織，在開放的環境中，各層級、各部門間都能自由溝通、交流、協調，有大家認同的願景，清楚自己的角色、任務，不論管理或被管理的人都具有信心、自我肯定。

有機組織的成員會不斷自我要求，達成任務目標，也會自己規劃下一階段新目標的挑戰，甚至以最佳典範或標竿挑戰極限，有自我驅動的力量（Driving Force），激活共同的價值信念、使命、願景，以及變革的促成因子（Enablers），這些因子分別來自政策與方針展開、對企業關係人的承諾、對人員的期望、活動中的要求、加上主管領導的激勵。在這種組織環境下工作的人自然促使所有的人創造出對客戶、對員工、對股東、對社會的價值貢獻。

管理型態轉變

在智能的團隊裡，大家理性做事，縱使彼此立場不同，也會尋求共同的著力點，朝一個方向前進。尤其當組織成員有自信，自然影響工作的角色認知，主動的服務客戶，讓客戶獲得滿意，特別是事業單位所有的第一線人員。當他們都有足夠的自信和能力提供客戶滿意的產品或服務時，已經表現出職務上應有的擔當，過去不敢決的上報請示，習慣等候主管指示的情形不再發生，管理的角色自然慢慢的改變，從傳統金字塔式的指揮與控制，逐漸轉變成支援，從旁協助的服務。主管退居幕後，由後端往前端第一線作業支援的倒金字塔式的組織模式，印證主管不是指揮人家做事，而是為大家服務的保證。

其實，這種角色的認知和演變是不容易的實踐，整個組織在獲得第一階的戴明賞之後才逐漸體現，其間還需透過系列的教育，成熟的第一線和基層。管理型態的演變伴隨著組織能力的成長，漸漸地發酵出第一線與主管間的互動，其間很重要的因子在於第一線人員的賦能（Empowerment）和敬業投入（Engagement），它不巔覆或翻轉傳統的組織結構，而是管理角色主從的認知和異位。

記得，1991 年獲得戴明賞之後，為能夠進一步轉變組織及管理的心態，培養以客為尊的學習能力，副總裁許祿寶先生提出下一個五年計劃作為努力的方向，指出如何建立一個以客為尊的組織型態及管理行為。從開始第一階段的結構，組織多仰賴高層主管領導指示，由管理中層帶動各種活動，以領導的角色推動改善，往往採取的措施也偏向短期，像滅火式的。

在第二階段中，主導的情形擴大延伸至所有的中層管理階層，不再依賴高層發號司令，中層有積極的態度、專業的知識和經驗，他們主動面對客戶，取代早期由

高層主管出面，才能更迅速的達到客戶的要求，落實了以客爲尊的理念。其實，組織經過第一階段的歷練，原有常發生的異常或失誤事件已經減少許多，累積的成效或多或少擄獲客戶的信心，不再像以往客戶須直接找高層才能快速獲得解決，這時高階主管扮演的不再像打火弟兄，更像個教練的指導和支援。

在第三階段中，基層的角色也翻轉過來，讓基層主動參與客戶的互動和決策，變成第一線重要的構成。組織中無論中、高層均配合第一線和基層的需求，整體落實以客爲中心，將原來向內看的、自以爲是的領導與服務變爲向外看的、僕人式的領導與服務，扭轉了管理的角色認知。

隨著幾個階段的學習，主從角色逐漸易位，第一線的人員在持續學習下，能力不斷獲得提升，經過兩年的適應發展，從 1991 到 1993 年間，逐漸的從樹型轉變成倒金字塔狀的管理型態如圖 3-13。

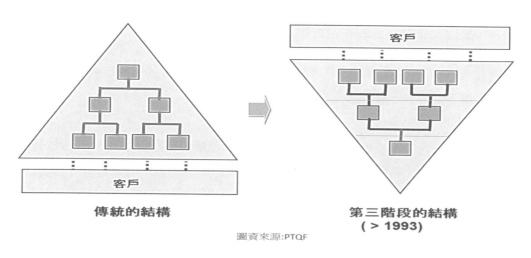

傳統的結構　　　　　　　　第三階段的結構
（ > 1993）

圖資來源:PTQF

圖 3-13. 管理角色的轉變

這個新模式就是台灣飛利浦具有未來企業特質的有機組織管理型態，講白一點就是學習型的組織，它改變了傳統的組織行爲，改變了組織層級的角色扮演，不須依賴機械式的上對下指示、提供解決方案。凡事由中基層自主執行和維持管理，變成能夠積極提供滿足客戶潛在的需求，建立一個能夠與客戶共同創造價值的組織，這個看似結構的扭轉，實際上是管理角色大大的轉變。

試問：

. 為何客訴案件客戶常直接找高層反應解決？
. 為何客戶喜歡跳過作業層直接與主管接觸，是因其關係使然？還是這樣的溝通
  方式比較有效？

以客為尊的智能團隊有下列幾個特點：

◇ 以客戶的眼光看事物，並以此為出發點來做事，做到標竿或勝過競爭者為
  目標。

◇ 具有相當的組織能力處理問題、解決問題、預防問題再發。

◇ 具有凝聚共同眼光及預期的組織能力。

◇ 以分析為基礎擬定策略及目標的計劃力及執行力。

◇ 指揮系統上下交流、順暢的拋接球，不論由上到下或由下到上採取的途徑
  均適得其所，譬如上層著重於挑戰長期性的目標，而基層著重於現時及短
  期的課題。

在學習的過程，日常的管理和各種可能的教育場合，經常傳達組織正確的領導觀
念，陳述一個主管的帶頭（Lead）和領導人（Leader）的意義，而且這裡所指的
帶頭也叫領導，非一般人所指的領導只有高層而已，它存在組織作業層、管理
層、經營層，只要不單是個人可以完成的工作就存在領導：

◇ 領導存在組織各階層，組織同時需要管理型及專家型的領導。

◇ 各階層的領導不應有管理者與被管理者的想法，應有服務者與被服務者之
  分，亦即客戶導向的想法，被服務者就是客戶。

◇ 服務者以客戶的滿意為目標，沒有本位主義的想法及做法，主動為客戶採
  取行動，提供適當的服務，自主的管理。一個客戶導向的組織，也是智能
  學習的有機組織。

◇ 領導有擔當的職責，整體的一環，為整體利益可放棄個體立場，甚至犧牲
  個體利益，個體的最大不代表整體的最佳，整體為領導及員工首要的考
  慮。

組織不斷創新

組織發展從 1985 到邁入新世紀，其間經歷幾個不同階段，每個階段都代表不同程度的改變，不僅是營運的創新、也是組織的創新。戴明賞之前的階段為危機「重建時期」，到追求戴明大賞之前的階段稱為「改造時期」，到準備兩千年新紀元到來的階段稱之為「振興時期」，以及其後的「轉型時期」。每個時期都有設定的挑戰標竿，像戴明賞、戴明大賞、以及世界水平的企業卓越經營，標竿一方面作為激勵的動力，一方面用來證明有能力達到那個境界，獎項往往為一種挑戰，更大的責任承擔。

每個時期組織的管理重點/主導力量不同，從初期放眼在效率改善、提高品質和良率、降低成本和價格，到後來商業模式的創新組合，前瞻性規劃產品策略做長期的布局、新事業開發、公司市場價值新定位等。其間管理的方法和主管角色隨著環境有了劇烈變化，逐漸擺脫傳統的指揮和控制，信賴部屬發揮，讓團隊自我要求、自我實現完成，管理的風格逐漸演變，反而更能激發組織與部門的潛能，創造出一些不可思議的成就。

歷經幾個時期下來，證實績效不斷提升，營業額從建構期的 130 ～ 360 億新台幣、生產力指數從 1.0 ～ 2.6，快速提升到策略轉型期的時候、營業額增長到 930 ～ 2,000 億新台幣，生產力指數也增長到 4.2 ～ 9.7，足足將近十倍的速度。演變到後期，事業單位呈現的不但是營運的創新，也是組織的創新，更因新事業的開發，帶動商業模式的創新如圖 3-14。

階段 營業額 (NTD)	I. 重建期 1985~1991 130 - 360 億	II. 改造期 1991~1995 360 - 930 億	III. 振興期 1995~2000 930 - 2000 億
主導力量/重點	危機/效率改善, 建構事業部	整合/創新優勢	願景/新事業的開發
組織結構	功能導向 	產品導向 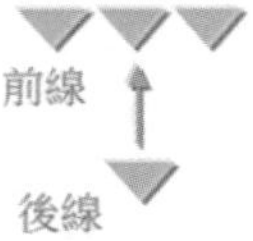 前線 後線	跨事業導向 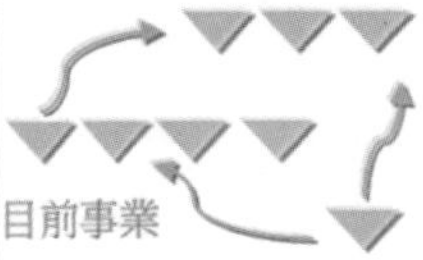 未來事業 目前事業
主管角色	指揮及控制 傳統從上到下	教練與支援 上到下/下到上雙向	領導及指導互動
生產力指數	1.0 - 2.6	2.6 - 4.2	4.2 - 9.7
方針管理的幅度	年度方針展開	年度方針管理	策略性方針管理
方法	全面品質改善 +	核心能力 +	學習型組織

圖資來源: PTQF

圖 3-14. 台灣飛利浦的演變

註：圖中所列營業額及各項指數僅涉台灣的部分而已，不計事業本部轄下的全球或亞太地區其他國家。

邁入轉型時期後，台灣幾支重要事業的舞台已不限於台灣，像電子零組件的大/中小 LCD 面板、被動元件、磁性材料、光碟儲存等以及半導體、監視器等事業單位營運總部的部署，他們管轄的範圍已涵蓋亞太甚至全球地區，對事業的考量早已跨出本島的 MIT，是著眼公司事業全球的資源的最佳配置和布局。

第二部
組織的能力：建構企業全球的競爭力

第四章

組織的學習與管理

第四章　組織的學習與管理

組織學習的觀念

組織學習的旅程在品質改善道路上，經歷了幾個成長階段，從開始的**單圈回饋的學習**（Single Loop Learning）、進階到**進步的雙圈回饋的學習**（Double Loop Learning）、再步入**領先的雙圈回饋的學習**（Advanced Double Loop Learning）。學習是演變的進程，非一次到位，它隨著品質的定義，品質的要求與改善過程不斷的體會，經驗累積而臻完善。

單圈回饋的學習路徑依照生產資源、製程以及產品設定的規格、失誤偵測，回溯的反饋修正而成。組織的因應只採取修正行動，但未改變客戶的價值或影響產品，類似適應性要求的學習以符合規範。單圈回饋的學習似乎解決了品質當下的問題，卻沒有了解客戶的期望，採取進一步的措施，解決可能存在的根本所在，這種情況視為單圈回饋的學習如圖 4-1。

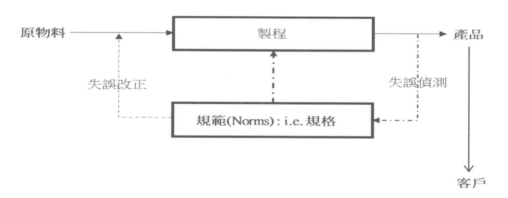

圖 4-1. 單圈回饋的學習

當組織把產品送到客戶手上，會從使用者的角度，思考使用者對產品和服務的感受，知道獲取客戶回饋，將產品及服務的價值轉變成未來產品的規格，組織除保有單圈回饋的學習效益外，能更進一步去檢視產品的設計、製造，將客戶眼前的需求納入，類似增生的性質，不但學習產品符合規格，也學習符合客戶的期望，這種情況視為雙圈回饋的學習如圖 4-2。

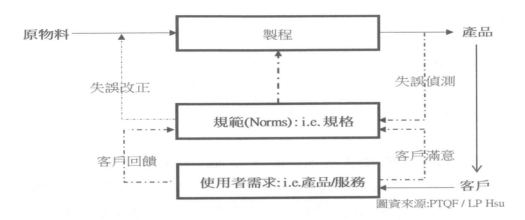

圖 4-2. 雙圈回饋的學習

如果組織能進一步自我超越，從市場及客戶端考慮產品和服務可能潛在的需求，採取更前瞻的設計、製造，改變產品的製程規格，組織除保有雙圈回饋的學習效益之外，能夠以創造價值的手法布局產品和市場，這種情況視為領先的雙圈回饋的學習如圖 4-3。

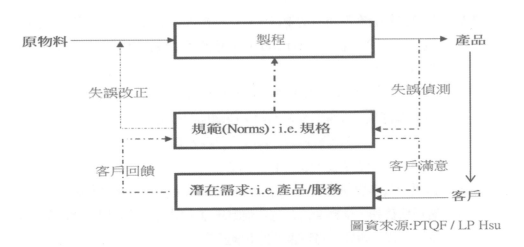

圖 4-3. 領先的雙圈回饋的學習

邁入第三階段的時候，品質定義已經考慮客戶潛在對產品和服務的需求，就好比有則瓷磚業者在廣告上說：『你想得到的、你想不到的，我都為你做到』一樣，以主動、積極取悅的態度，吸引客戶上門，以挑戰自我的方式尋求更好的表現，不但產品和服務提供客戶最大的滿意，甚至為客戶創造更多的價值。這種學習的方式突破從組織領導、監督或局限下的被動學習，變成自我挑戰、自我突破的主

動學習。

以**「品質的定義」**為例，也有一段學習與發展的演進過程，從初期依品管大師菲利浦.克勞斯比（Philip B. Crosby 的著作《品質無價，Quality is Free 》對品質的定義開始，逐漸增益、蛻變品質的內涵。

初始階段：品質是符合要求（Conformance to Requirement）

→ 這個階段屬於單圈回饋的學習，由率先推動全面改善運動的高雄廠所引用。這是作者當初推展活動的定義，後來加以修正，納入事業部對產品自主的規格定義，進入了第一階段的推行。

第一階段：品質是符合產品的規格和要求（Conformance to Specification & Requirement）

→ 這時公司正處於重建時期（1985 ~ 1991），全台正式開始推展CQWI 活動，這個階段仍處於單圈回饋的學習。在九〇年代品質的定義延續運用，直到公司進入第二階段的改造時期（1991 ~ 1995），這個時期也正準備挑戰戴明大賞。

第二階段：品質是符合客戶所有的要求，產品不但符合規格和要求，更致力於取悅客戶（Delight Customer），追求客戶最大的滿意（Customer Satisfaction）

→ 這個階段，以現階段客戶的需求為目標，處於雙圈回饋的學習。直到準備戴明大賞的最後階段，將總部的策略規劃納入方針管理，以中、長期的前瞻視野規劃改善，公司步入振興時期（1995 ~ 2000）對品質有了新的定義，進入第三階段。

第三階段：品質能為客戶創造價值（Customer Value），深得客戶信賴，甚至為客戶所依賴，供應商的角色具前瞻思維，領先考慮客戶可能的潛在需求，一種準備好了的姿態應對市場競爭

→ 這個階段屬領先的雙圈回饋的學習。在步入新紀元（>2000）的轉型時期，品質的目標從最大滿意進階到商業價值領域，從一個普通的供應關係，發展到能取悅客戶，為客戶創造供應鏈加值，交付穩健可靠，為客戶信賴的供應夥伴，甚至成為客戶的首選（First Choice），客戶事業發展依賴的企業夥伴。產品和服務不但滿足客戶市場的需求，讓客戶保持成長獲利的優勢，甚至響應環保倡議，日益重視綠色節能、循環經濟的要求，追求企業社會責任和永續經營的課

題。

行動本身就是一種學習

學習所有的行動遵照戴明循環（Deming Cycle）的步驟 P-D-C-A（Plan—Do—Check－Action），從公司最高層的策略、政策和計劃展開、事業單位和部門的措施、到現場的專案或小組活動都澈底奉行，它形成公司的一種行動文化，在日常溝通、討論、會議、報告裡都反應這種脈絡，很自然的形成一種行動風格、企業文化。不若一般流於口頭說說，或淪為局部或個人的特殊表現而已，在一些場合仍然只見跳躍式的陳述風格，沒有具體的落實，也不見有人警覺、提醒或糾正，若組織裡連主管本身都不自覺，又何嘗能夠貫澈？

戴明循環是每個人行事的邏輯、實施的步驟，它最終塑造出行動到位的組織能力。行動本來就伴隨著學習，學習與行動同時發生，所有的行動中有檢核，它在偵測、檢討事務進行過程中或結果有什麼失誤，或變異、差距，它就是學習。沒有哪一種行動不是學習，而學習的本身也是行動，學習不但要求結果也檢視過程，行動構成一個學習的循環如圖 4-4。

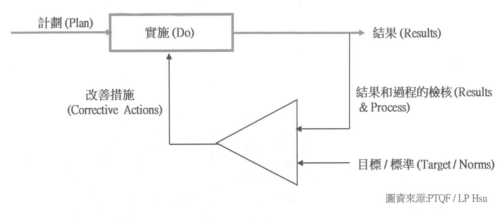

圖資來源:PTQF / LP Hsu

圖 4-4. 學習的循環

在學習的過程中，行動力量來自兩種可能，它構成兩種不同的學習模式：

❖ **調適性的要求**（Adaptive Learning）

這個行動嘗試要求改變、調適事務的現況。為了解決問題、改善產品或服

務品質以符合期望，或自我導向、自我激發，追求更高的境界。在一般學習的看法裡，歸納這種行動的學習爲調適要求的學習，全面品質改善的過程，基本上屬於適應性的行動和學習。

✧ **創造性的行動**（Generative Learning）

這個行動是生成、一種新的做法，運用新的思維、新的才能、新的策略，也有可能因不確定而必須進行實驗來驗證，它整合現有的知識基礎進一步突破。在激烈的全球企業競爭，環境快速變遷下，組織必須隨時採取有效行動，迅速改變經營模式或找出解決問題的方法，牽涉的不僅改變現有的策略，更要利用新的技術，形成新的策略、採取新的事業經營模式。常有人誤解把調適要求的學習當成創造性的學習，也低估策略與市場定位的獨特性，在一般學習的看法裡，歸納這種學習爲創造性的學習，在亞洲金融風暴的危機後，台灣及總公司所採取的轉型、公司價值新定位行動，屬於這種創造性的學習。

一個企業如果能夠善用這兩種途徑，掌握這兩種組織學習，快速有效的行動，培養足夠的能力，適特發揮力量，甚至善用兩者互補併行，發揮追求適應性學習和創造性學習的雙乘效果，建構企業在市場競爭的持續優勢，創造出主導的地位或成爲業界的最佳典範，可以這麼說組織學習的張力影響公司的未來如圖 4-5。

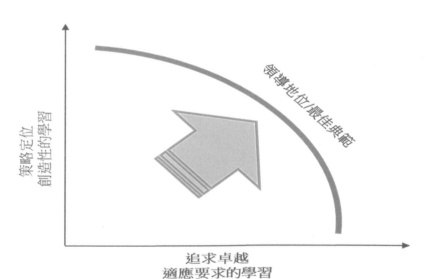

圖資來源: PTQF / LP Hsu

圖 4-5. 組織學習的張力

組織學習的模式

企業的組織學習包括**「外部學習」**、**「跨部門學習」**和**「部門學習」**，外部學習為市場學習，從產品和服務的交付過程中取得客戶的價值感受，是從客戶的互動中學習；跨部門學習則是內部群組的活動、組織間的學習；部門學習是職能分工的運作，前台的業務主要包括生產、營銷、研發、供應鏈等第一線，部門與跨部門活動為組織內的學習，從作業中或從成果偵測差異獲得改善。

比方說「新產品開發」，它是事業單位的核心程序，涉及開發部門的職能與學習，也涉及跨部門間和市場、營銷、生產，從協作中學習，也可能從外部的市場、從客戶的交易中學習。這三種學習不論外部、跨部門和部門都不斷從活動中汲取經驗或教訓獲得學習，企業組織學習的模式如圖 4-6。

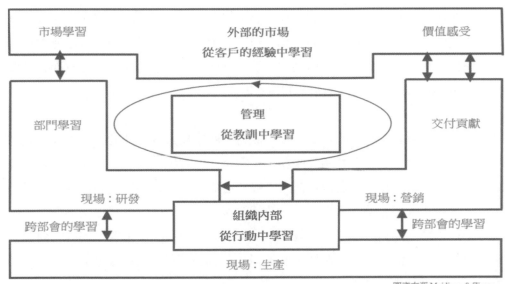

圖資來源:Maidique & Zirger

圖 4-6. 企業組織學習的模式

企業的成員從個人、團隊、到部門、到整個組織體，人數從一到多、群組從小到大，每個成員在職能或機能設定的機制中運作，按政策、方針、計劃，作業程序執行，過程就是一種溝通，一種社會活動，一種探究知識、技能、系統的學習。它融合在不同管理類型的工作中如日常的維持、小幅的改善、或大幅的突破/創新過程。這種不斷的從組織全面改善活動中學習的方式，呈現出特有的管理文化。

當然，企業學習必須先建置讓組織學習的環境，讓成員從活動中獲得機會，它不僅解決現場的問題，也適用於面對巨大困難的挑戰，學習培養與發展個人、團隊與整體組織的能力，促使企業更能適應或突破不斷變化的競爭極限。

組織的學習管理

智能組織擁有優質的領導和管理，不是單靠強勢霸氣的高層個人、英雄式的展現。領導以人為本、相互尊重，共同參與在組織中一起學習、相互砥礪。管理和團隊具正向的、系統的思考，有共同追求的目標和願景，大家熱枕積極的協作，行動依照整體規劃的方案有序的進行，改善脈絡堅實可期，表現儼然像個有機體，其實應該說是一個可以預期的組織。

智能的組織，其學習納入企業的各種活動，連結從日常例行的業務操作、到年度方針的展開、到企業長程策略的規劃，也從活動中塑造組織能力。這個能力帶領組織運作，從事務功能本身、擴展到機能，到事業的核心功能，最終為顧客創造價值，組織能力實際上可說是企業的核心能力。

核心能力為企業組織特有的智識、技術能力，商業模式或管理能力，管理上能夠自我探索、整合、發揮在產品及服務上，它是一種實現技術的企業能力。企業彼此間核心能力不一樣、也很難抄襲，一般核心能力能夠兼顧目前的需要，也足以應付未來變化，使企業在市場上具有持續的競爭優勢。這個優勢指企業在事業規模、服務水準、品質要求、成本效率、品牌信譽、產品開發創新、獨到的商業模式等相對強項。企業的核心能力以關鍵/核心技術為基礎，每個領域的專業技能必須搭配基礎能力共同發揮。

組織能力為反應個人、團隊和公司的綜合能量，為組織專業技能、基礎能力、關鍵/核心技術以及核心能力總成組織能力如圖 4-7。

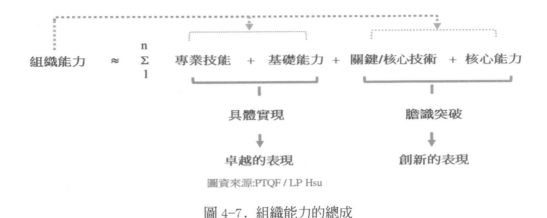

圖資來源:PTQF / LP Hsu

圖 4-7. 組織能力的總成

組織能力突顯執行的力度，是行動的力量，增益表現的強度。組織若能具體發揮其領域的專業技能和基礎能力的話，則預期該組織有卓越的表現。組織若能掌握其關鍵/核心技術，發揮核心能力的話，則該組織具潛能，有膽識突破，預期有前瞻、創新的表現。有些企業常會說他們有核心能力，貼切的說他們只擁有技術，若沒有實現技術的組織能力，徒有關鍵/核心技術是不足以實現的，因為沒有組織能力就沒有執行力，沒有執行力，那能發揮技術層面的核心能力。每個事業主管需理解學習系統的運作，投入有形與無形的資源，利用管理評量機制進行活動的量測，評估所有投入的產出，掌握發酵出來的能量，這也包括時間帶給企業的遲滯效益。

根據副總裁許祿寶先生闡述關於有機組織的學習，他說有機組織會結構性的將學習過程與步驟對應其管理型態，每種管理型態需求的能力不同。基礎能力指一般組織的執行力，屬於職能日常的運作；關鍵技術與核心技術提供產品或服務獨特的工藝，屬於專業領域的智識（Know-how）；核心能力則是引導或轉型所賴的創新科技（In-transit Technology）。如果能深入瞭解其間的脈絡和不同之處，就不致於輕忽或淪入各種學術知識的叢林而迷失，他進一步說明組織學習的目的：

問題面（Problem Solving）- 偵測及糾正問題/差距的過程

價值面（Value Innovation）- 設定及達成價值創新課題，從價值的捕捉、交付到創造的過程

組織學習各層級牽涉的管理型態和需求的組織能力並不相同：

組織學習的層級： 個人的學習如工作教導、在職訓練，團隊/部門的學習如部門或跨部門的專案，組織的學習如研討會、座談、課堂、最佳典範、標竿學習等。

組織改變的類型： 變革的幅度區分為維持、改善和突破。

組織學習的內涵： 維持屬職務上的基本學習，改善是適應性要求的學習，突破則是創造性的學習。

組織管理的工作： 管理的工作依性質、涉及的複雜程度和資源配置分為日常運作、變革發展、變革轉型，日常運作本身就是維運，變革發展是改善，變革轉型是突破。

組織能力的鍛鍊： 能力的鍛鍊在日常維持上是基礎能力，在變革發展上是關鍵能力，在創新突破與轉型上是核心能力，基礎能力是個人能力，關鍵能力是團隊能力，核心能力則表現的是組織能力。

一個有機組織的學習結合**個人、團隊、組織，過程依層次從個人的、人與人的、人際間的/部門的**雙向互動，實際上從管理活動中自我學習、從彼此互動中相互學習，其整體學習的過程如圖 4-8。

學習的過程與步驟		組織學習	組織管理	組織能力
個人　個人的	維持	基本的學習	日常運作	基礎能力
團隊　人與人的	改善	適應性要求的學習	變革發展	關鍵能力
組織　人際間的、部門的	突破	創造性的學習	變革轉型	核心能力

圖資來源:PTQF/LP Hsu

圖 4-8. 學習的過程

一個智能的組織充分了解個人和團隊在專業或技術上的特質，會善加發揮其功能，以領先的雙圈回饋的學習。而這個學習有些運用方針管理來改變，調整標準或規格，有些運用策略的願景或前瞻的視野規劃，兩種學習分別經由事務的程序運作或改善，也利用創新與突破建立獨特的競爭優勢，整體的學習管理如圖 4-9。

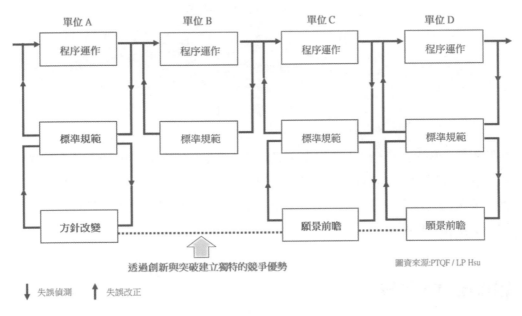

圖 4-9. 整體的學習管理

一般在學習過程中會設定比較、參考的標準作為目標，不管這個目標來自最典範或標竿、業界標準、產品標準或單純的好想法、好點子或好創意。學習的目標來源及學習的方式，可形成一個矩陣說明如圖 4-10。

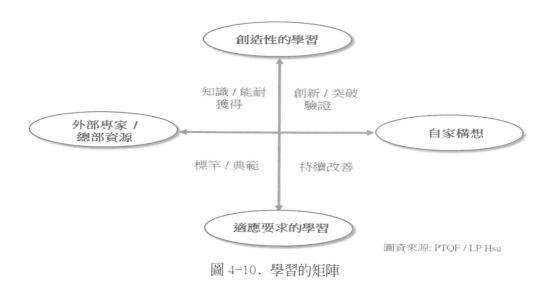

圖資來源: PTQF / LP Hsu

圖 4-10. 學習的矩陣

按照矩陣，學習的目標來源有來自內部自家構想和外部專家/總部資源，自家構想多半利用實驗證明其可行性，外部的來源著重知識/能耐的獲得或典範/標竿的取得，學習的幅度兩者都從小的適應要求的學習，著重持續的改善，到創造性的學習，著重創新與突破。

組織能力的建構

企業的組織能力指有效的運用製造元素，有形的如材料、設備、人員和無形的如技術、智財、工程資料等資源，經由程序、轉化產出、完成交付、達成目標。狹義的說組織能力是投入轉換為產出的能力，廣義的說組織能力運用人、機、料、法、環的各項元素，掌握從輸入、轉換、輸出、調適和反饋的環節，完成交付的能力。每個組織不論能力的高低都有其獨特性，在建置的體系中依各個程序進行，水準的高低反應結果的好壞，看如何應付日常運作、變革發展、或變革轉型的挑戰？

簡單的說，組織能力包括三個主要元素：「**資源，Resources**」、「**程序，Processes**」、和「**價值判斷，Values**」。它涉及員工的態度，想做、願意做，也涉及員工的技能，知道如何做、也會去做，經由個人、團隊、組織的管理機制完成。組織能力影響各項資源的配置，在程序進行中由價值來分辨和整合。
組織能力為綜合的體現，其建構和培育的過程有幾個關鍵：

（1）一個持續改進的堅持

（2）交付產品和服務、實現目標的程度

（3）受到組織外部環境與內部管理的制約，如資源調配、決策排序等

（4）牽涉到個人、團隊和組織三個層面交互的影響

（5）可以經由主管特別的關注、發展提升

靜態的組織能力專注維運，日常管理和改善管理，日常管理著重個人的活動、遵守標準，屬於基本的學習，現有能力的呈現。改善管理為機能別的問題改善，涉及跨部門間的品質小組/自主管理活動，它改變標準，屬於適應性要求的學習，現有能力的改變。

動態的組織能力帶給組織創新，可能是一種巨幅的跳躍或分裂、發酵，不受既有的制約，為企業競爭優勢的泉源。透過創造、演化重新結合資源而有額外收穫。比方說專案小組活動，它可能設定新標準，或結合新舊兩者，利用進化創新，屬於創造性的學習，進化的能力。

在卓越的追求路程中，現有能力的改善，效果只能支撐一時，不能保證未來優勢的持續。一個靜態的組織能力只能支持企業在效率方面的改善，追求一時的卓越。在動態的環境裡，動態的組織能力不可或缺，利用動態的組織能力，才足以引領企業未來的策略定位，組織能力是分別在企業的三個層次，個人、團隊、組織呈現，以不同的型式、無所不在的情境發揮出來。

組織透過這三個層次的參與投入、持續學習，不斷的提升和凝聚，能力不只憑藉獨特的技術而已，若沒有優秀的領導和到位的管理帶領建構，將無法落實和持久。實際上，組織能力經由三個層次不同的學習方式疊加而成，分別從職能日常基本的學習、或適應要求的學習、或創造性的學習而來。其執行分別依據遵守工作上的標準、或改變標準、或透過專案進化能力、創造新標準。雖然有效的日常和改善管理足以追求卓越，但有效的創新管理卻更能引領企業策略未來的定位，整個組織能力的建構途徑如圖 4-11。

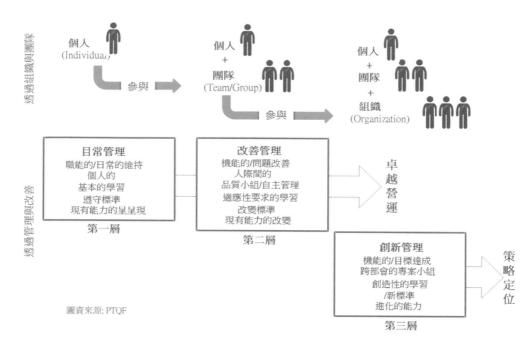

圖資來源: PTQF

圖 4-11. 組織能力的建構途徑

核心能力的建構

我們經常可以聽到人們談核心能力或核心競爭力，到底它是如何形成呢？ 副總裁許祿寶先生引述知名管理專家**戴維・尤里奇**（Mr. Dave Ulrich）對組織核心能力（Core Competencies）的見解有更進一步完整的詮釋。認爲一個企業能力的建構可以從兩方來看，矩陣一方是指對象，從個人到團隊/組織整體的累積；另一方是領域，從專業上/技術面的或經營管理/社會面的角度來表達。兩者都有賴經營階層的支持，兩者相加相乘才能形成組織的核心能力。一個擁有組織能力但缺乏獨特技術的企業，或徒有技術而缺乏組織能力的表現，其核心能力都是虛而不實。

進一步解釋，當個人的才能表現在企業的專業或技術層面的時侯，稱做**職務/專業上的技能**（Functional Competence）；表現在經營或管理層面上時，稱它爲個人**領導才能**（Leadership Competence）；當一個團隊/組織表現在其專業或技術的層面時，屬於該團隊/組織的**關鍵技術**（Critical Technologies），或稱**核心技術**（Core Technologies），團隊/組織表現在經營或管理層面上時，它呈現企業的**組織能力**（Organizational Capability）。關鍵技術與核心技術爲企業在專業

領域或技術上的特有，而組織能力則呈現個人、團隊、組織的管理水平，也可說是執行力。企業需發揮這兩種能力才能構築核心能力。時下很多人談到核心能力時往往低估、也分不清，沒有具體層別其間的差異，以為擁有專業的關鍵與核心技術就擁有核心能力，而忽略經營管理上組織能力的執行，這種缺乏組織能力支撐、只依賴技術的核心能力不但不完全，絕對難以固持，綜合以上說明企業核心能力的建構途徑如圖 4-12。

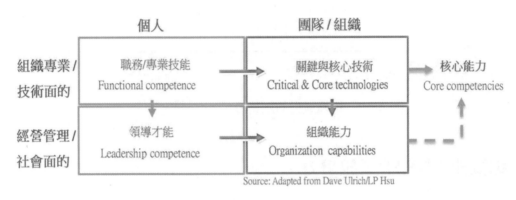

圖 4-12. 核心能力的建構途徑

企業的競爭力來自核心能力的展現，而核心能力是創造性的學習所培養出來的工夫。若一個企業只有日常管理、或只有微幅的改善管理，而缺乏震幅、突破式的創新管理，組織就無法應付挑戰，也不能引領未來。所以說在技術與組織能力間，若只擁有其中一項，不足以證明具有市場競爭優勢的核心能力。也可以這麼說企業若具有核心能力，就有創新的技術力、主管的領導力、組織的能力，有效掌握企業的營運管理。

台灣飛利浦的組織能力的演化歷程，從 1985 年到 2000 年的十五年間，大致上歸納出三次變革。第一次從 1985 ～ 1991 年獲得日本戴明賞期間，第二次從 1991 ～ 1997 年開始引用策略規劃及獲得日本戴明大賞期間，第三次從 1995 年到二千年新事業開發及策略轉型期間。第一次著重營運的創新、效率的提升；第二次著重組織的創新、營運模式的創新、整合事業的團隊；第三次著重新事業開發以及事業未來的前瞻規劃和策略轉型，為價值的創新，整個企業組織能力的創新歷程如圖 4-13。

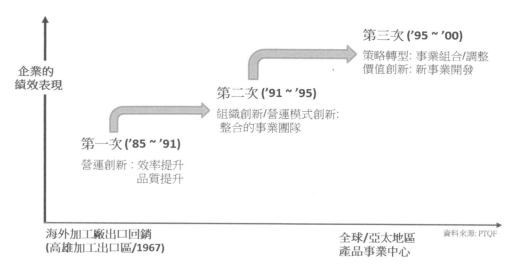

圖 4-13. 組織能力的創新歷程（1985 ～ 2000）

組織能力構築企業競爭力

組織能力在事業營運的過程中會逐漸的顯露，每個企業都無法模仿他人，也無法透過併購完全轉移或複製，它只能透過組織架構下日常的實務運作。這種見解，從日本學者**藤本隆宏教授（Mr. Takahiro Fujimoto）**講述的競爭策略中獲得印證。他說，強化競爭力的策略關鍵在提升組織能力，他提出組織能力構築企業競爭力的關聯如圖 4-14。

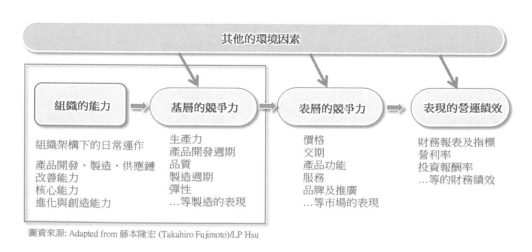

圖 4-14. 企業的競爭力

觀察從上世紀末到本世紀初製造業競爭策略的發展，發現競爭力的關鍵需要透過組織能力的增進才行，不能捨本逐末，要從根源提升組織能力才能有所表現。組織能力反應在組織體的架構裡，經由日常的活動、從過程中顯露。日常運作表現組織基層的競爭力，它指製造績效如生產力、產品開發週期、品質、製造週期、彈性等指標。競爭力不能跳過源頭訴求，只看後端的結果，沒有先行追溯源頭的問題，就急切地要求後端的營運績效；甚至一昧要求提高市場的表現，好像倒果為因。因為組織體制底層基礎的實力是競爭力的根源，有了內部的競爭力才能表現出外部的競爭力，這些外部競爭力是以產品在市場上的表現如價格、交期、產品功能、服務、品牌及推廣等指標。在競爭的洪流中，沒有強化的組織能力在先，團隊那有能力創造出支撐基層的內部競爭力，進而在市場上呈現表層競爭力，獲得最終滿意的營運績效，它是企業追求利潤報酬、股東付托專業經理人的最終目的。

策略上，科技企業的競爭力，首要看主管有無關注組織架構下體制的日常運作，是否具有完成任務的條件，組織及人員有無能力隨著企業的成長或環境的變遷自我調適，不斷的學習精益，增進其組織運作的效能。企業沒有競爭力就沒有生命力，即使擁有獨特的科技，沒有持久的組織能力，也只能構成一時的競爭力，因為沒有組織能力、沒有組織日常有效的運作，難以發揮科技保有的優勢。

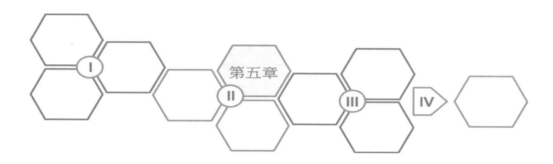

第五章

事業的經營與挑戰

第五章　事業的經營與挑戰

事業單位的組織與運作

事業的最高管理層次為**事業部**（PD, Product Division）統管集團轄下的產品組合，組織層級稱**產品群** BG（Business Group）或是**事業單位** BU（Business Unit），BG/BU 有該事業運作完整的績效和財報，績效的好壞影響直屬上司的事業部和企業集團。事業單位管理的重心包括事業規劃、目標設定、市場客戶開發、資源配置、營運報告。每個事業單位有自己的組織和職能分工，業務程序涵蓋重要的營運所需。在多國藉、多元科技、多角經營的全球規模下，事業單位有下列的特質：

. 決策的平台和運作機制
. 在公司使命、願景、策略的大前題下，展開執行事業部和事業單位的策略和目標達成
. 產品及服務滿足自己的目標市場、客戶，創造最大的價值，也面臨環境的挑戰和市場競爭
. 掌握分配資源，有效運用資源，遵守集團的規範
. 是個利潤中心，有個別的預算、成本結算和損益報告、營運風險、績效考核與獎酬，負責事業的成長和利潤，延續集團的生存

事業單位的組織型態

一個多角經營的跨國企業為了能夠滿足各式產品、目標地區的市場和客戶需求，總部從中央對地方、對轄下事業單位的組織、管轄和決策權力的布局有下列四種主要的管理型態如圖 5-1：

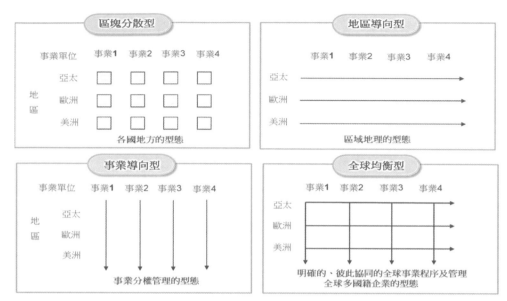

圖 5-1. 事業單位的布局

. 事業導向型態（Business Oriented）：

以事業軸線劃分組織，貼近事業的功能，考量到高價值或獨特產品直接管控的
必要，由中央指揮快速的回應研發、生產、銷售、營運與管理等重要職能，強
調專注，集中直接調遣。在這種型態下，成員有相似的背景和專業，運用單位
自己配置的資源，不受他人制肘。若是事業分布廣泛、擴及世界各地，則成爲
全球事業經營管理的模式，是以產品縱向，涵蓋各地的組織，稱作事業導向的
管理型態。

. 地區導向型態（Regional Oriented）：

以市場區塊劃分，主要的爲適應地方的政經發展、社會環境和當地不同的需
求，地域間沒有密切的關聯。營運由地區負責人來指揮，地區編制事業單位所
需的職能和人力，作業不受其他地區影響，績效反應地方，地區法人是座落該
地區所屬各單位的上層，製作地區合併報表。這種以地域、地方區塊爲事業的
組織，稱作地區導向的管理型態。

. 區塊分散型態（Dispersed）：

產品各地方區塊各自不同的營運和發展，組織爲分權、離散的各別體，個別管
理。當事業的規模不大、不複雜，或事業尚處發展的初期，或受限各國地方法
律、稅制的限制，讓事業適性、適地發展、難以統轄，多適用於合資型態，或

消費生活家電事業早期的發展，這種分散各地方事業的組織，稱作區塊分散的管理型態。

. **全球均衡型態**（Global Balanced）：

為以上的綜合，兼顧產品不同的經營管理，和適地的特性需求，組織混合事業軸和地區軸，事業主導的活動建置在事業端，將銷售或配合事業的功能建置在地區端，兩者在管理上有主從之分，彼此有一些制約的權責規範，包括事業運作的程序、營運報告系統等。一般規模龐大、多元化的國際性企業，多傾向於這種較為複雜的架構，掌握產品的市場彈性、客戶回應，也不失全球事業的統轄。飛利浦跨國的營運和管理就有許多事業部及事業單位屬於這種型態，稱作全球均衡的管理型態，它可以：

（1）達到事業對產品營運的要求

（2）容易適應外在環境的變化

（3）有更好的跨地區、跨功能的團隊協作

（4）適當的協同分權，權衡中帶有穩定之意，有共同的目標

（5）對事業、產品的專注，或適地發展，帶給客戶較大的彈性和滿意

（6）適用於多元科技事業組合的跨國企業

但是，優點的背後有一些條件支持：

（1）專業，國際化的人才

（2）優質的領導和管理，跨國文化的包容

（3）密切的溝通，高度的協調和整合

（4）不斷的學習和因應，有些事務由事業單位和地方一起完成

（5）決策權力在指揮和管控間獲得平衡

全球均衡的組織型態為矩陣式結構，一個部屬可能受到兩個主管管轄，一條直向所在的地區線；另一條橫向事業的產品線，主管與部屬從屬的關係有實線和虛線之分，有時甚至會超過兩人，但主管和部屬間彼此要有清楚的溝通和工作準則在先，明確的工作目標設定和績效衡量，也需要成熟、深諳國際多元文化的領導才行。

事業的核心管理程序

以飛利浦在台最重要的半導體和電子零組件爲例，事業單位經營管理的主軸
（Main Blocs）包括下列幾個**核心管理程序**（Core Processes）如圖 5-2。

圖 5-2. 核心管理程序

✧ **事業計劃**（Business Planning）：事業計劃（BP, Business Plan）包括
短、中、長三個時間軸，長程涵蓋二到四年（策略視需要時序拉長到十
年），以年度爲單位；中程涵蓋四到六季，以季爲單位，滾動式季度的銷售
預測；短程涵蓋六個月，以月爲單位，滾動式六個月銷售預測。事業計劃
內容包括事業發展的願景、策略、項目、目標，預算，爲事業單位採購、
產、銷、研、經管的依據。早期，預算計劃和銷售預測是分開的兩套數
字，經過整合後預算與銷售預測計劃兩者合而爲一，把原本第三季度的中
程銷售預測（Y/ Q3, Q4, Y+1/ Q1, Q2, Q3, Q4）當作預算基礎，爲涵蓋預
算所需，第三季度延長六個季度橫跨次年全年，用作編制年度預算。整合
後計劃一方面可提高銷售預測的實用性，也簡化了預算程序中對銷售的重
複。兩者共用，不需專爲預算特別準備一套數字，也避免發生彼此脫勾的
現象。

◇ **產品開發**（Product Creation）：從市場研究到產品設計、工程樣品、客戶樣品、客戶專案、推廣行銷、送樣驗證、驗後接單，其中包括產品規劃、技術藍圖、新產品開發、供應商開發及專案採購。

◇ **業務營銷**（Sales Realization）：是銷售及服務的階段，包括客戶關係、訂單及交期確認、配銷、後勤、發票、客戶交付、客服及客訴處理等業務，全程連結需求鏈、採購鏈、供應鏈的全價值鏈。

◇ **客戶支援**（Customer Support）：與客戶接觸和互動，包括策略夥伴的客戶事業計劃（Customer Business Plan）、新產品專案（New Product Introduction）、新產品驗證、售後服務、客戶技術支援、客戶的合作計劃及專案。

◇ **業務支援**（Business Support）：事業單位營運所需的服務支援，包括生產製造、品質管理、人事管理、財務及會計管理、廠務管理以及其他事務。

◇ **經營管理**（Business Management）：事業單位本部的經管，包括事業計劃、市場、客戶、產品發展、生產製造、人事管理、內部審查、外部稽核、管理及報告。

從價值鏈的角度來看，事業單位的管理程序可以兩個與客戶密切關連的主軸串接：

. 一個是**業務開創**（Business Creation），為技術層面的「客戶專案與產品壽命週期管理，Project & Product Life Cycle Management」，根據事業部/事業單位的策略連結 → 市場策略 → 產品策略 → 專案規劃 → 專案執行與管理。

. 另一個是**業務交付**（Business Fulfillment），為材料到產品交付層面的實物管理「整合供應鏈，Supply Chain Integration」，連結需求 → 採購 → 製造 → 儲運 → 交付 → 客訴處理。

事業單位的績效看這兩個主軸以及其他業務支援是否無縫接軌地配合執行，贏得客戶的信賴，獲得最大的滿意。這種定義著重全球經管的角度，審視跨國營運的整體溝通，它聚焦在事業單位共通的、核心管理程序，讓其他細節全權交由單位

屬下負責。以電子零組件和半導體兩個事業部為例,解釋各核心程序的管理項目如圖 5-3,管理項目是程序執行上的績效,計劃的管制點,程序的管理項目具體的陳述在標準作業程序文件(SOP, Standard Operation Procedure)裡,事業單位的業務以此為框架展開實施。

事業計劃 Business Planning

- 事業的策略規劃 (Strategic Plan)
- 事業計劃 (Business Plan)
- 事業的年度計劃 (Annual Plan)
- 事業的移動季度計劃 (Rolling Forecast / Mid-term Plan)
- 事業的短期計劃 (Short-term Plan)

客戶支援 Customer Support

- 特定客戶的事業計劃 (Customer Business Plan)
- 客戶的溝通 (Customer Communication)
- 客戶的技術支援 (Customer Technical Support)
- 重要客戶管理 (Key Account Management)

產品開發 Product Creation

- 市場研究及分析 (Market Analysis)
- 產品規劃 (Product Planning)
- 新產品開發 (New Product Development)
- 供應商開發及專案採購 (Sourcing & Initial Purchasing)

業務支援 Business Support

- 生產製造 (Manufacturing)
- 品質管理 (Quality)
- 人事管理 (Personnel)
- 財務及會計管理 (Finance & Accounting)
- 廠務管理 (Facility)
- 其他的事務管理 (Others)

業務營銷 Sales Realization

- 客戶的需求計劃 (Customer Demand Forecast)
- 客戶的訂單處理 (Customer Order Handling)
- 客戶的交期確認 Customer Order Commitment)
- 客戶交付計劃 (Customer Programs)
- 客戶的報怨處理 (Customer Complaint Handling)
- 客戶的滿意度調查 (Customer Satisfaction Survey)
- 供應鏈管理 (Supply Chain Management)
- 採購鏈管理 (Purchasing Management)

經營管理 Business Management

- 事業經營管理報告 (Management Reporting)
- 事業經營檢討 (Management Reviews)
- 事業主要的績效指標及績效衡量 (Key Performance Indicators and Measurement)
- 業務審查及稽核 (Business Assessment & Audit)
- 員士氣及滿意度調查 (Employee Morale & Satisfaction Survey)

資料來源: PTQF

圖 5-3. 核心程序的管理項目〈例〉

在飛利浦的內部控制範籌,除了行政事務、會計事務的規範外,還有一項針對**事業管治**(Business Control)的政策和執行,它要求各階層主管秉持誠信的工作態度、盡職的管控和承諾、有效的領導原則和行動循環、到位的管理督導所屬,確保事業單位正常的、合法的、透明的運作。程序上,為了表示主管已經充分理解管治的目的和要求,事業單位負責人以及所屬的財務、法務主管,在其崗位要向上級簽屬時實管報製作 LOR(Letter of Representing)的文件,以表盡職、盡責。這種積極的內控表態、嚴謹的自我要求,顯然不同於一般國內企業,更多的說明,請參閱本書第十章第二節有關公司的政策和職工道德規範與行為準則。

在跨國企業的矩陣式管理組織下，一個部屬可能面對多個主管，他們分別受到事業、地區、功能管轄的領導，部屬難免也會發生疑惑如：

. 誰是我的最後主管？
. 我要聽誰的才對？
. 績效由誰來評核？

組織面臨這些問題，須在開放、民主、雙向溝通的環境，以人為本、以客為尊的理念下，有完整健全的制度，透過公平、公正、公開的績效考核，才能產生共識，化解矩陣組織面臨的考驗。

〈例一〉 事業單位的組織 – BU、OU 和 MDP

問：企業該如何布置事業組織才能有效掌握？

基本上有兩大考慮，一個是**事業單位**（BU, Business Unit）的本部管理，負責整個事業的營運，包括市場、業務行銷、供應鏈、採購、人事、財務、及其他支援；另一個是**生產製造**（OU, Operation Unit）的營運基地，是多地、多個海外工廠及其附屬機構的管理。在較單純的事業組織，生產製造（OU）歸屬事業單位（BU）管理，一條鞭指揮。如果規模多元、或跨距離、或多地域製造的情況下，則會有 BU/OU 由誰指揮管轄的問題？ 到底事業單位以任務功能來劃分，還是以地域區塊來統合？ 為一個不容易解決的組織政治，考驗經營高層的智慧。

問：OU 在 BU 下，還是各有隸屬、兩個平行的單位？

筆者根據經驗，試圖從資源分享、共用的效率，從事業單位、營運單位的管理角度、分別解讀雙方在組織管理上可能面臨的困境（Dilemma）：

- 事業的特性和市場、客戶的專注及要求可能不同
- 經理人的專業不同，包括事業單位及總部管理中心、生產製造中心的心態、管理方式可能不同，決策思維、優先選擇難有共識
- 多元事業間資源運用的衝突、排序和選擇經常發生不同的意見
- 通用商品以及專案客製產品的性質不同、要求不同、在資源規劃、配置和績效管理的看法也大不相同
- 策略與目標，計劃與執行的不一致，若沒有透明的機制運作的話，很容易流於短期的投機

觀察過去飛利浦組件部一些組織結構的設置可知，顯少切割生產的營運（OU）獨立於事業單位管理（BU）之外，其中一個重要的考量在建廠初期就規劃分開，不重疊兩個事業在同一個工廠或同一個組織，不若國內許多的企業，如 LCD 面板大、中、小尺寸的經營管理，組織混在一塊，工廠不但分布多地，而且產品大小尺寸也同在一個廠區，複雜的情事常為了生產資源分配與效率，彼此爭執不休。

飛利浦組件事業部的做法，若生產工廠產能與其他事業部或產品群共用的時候、或委託生產的時候，會在該生產單位下派駐事業單位自己的特派代表（Advocate），確保作業準則的遵守。BU 和 OU 信守從目標規劃到實際運作，團隊充分合作、協作、溝通，兌現承諾，也盡力解決問題，避免事業經管和生產間的本位和爭執，圖 5-4 說明台灣飛利浦組件部大、中小面板事業單位的 MDP 和 BU、OU 的關係：

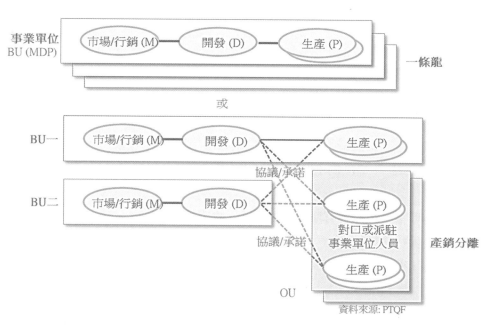

圖 5-4. MDP 和 BU、OU 的關係

MDP（Marketing, Development & Production）實際上就是一個事業單位，有責任會計制度，分權化下的利潤中心，除了成本外，尚須肩負收益責任，有自主的事業管理決策，爭取最佳的目標及利潤。在台灣 MDP 負責人職稱總經理，權責上有規範的組織特許（Organization Charter），明確事業單位（BU）和上級的事業部（PD）及所在地國家組織（NO）間的權責分際，對中央或地方提供的功能視

同第三方服務，有拒絕接受的選擇權利確保競爭性，組織結構有助於事業單位目標的達成。

除了 BU/OU 組織的問題外，若多元科技的產品複雜，他們合屬一個事業單位管轄？還是分開？若規模足以支撐，分開獨立成兩個單位自然有其道理，然而作者以過去的經驗，用大面板事業和中小面板這兩個產品群為例，歸納其間經營思維的不同，為事業單位的組織設計提供不同的判斷。

比方說，電視及電腦、手機或汽車顯示器的LCD，雖然都屬光電的面板產業，但面板尺寸大小的應用大不相同。一個屬消費電子的商用領域；另一個屬通訊、汽車、航太領域、或特定的專業/工業領域。過去飛利浦電子零組件事業裡對大尺寸面板以及中小型面板就分屬獨立的單位，分由兩個事業負責人管治，主要的理由在於產品應用、市場供需全然不同、客戶及需求不同，彼此沒有交集，兩者的利益優先考量不同。大尺寸面板屬於商品銷售（Commodity Sales），以備妥的科技開發產品推廣市場；中小型面板屬於雙方協作專案（Collaboration Project）的開發。產品設計上，一個趨向標準化，可以憑藉條件或規模在市場依喜好、價格、績效等條件選客戶、挑訂單（Order & Cherry Picking），另一個是個性化的客製，產品受到客戶品牌、專利束縛，須在專案、技術協同、信任的基礎上密切的合作、共同排解問題也分擔風險、兌現承諾、如期交付（Commitment & Delivery），達到雙贏的目標。尤其在試樣、放量階段，更需雙方合力共同克服遭遇的問題，其間專案的任何閃失，就可能導致雙方萬劫不復的境地。作者根據認知和經驗，特別彙整出兩個不同尺寸面板間的主要差異如圖 5-5 供參考：

	電視/監視器面板(大 / 中尺寸)	手機/汽車面板(中 / 小尺寸)
產品特質	標準化商品 (Commodity)	客製化特殊品 (Customized)
生產計劃	庫存生產 (Production to Stock)	訂單生產 (Production to Order)
事業挑戰性	準備好上市 (Availability to Market)	有能力提供 (Capability to Deliver)
產能調配	效率及負載 (Efficiency & Utilization)	彈性及應變 (Flexibility & Fulfillment)
客戶訂單	預測及選單 (Forecasting & Cherry Picking)	專案及配合客戶 (Project Base & Partnering)
相對營收比	100 %	10 ~ 25%

圖 5-5. 大及中小尺寸面板的差異

務實的說，若主事者在大小不同尺寸面板的管理上採取相同的思維，就很容易以大蓋小，不經易的扼殺對方的生存而不自知，不但不利於客戶、也不利於事業的長期發展，因此組織傾向於分開事業單位管理，各自為自己的績效負責，也承擔自己決策的後果。過去，飛利浦事業部下多元事業的管理，十分謹慎看待顯示面板組織的設置，避免主管間的決策矛盾，導致事業單位未進擊市場前，卻已讓自家人消耗整垮。

〈例二〉事業單位的發展 – BU 監視器產品

監視器為隸屬消費電子事業部的產品群，母廠座落在中壢，海外工廠座落在大陸和美洲地區，產品及部件在被 LCD 取代前主要由線圈、偏向軛、顯示器等組合而成。中壢的工廠從初期海外加工逐步發展，功能和管轄逐漸拓增，肩負的責任逐漸壯大，組織發展的順序歷經了四個成長階段：

$$(\text{I}) \rightarrow (\text{II}) \rightarrow (\text{III}) \rightarrow (\text{IV})$$

角色從製造、維修、品質的製程技術階段，廷伸到市場智識與客戶關係，接著進入產品元件技術、人才智慧發展的階段，最後成為事業單位管理本部，掌握全球的事業單位，功能包括關鍵的幾大支柱 – 生產、營銷、研發，營運管理，BU 監視器組織的發展如圖 5-6。

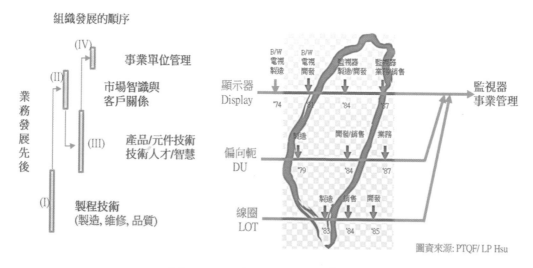

圖 5-6. BU 監視器組織的發展

組織的演變從過去海外工廠，研發在歐洲，業務營銷和營運管理也不在亞太。隨著監視器市場的變化和挑戰，須快速回應市場及客戶的要求，不能再由歐洲遠距指揮，也不能放任地方分權式的鬆散，爲了平衡兼顧，將該事業單位最重要的**產**（Production）、**銷**（Marketing）、**研**（Development）、**管**（Management）建置一體，成爲 MDP 事業經營團隊，這個組織體台灣從 1993 年開始推展，是台灣各事業經營團隊的單位之一。MDP 的爲台灣飛利浦事業單位的稱呼，對應集團內部而言，就是 BU 或 BG。

市場的競爭不只在公司的大小規模，關鍵的因素更在反應速度的快與慢，尤其位居高科技前沿的供應鏈更是如此。客戶的要求千變萬化，須培養有能力、有能量隨著市場環境變化，在各相關環節上能充分與客戶的發展路徑契合，這種能耐唯有洞見市場的睿智和**趨勢**，對夥伴專注的服務才能達成。

MDP 的業務包括工程技術、產品開發、元件/模組/產品生產、儲運配銷、市場與客戶、事業的經管。由於監視器的市場涵蓋全球，但最大市場仍在亞太，因此絕對的要求彈性與速度，人員及建置的組織須具有市場、領域的專業、經管的能力，掌握資訊正確的判斷，有效的回應給客戶，團隊編制配備完整的功能極爲重要。中壢憑藉著技術優勢，負責全球各地區的產品設計、企劃藍圖、人力培訓，成爲事業單位的技術支援中心。不但面對 B2B 的企業客戶，也經手更繁複的 B2C 消費市場客戶，組織的創新帶動營運模式的創新，MDP 的團隊創造出監視器獨特的客戶價值如圖 5-7。

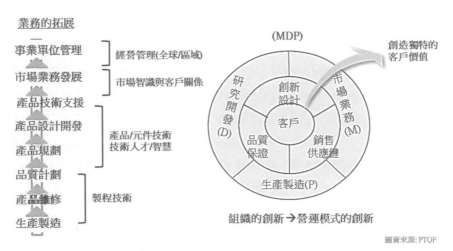

圖 5-7. MDP 的團隊創造客戶價值

〈例三〉事業單位掌握的管理績效

事業的績效直接影響公司，事業的貢獻構成公司業績的基礎。對集團而言，事業價值指它為公司股東創造的價值折現，首要看短期的營運成果，也要兼顧長期的保利，支撐企業永續的經營。下面舉例說明衡量的價值框架在「**營運績效**」和「**永續經營**」兩大方面，每個分別制定了重要的參考指標都有賴各事業單位具體承諾：

（一）營運績效的指標
- ◇ **業務方面**：產品市占率、營收成長、產品組合、新產品占比、新產品開發時程
- ◇ **財務方面**：收益、盈利率、現金流量、營運成本、資本費用、資產報酬
- ◇ **管理方面**：策略及目標達成率、股利、股價
- ◇ **其他**

（二）永續經營的指標
- ◇ **客戶方面**：客戶組成及客戶滿意度
- ◇ **員工方面**：工作環境及員工滿意度
- ◇ **事業夥伴**：業務往來及業務績效
- ◇ **股東方面**：投資報酬
- ◇ **社會形象**：環保、工安、公益活動
- ◇ **其他**

如前面所述，事業在面對客戶的管理介面上有兩大主軸，「**客戶專案/產品的壽命週期管理，Customer Project/Product Life Cycle Management**」和「**全供應鏈的整合，Total Supply Chain Integration**」，串接事業的核心從產品開發到業務的營銷。從價值鏈的角度看，可以歸納成四大循環，四大循環通常為一般製造業應用套裝軟體（ERP，Enterprise Resources Planning）所涵蓋，它是**企業八大內控程序中牽涉的四大循環，除了薪工、融資、固定資產、投資以外的系統**，為製造業的主要價值鏈，事業單位創造客戶價值的所在：

（1）**市場到銷售**（Market to Sale）：從市場研究開始、產品行銷、產品開發、工程試樣、客戶試樣及客戶驗證到銷售，屬於產品開發（Product

Creation）的階段，內涵包括與客戶的業務計劃（Customer Business Planning），程序項目有市場調查（Market Analysis），客戶的市場定位（Market Position）、供應商地位（Supply Position）、主要的競爭者（Competitors Analysis）分析，內涵也包括新產品開發（New Product Introduction），程序中有產品發展的技術藍圖和客戶的技術調合（Technology Roadmap, and Customer Technology Alignment）、客戶滿意度的回饋（Customer Satisfaction Survey）、客戶專案（Customer Project）、推廣銷售等。

(2) **訂單到收款**（Order to Collect）：從客戶的需求計劃開始到接單、確認交期、出貨到應收帳款、營銷後的客訴處理，它屬於全供應鏈管理的範疇包括與客戶協作的供應計劃（Customer Programs）。

(3) **採購到付款**（Purchase to Pay）：從原/材料的市場調查到供應商開發、材料驗證、供應商驗證、下單採購、應付帳款、供應商抱怨處理，屬於採購鏈（Supply Base Management）的範疇。它分成兩段，前段為策略性的或專案的開發性採購（Initial Purchasing），它和市場產品開發的專案有密切關連，後段則屬重置性的採購（Repetitive Purchasing），原/物料的儲備運補，包括與供應商協作的交付計劃（Vendor Programs）。

(4) **生產到交付**（Make to Deliver）：從工廠投料、生產或外加工到產品交付，屬於製造的現場管理（Shop Floor Control）的範疇，涉及聯屬往來上下游的調度分工或委外協作，其中委外業務與採購鏈的供應商管理大致相同。

四大循環透過全供應鏈串接**需求鏈**（Demand Chain）、**採購鏈**（Supply Base）、**製造鏈**（Manufacturing Chain），形成一個共同協作的增值鏈（Adding Value Chain）。每個循環都有對應的主要績效指標，比方說其中幾個衡量的指標如邊際貢獻的 CM（Contribution Margin, 屬於研發）、GM（Gross Margin, 屬於業務）、投資報酬的 RONA（Return of Net Assets, 屬於營運）、Productivity（Revenue Per Employee, 屬於製造/營運）等，四大支柱撐起事業屋的價值體現如圖 5-8。

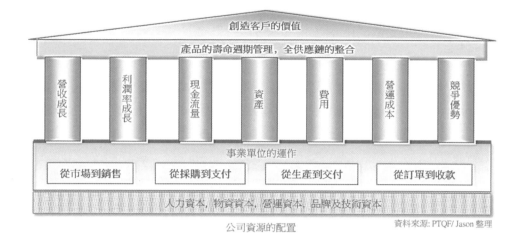

圖 5-8. 事業屋的價值體現

近年來，由於氣候變遷的議題逐漸搬到台面，科技前沿的企業已將肩負的社會責任擴大，積極的響應環保倡議，承諾延伸到 ESG（Environment 環境、Social 社會 and Governance 公司治理/永續）的層面，紛紛採取綠能、節能、減碳、減廢、循環等措施，不但具體的組織、計劃、實施，也分別設定相關的績效指標在環境保護、社會責任和公司治理三大領域。

飛利浦深信未來企業的形象在衡量為人類福祉、為地球環境投注多少關懷、付出多少貢獻而定。飛利浦身為全球知名企業，也是 ESG 領先倡議的科技業者之一，在集團總部帶領下，全球各事業部/事業單位無不承諾社會責任，積極展開企業永續的行動，成效在道瓊世界永續評比上排名位居前列。

專業的領導和全員投入

事業單位的業務改善或效能提升，不能只憑少數的傑出個人或主管的指示才能獲致好的成果，如組織缺乏全體的承諾和參與、執行沒有完整的活動方案、沒有完整穩妥的運作機制，將無法貫澈，即使有推行初期的熱度，也將難以為繼。因為個別的努力就像孤島式的改善（Islands Improvement），將難以匯聚洪流，發揮出整體共同協作的綜效。

一個全球多元的企業，面臨的環境是複雜的，依賴每個人發揮職場的正向影響，從個人的工作崗位到自己部門，或擴大到地級的、廠際的範圍，甚至區域、全球。有些事務是複雜的、跨機能的，牽涉內外的工作夥伴共同協作才能完成，因此需要全體發揮職場最大的影響力，才能收到最佳效果。主管人員有擔當，認知事務和遷涉範圍的大小，知道如何掌握、如何確實有效執行。其中重要的關鍵在主管對專業程度的認知，程度愈高，其業務的整合也愈周全，發揮出的影響力自然也就不凡。

職能的專業影響

職能是執行某項業務，完成程序設定功能的知識、工技和能力。對一個全球企業而言，業務功能隨著組織的擴展而趨複雜，如何加以整合發揮，使運作更加有效，是需要一些專業。不同的專業程度會因其認知、定義和實施，表現出不同釋義的職務功能。一般從個人的/工作職位開始，到部門的/內部的影響；職能從本身的盡責，擴大到地域的/廠際的影響，有了職能地域的整合，能進一步再擴大發揮公司的/機能別的影響，就能完成專業程序的整合。若能做到整體的/跨機能別的影響，協助事業單位串接內外部的夥伴，發揮事業價值鏈的創造就達到最高境界，用二維向度從小到大來說明職能的專業與影響示意如圖 5-9。

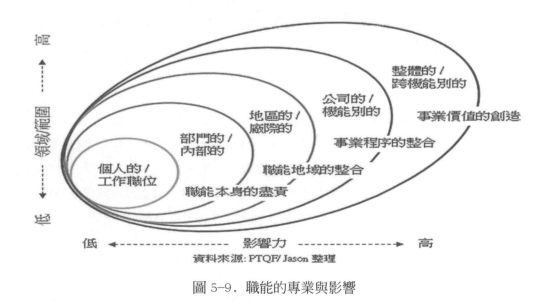

資料來源: PTQF/ Jason 整理

圖 5-9. 職能的專業與影響

由於每個業務功能涉及的領域隨著專業程度而有深淺不同的解讀，工作標準也隨著定義規範而有所差別，專業的人有其深度、廣度、高度，不同的判斷，會思索從自己或局部做起，進一步考慮到跨部門、跨廠區、跨地域的涵蓋，配合上下游作業貫通全球，成為事業單位信賴的程序，為事業單位創造價值的機會。

從過去的經驗顯示，專業程度不可能天賦具有，須透過專業的培育，逐漸養成；專業程度也可以透過團隊智能的學習，不斷的吸取最佳個案、標竿典範的實務經驗精益成熟，下面具體的說明職能的專業程度的做法。

筆者過去將職能的專業程度區分成五個位階，依序從 Ⅰ → Ⅱ → Ⅲ → ⅠV → V，每個位階代表著不同的貢獻和影響。在飛利浦全球企業卓越經營的追求過程中，為協助各組織瞭解其間的差別，提供了一個對專業評量的工具，落實對程序內容和過程的瞭解和掌握，這個工具叫業務程序的「**專業評量工具，PST, Process Survey Tools**」，這個工具是飛利浦引進各專業領域的專家智慧擬定出來的評量標準，作為各項業務程序或細部分項的量測、比較的依據，提供人員對專業水平的共同認知，標準化的視野來審視、判斷。

這套飛利浦製作的專業評量工具，包括事業經營主軸上的幾個關鍵業務，提供全球各單位做為評量的標準，做為組織檢討、改善、提升的診斷和評鑑。評量列出每個業務程序需有的業務內涵及分項，陳述組織及活動在該作業項下可能表現的方式以及差矩所在，專業程度區分水準從門檻到世界頂尖一共十個等級，程度從基礎的零級開始，每三個等級相當於一個進階，也就是 0，1-3，4-6，7-9，10，五階依序達到世界頂端的十級，為不可多得的獨創。當程度達到第三個位階時，已經達到非常好的境界，若水準到第四個位階時，可評價該組織已臻世界級的水準。比起後來史丹佛企管研究所教授**柯林斯先生**（Mr. Jim Collins）於 2002 年出版的《從優秀到卓越（從 A 到 A+）》一書所推崇的要具體、也早上幾年，而且是一項平易的實務。為進一步佐證，筆者以採購業務演示，專業評量工具中如何判斷採購程序五階十級的專業水準如圖 5-10，讀者也可以依據這種思維邏輯，自訂適用的評量，也可以依此為樣拓展到其他公司事業企業需要的程序，協助企業追求卓越經營。

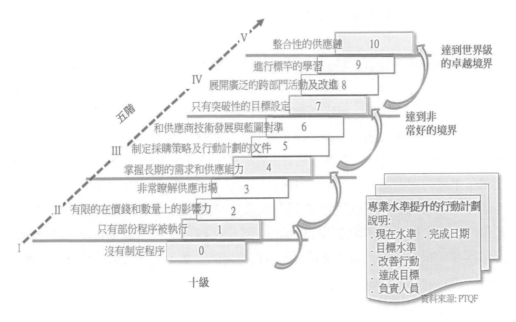

圖 5-10.專業水準的五階十級：採購程序〈例〉

這個工具做為集團全球各單位進行內部同儕審查（Peer Audit）時的評量依據。每個單位可做客觀、公正、一致、公開的比較或學習，或自我改善前後的比較，彼此鞭策、激勵奮進。事業單位的成員間有足夠和相同的專業比較，交付大家共同預望的產品和服務，創造客戶價值，才能為公司帶來好的績效。就實務而言，這個工具大幅提高人員對相關業務專業內涵的深度認知，瞭解如何比較自己、同儕、典範、世界標竿的特徵，讓各程序負責人員擬定專業水準提升的行動計劃，充實不足的領域知識，快速向上的學習。

這個專業評量工具原為集團推行內部企業卓越經營時，邀請相關專家制定而成的應用。在 1990 年，為了協助**歐洲品質管理基金會**（EFQM, European Foundation for Quality Management）建置歐洲卓越經營模式（EFQM Model）的時候，時任基金會成立首任會長的飛利浦總裁**范德克先生**（Mr. Cor vd Klugt），特別選列集團內，一些可公開分享業界通用的業務程序，無條件提供基金會推廣。

在年度的改善計劃裡，一頁式的經營策略中（見圖 5-14），有一項關於人員（People）的改善項目，其目的在提升人員的專業才能（Competence），它是績效評量表中平衡記分卡的構成，組織可提出專業水準提升的行動計畫，說明現在水準、目標水準、改善行動、達成目標、負責人員以及完成日期。

〈例〉全球庫存管理的專業程度

以全球供應鏈的「庫存管理」為例，解析供應鏈管理中有關庫存管理程序所表現的專業程度。選用庫存管理實務是因庫存涉及資產、營運資金、費用以及盈虧的底線（Bottom Line），但積極的庫存管理更可以協助事業單位創造營收（Top Line），它屬於供應鏈範疇裡一支重要的分項程序。有效的掌握庫存是任何行業都不可免的頭疼問題，端看事業經營主管怎麼定位其供應鏈管理？ 是否納入其事業單位掌握的主程序（Primary Business Process）中？ 供應鏈主管是否納入核心團隊？ 有無機會全程積極參與經管決策？ 還是編制上視它只是個傳統配角，後勤的一項支援？ 不同的期望自然產生不同的結果，不同的認知也反應出不同的專業程度。很明顯的，從供應鏈管理的組織架構，基本上就已透露其專業程度的極限。

職務上，筆者也依前述 PST，定義全球庫存管理的專業程度為五級，從最初始的（I）到最高級別的（V），其間主要的關鍵在對庫存管理整合、管控的程度和影響力的大小。

層次　　整合的程度（I → II → III → IV → V）

I　　**職能的本身：**庫存管理只是個物管職務，各個單位各管各的，為部門職能的一部分，彼此隸屬不同主管，庫存的狀況僅止於局部的數位化、電腦作業，甚至沒有完整的庫存報告，組織藩籬，沒有實際負責人掌控全貌，彼此間質疑、觀望或推萎。

II　　**機能的整合：**它有了在地相關職能的整合，庫存管理涵蓋採購原材料，供應商端的狀況，庫存不只是物管單位而已，也包括採購相關的事務，包括開發性採購、風險控管材料或研發專案材料的備置、處理，掌握客戶和業務銷售的需求預測、生產用料及消耗、工程變更，在地主管的決策等，將所有影響庫存的各項因素在地彙總、機能的整合，達到「條條」功能的整合。

III　　**地域的整合：**它有跨地區、跨廠際的機能，為專業程度 II 的進階，當事業單位管轄多廠、跨域的情形下尤其重要。庫存的管控能突破組織的藩籬，貫穿聯屬的往來，包含所有工廠以及該事業各法人間的交易，往往是一般跨國經營事業一項相當困難的挑戰。其範

圍需考慮地域分工和不同職責帶來的複雜性，包括研究開發、生產製造、業務銷售，而且合資企業的介入也是個問題，這時若沒有更上一層的賦權擔當的話，往往難以突破地域「塊塊」帶來的限制。

IV　**程序的整合：** 它關連上下游業務縱深的連結，庫存管理的職責延伸到市場和業務，完整的鏈接業務營銷的需求端、客戶端的交付專案（Customer　Programs），有效的和業務以及客戶對應的人員溝通、協作，掌控客戶專案、產品開發進程的物料需求、變更，也瞭解客戶的生產計劃和產品需求，充分以客戶專案/產品壽命週期管理的概念執行庫存管理。在這個階段下的供應鏈管理視為事業單位的核心程序，而且認同庫存管理的權責，事業單位主管本身才是最終的當責人（Accountable），供應鏈主管統合全程、執行管控和報告，充分掌事業單位轄下的條條與塊塊，是個稱職的負責人（Responsible）。

V　**價值的創造：** 屬於專業程度最高層級的發揮，庫存管理的範疇涉及上下游好幾階層，涵蓋客戶的客戶、供應商的供應商。職責擴及所有產品價值鏈上，從供應商的開發備料，到客戶的客戶對產品的分配及要求。庫存管理是事業單位的策略管理功能，同步的掌握需求鏈、供應商的採購鏈、生產工廠的製造鏈。還有一項顯少有人涉及的庫存風險計算，清楚價值鏈上屬於客戶分擔的風險、自己的風險以及供應商的風險，跳脫傳統的庫存會計及呆滯清理，不落入黑箱個別的作業，一昧要求別人、壓低庫存及價格，沒有建立彼此透明及時的溝通、協作、共擔風險，創造彼此雙贏的結果。從筆者的經驗認為，能為客戶創造價值的庫存管理，應從全供應鏈上考量與所有夥伴的協作，從客戶到自家到供應商的時時同步，有透明的機制，有全方位管控人員橫跨銷管（需求）、物管（庫存管控）、採管（供應）、生管（排程）、到經管（經營策略及庫存目標），扮演影響事業單位績效的關鍵角色，協助主管布局市場經營策略。庫存不應流於成本的負擔，更能積極的發揮功能，成為市場策略的工具。

從上述說明，可以窺探出庫存管理的整合程度，以及事業主管對供應鏈管理的認知程度，基本上也就反應了該組織在供應鏈管理專業的程度，許多企業受制於組織藩籬，條條塊塊的不透明，缺乏統合的機制，尤其缺乏專業領導的擔當，難以跳脫本位。若事業單位的主管沒有這樣的理解，甚至還會給管控負責的人員一種

撈過界的感受，實屬可惜。

試問：

. 您對庫存管理的了解層次在那一個階段？

. 事業單位的主管是否認為他們才是庫存責任的擔當人？ 理解庫存和事業決策及風險承擔，有其密切的因果關連，也認為是自己的職責。

. 事業單位的主管是否認同庫存與自己業務的決策息息相關？ 也善於運用庫存決策、掌握風險，創造出客戶和事業單位最大的利益。

需知，庫存最大的影響來自事業主管自己的決策所導致的結果，由於庫存顯現的效應較晚，有所謂的長鞭效應干擾，當驚覺不對勁時，往往已成不可逆轉的後果而須概括承受。事業主管是庫存的當責人，不能推脫怪罪給供應鏈人員，瞭解供應鏈主管只是庫存管理工作執行上的負責人，他們提供庫存管理的運作機制，適時完整透明的庫存報告、預測狀況以及可能的異常警示等。

再問：

. 每個公司的事業單位都有其彙整的庫存報告，也定期檢討庫存，但是否落實到位為客戶創造價值？ 為何源源不斷的打消呆滯，需要降低庫存？ 而且異常事件總發生在預測之外？

. 是否掌握庫存風險，知道庫存管道中有多少風險落在自己？ 多少風險落在客戶？ 多少風險落在供應商？ 能公平互利的協作，在全價值鏈上共創、互惠，一起貢獻、一起分擔。

庫存管理並不是一件簡單的任務，但是其他的專業如產品專案開發、策略客戶的開發與客戶供應計劃、供應商的開發與交付計劃影響更甚。每項機能都有其牽涉的廣度，有其專業的深度，更需有經營主管的高度，配合行動的速度才能成就。因此，推動力量不能祇靠事業主管高層的指揮，有賴專業領域人員的能力。倘若主管缺乏專業，沒有正確的評量所處的環境和組織專業的程度，團隊那知道短板所在，而從中拉拔提升，那將是沒有機會達到卓越的境界！

全員的參與和投入

一個有動能的組織、活動依賴全體人員的參與和投入，不論個人、團隊，大家有共相同的認知、協同一致。以台灣飛利浦的經驗來說，不管從品質改善到全面提升、追求卓越、甚至後期的全面翻轉，其推動力量來自組織的四個層次、每個層次由推行、督導的單位分別執行自己層次的改善。

改善層次和重點	負責推行	督導單位
方針管理	高階主管	全面品質推行委員會及推行中心，督導單位：中央經管如組效部〈總部〉，事業單位的組效部或幕僚〈地方〉。
日常管理	中堅幹部	各階主管，各部門職能的運作。
改善小組管理	品質小組（工程師/幕僚）、品管圈（現場作業人員）改善小組為現場自主管理的範籌，由活動的推動工作小組負責執行及督導	
機能管理	全面改善活動委員會及其轄下的工作小組為跨部會的核心機能，由委員會及其工作小組督導及執行，包括下列程序：	

- 品質（Q, Quality）
- 成本（C, Cost）
- 交期（D, Delivery）
- 新產品開發（NPD, New Product Development）
- 人員發展（HRD, HR Development）

台灣飛利浦的改善小組管理有兩股改善力量驅使，一個是品質小組的活動，另一個是品管圈活動，品質小組為工程師及專業幕僚人員的專案或主題改善，屬於部門或跨部會的現場間接人員；品管圈為基層第一線的現場作業人員、或是技術員的作業改善。這兩股改善力量是整個組織、全體人員的編組，沒有置身例外。不同於目前許多的企業的作法，局部的編組或自主、放任的管理、屬於自願的型態。殊不知現場是公司最大的場域、人數最多，小組失去全員參與的活動，意即沒有發揮眾多智慧匯聚的機會；活動除了政令下達外，過程本身也是一種學習、訓練，人員潛能獲得發展，尤其各小組的帶頭（Lead）更是公司造就中基層人才的重要管道。

機能管理（QCDNH）列入日本戴明審查的要項，若有其他未列出的程序，推行委員會適當劃歸其中的一個工作小組隸屬，執簡馭繁，避免流於龐大複雜的結構。四個階層，涵蓋事業單位全體，透過組織三個層次的團隊 QMT, QCC, QIT，有高階主管、中堅幹部、現場人員和專業/技術人員；活動包含主管的方針管理、部門的職能、跨部會的機能，現場以及品質改善小組/品管圈（圈或小組稱呼各廠不同如奪標、飛龍、眞善美活動，是源自各廠的徵選），全員參與。每個階層依戴明循環行動的原則，從計劃、實施到成果檢討、修正的改善措施，周而復始、循環不斷。

還有一個台灣飛利浦非常獨特而且關鍵的活動爲主管審查，我們稱它爲「總裁診斷，Presidential Diagnosis」，這個管理平台居中連結三個組織團隊 QMT, QCC, QIT 的四個管理層次（主管改善、職/機能改善、現場改善），診斷著重檢視人員能力、程序的介面與整合、工技的使用和過程的掌握，全員的投入，創造組織不墜的活力如圖 5-11。

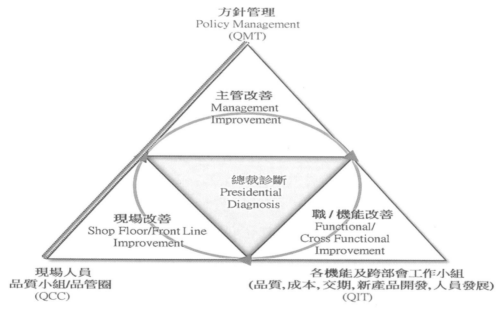

圖 5-11. 全員的投入

然而，激發組織動能，有賴推行完整的方案，各項活動有健全的組織和制度。根據台灣飛利浦品質文教基金會榮譽董事長，也是前副總裁許祿寶先生的解釋，他列舉了下列的幾個重點，確保全體到位的運行。

- 設置全公司的管理單位，如 CWQI 推行中心、CWQI 推行委員會以及各機能工作小組，涵蓋公司及各廠區推行中心/推行委員會/機能/部門，有明確的活動機制，統籌協調活動的實施。
- 結構性的展開年度的方針，使改善計劃有效的鏈接中、長程的策略規劃和年度計劃的實施。
- 標準化活動，包括各種術語、定義、運用的工技，讓大家溝通的語言一致，容易形成共識和決心。
- 平行展開並透過交流分享組織內/外部的最佳典範，促使團隊相互激勵，讓學習迅速有效的擴散。

工作態度為首要

在全員行動之前，得先有心理建設，所謂革新先革心，回顧一下本書第二章有關改變的心法，每個人需要有正確的認知，正確的工作態度。在個人的態度上，建立**不推『別找我，Why Me ？』與不棄『干我何事，Not Me ？』**的擔當，凡事得以先自我要求，樂於由我開始，透過品質學院的培訓建立全員正確的心態，它強調我多麼重要？ 為什麼事情都要我來做好？ 每個國家的人因文化而不同，一個受過訓練的日本員工，要他重覆做一件事情，他一定會照著去做；一個受過訓練的中國員工，要他重覆做一件事情，他開始的時候會照著做，但是慢慢地會覺得少一點也一樣，就這樣一點少一點，到最後就全不一樣了。

承諾與投入

除了一開始為改變工作態度提出有關不推、不棄、捨我其誰的擔當外，行動上後來又提出激勵的『Can do ； Will Do』，它本來的意思是『能做、會做』，或說『我能做到、我會做到』、『沒問題，交給我來辦』、『我可以搞定』。這句話語氣肯定，強調我有這個能力、知道怎麼做好，每個人在行動上若有我能做到的精神，就沒有什麼能難倒你。有說『事在人為』、『天下無難事，只怕有心人』。

第二部　組織的能力：建構企業全球的競爭力

我會做到「Will do」比起我試試看「Will try」，在本質上雖然都是正面的態度、沒有推拖。但後者給人的印象似乎在開始前就預設緩衝的餘地，留下機會有個藉口，可不一定成事。好像我盡量試試，成功也好、失敗也罷，反正已盡了力、不掛保證。有句話形容一個人，你說的話決定你是什麼樣的人，基本上反應的就是態度，工作品質信念和價值觀。悲觀的人說「做不到、考慮看看」，積極樂觀的人說「能做到、會做到」，態度不同，工作方式不同，獲致的結果自然不同。

現實的，企業要讓員工在工作上**「承諾，Committed」**，或能夠更積極的表現**「投入，Engaged」**，造就高效能的組織，必須瞭解其間的因果關係，台灣飛利浦培訓主管階層體會其間的因果關係。要先構架一個良好的工作環境，才能有滿意的員工，讓員工喜歡我的工作，才有承諾的員工，想做我的工作，有了承諾的員工，才有投入的員工，表現我的工作。

試問：

　．一個員工在不滿意的工作環境下會滿意嗎？　會喜歡做的工作嗎？

台灣飛利浦定義企業的關係人是我們的客戶，而員工是其中重要的關係人、內部的客戶，就不難理解其間深諳的道理。

追求卓越：建置產業主導的地位

現在的市場競爭有大者恆大的趨向，具有豐沛資源和優勢地位的企業有快速成長的機會，雖然它並非絕對，但全球性企業挾其雄厚的資源，國際競爭的優厚條件，在事業發展上若多加期許與努力，自然容易獲得科技產業主導（Industry Shaper）的地位。有人說一個普通的公司會被產業影響，但是一個傑出的公司卻可以影響產業，宏圖壯志可不是一般，然而成就其事，挑戰不易！不能僅憑獨特的產品科技和雄厚的資源，更要有實現企圖的優質領導和經營管理團隊。

台灣飛利浦建置的許多事業單位最後都成為該事業全球/亞太的營運本部或技術支援中心，其重要的關鍵在有專業的人才、完整的作業程序和管理效能創造出來的成就，事業主管掌握核心管理，團隊也積極共同努力，不間斷的學習，勇敢挑戰世界標竿所獲致的成果。

以半導體事業為例，其追求卓越實施的框架如圖 5-12，佐證全面品質管理的精髓，它涵蓋事業的**五大核心機能**〈**全面品質保證**〉、〈**成本控制**〉、〈**交期管理**〉、〈**新產品開發**〉、〈**人力資源與發**〉。實施縱軸從策略及方針管理規劃開始，從上到下展開改善計劃和行動；組織透過品質改善推行委員會/工作小組、品質改善/專案小組以及提案改善等活動，行事恪守戴明循環，年中以品質月活動，激發熱忱，維持組織活力；在檢核實施成果上，有內部的檢核、總裁診斷、主管/同儕審查，也有外部的檢核如客戶審查或第三方認證，這些專業、客觀、公正的觀察或回饋，提供了半導體封測組織無數學習與精進的機會，最後再經由系列的教育/訓練進一步落實。

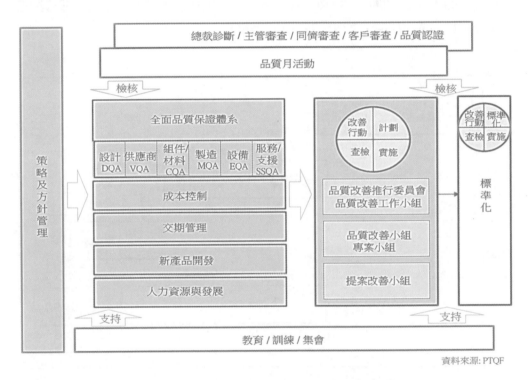

資料來源: PTQF

圖 5-12. 全面品質經營的應用 – 半導體封測

這個實例說明一個全面品質改善是個不折不扣的品質經營，在結構上有整體的方案、有系統的制度、有計劃的活動、行動思維以 P–D–C–A 〈改善〉/ S–D–C–A 〈標準化〉紀律化的持續、循環運作，創造出半導體事業顯著的績效，持續快速的拓展成為亞太的生產基地、全球的發貨中心以及全球製造及技術支援中心，具有產業領導地位的 IC 封裝、測試基地。

這個實例，說明卓越需有成功的條件和管理環境，成就是所有個體和團隊的貢獻所創造累積，絕非片面或僥倖所得。歸納起來，這個半導體個案在追求卓越的路程上有下列幾項特質：

一、整體的改善方案

全面品質改善是個持續的方案，以年度循環周而復始，強調過程為管理的基礎，年度行事曆將活動分為九大步驟串連，也構成事業單位管理的大循環。步驟按照**（一）計劃→（二）實施→（三）查檢→（四）改善措施**。九大步驟為方案活動的骨幹如圖 5-13。它從早期引進品質改善大師菲利浦.克勞斯比（Mr. Philip B. Crosby）的十四步驟開始，逐漸演變、修正成為現在的模樣，每個環節都有具體的工作項目，依序展開，貫徹到基層、落底實施。

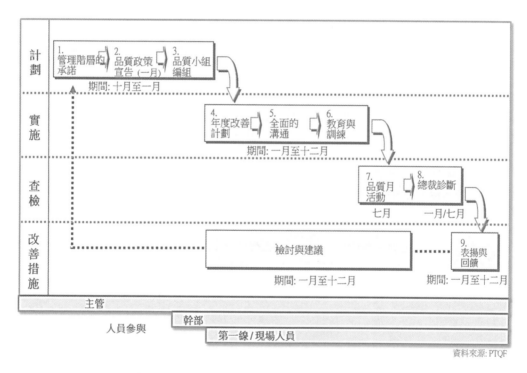

圖 5-13. 全面改善方案

（一）計劃，Plan

1. 管理階層的承諾
2. 品質政策的宣告
3. 品質小組的編組

（二）**實施，Do**

4. 年度改善的計劃

5. 全面的溝通

6. 教育與訓練

（三）**查檢，Check**

7. 品質月的活動

8. 總裁診斷

（四）**改善措施，Action**

9. 表揚與回饋

在年度活動期間，有幾個重要時點，一個是元月的年度品質政策宣告（Quality Policy Declaration），目的在溝通動員和共識凝聚，蓄積年度的能量，另一個是七月的品質月（Quality Month）以及一年兩次分別在一月和七月的總裁診斷（Presidential Diagnosis），這些重要的活動，適時不斷的激發人員參與的熱忱，維繫了組識不綴的活力。

在人員的參與上，方案依職責和角色、介入的時機不同，基本上主管全程參與，幹部則從步驟三開始，第一線及現場人員則從步驟四開始。無論如何，這個方案在實施的開頭，會透過品質學院的研討或部門集會的方式，先凝聚團隊的共識。全面的溝通會激發組織的力量，全員培訓的目的是讓每個人清楚知道要做什麼？為什麼要做？要如何做？其目標在那？追求願景為何？溝通、教育訓練和工作以三明治的方式、持續不斷的進行，執行也經由日常管理落實。學習經常以典範、最佳個案、世界標竿為借鏡，不斷的自我鞭策和超越，以創新變革邁向巔峰。

二、年度政策與方針展開

為有效傳達各地的事業組織有關年度政策，讓全員清楚瞭解事業單位設定的目標，主要的促成因子是什麼？總部的預期為何？主要採行的措施有那些？這些關鍵的訊息首先由事業部（PD）/事業單位（BG/BU）全球負責的主管和相關募僚，經過共識會議充分檢討、研議，並將決議以簡要的格式彙總，稱之為**"一頁式的事業經營策略（OPS, One Page Strategy）"**，這一頁說明事業的年度政策，代表經營階層的共同決心和行動意志，供作各單位精確溝通的依據，展開下一層級承接的改善行動和計劃。一頁式的政策文件言簡意賅，內容包括總部的願景、決心和行動、年度關注的焦點和行動綱領。年度政策展開的途徑透過全球相關組織

的所在，依地區、依層級，貫澈直到第一線人員，可見領導的身先表帥、堅持和用心。

年度政策以一頁式的經營策略傳達如圖 5-14，陳述事業經營的方向和重心，價值體現以**促成因子**（Enablers）**包括"領導，Leadership"、"政策與方針，Policy & Strategy"、"人員，People"、"夥伴與資源 Partnership & Resources"、"程序，Processes"**陳述各層面的工作。各層面做些什麼？達成的目標是什麼？預期的成果顯現在那裡？ 採取的主要措施有那些？ 這些構成各單位年度計劃的重點。五大促成因子為全球飛利浦企業卓越經營模式（EFQM）中的規範，也是歐洲品質管理基金會的卓越經營模式。

一頁式的經營策略，也可以說是一頁式的年度政策，利用模板標準化的格式，從事業部/事業單位總部展開到各國家或地區以及各廠。每個組織 （廠、處、部門）如同上級的方式展開自己單位的執行方策，確保事業全球上下、海內外各據點間準確的銜接，有形的文件紀律確保全球各地一致的作業，透過系列教育和訓練、部會座談、工作會議的場合，大家有共同討論的憑據，環環相扣，計劃的承諾十分具體，容易貫澈落實。

我們的經營策略	促成因子	目標與成果	主要的措施
願景 Vision ```	領導力 Leadership • …	財務方面 Financials • …	年度執行計劃 Annual Plans • …
企圖 Mission ```	政策與方針 Policy & Strategy • …	客戶方面 Customers • …	
價值 Values · 我們取悅客戶 · 我們承諾交付 · 我們培養部屬 · 我們團隊協作 · …	人員 People • …	程序方面 Processes • …	
策略 Strategy ```	夥伴與資源 Partnerships & Resources • …		
	程序 Processes • …	專業能力方面 Competencies • …	

資料來源: PTQF

圖 5-14. 一頁式的經營策略

三、年度的管理項目落實改善

事業單位從事業本部的一頁式經營策略展開成自己的年度工作重點、稱年度度的管理項目和改善計劃如圖 5-15，每個計劃說明會有什麼結果，可能連結上級的管理項目，計劃實施過程中有那些查檢的管制項目。**管理項目**（Control Item）為計劃設定的目標，**管制項目**（Check Item）為實施過程查檢的項目，使用的管制方法，展開至那裡？ 是給誰執行？ 預期達成的目標是什麼？ 執行的行動計劃和預期完成日期。運用嚴謹的格式，讓大家務實的進行改善計劃相關問題的分析，落實對策，標準化的模板則有利於展開與整合，計劃大家看得見，邏輯量化的目標，數據是科學的，能拆分、也能收合。這個模板稱年度的**"管理項目和改善計劃（CIIP, Control Item & Improvement Plan）"**，是吸取日式過程管理的精髓而來，全台各單位統一實施，組織從上到下以這種方式進行，落實方針管理與目標設定。事實證明，經過數年的鍛練之後，規劃改善計劃的管理項目和管制項目非常的純熟務實。

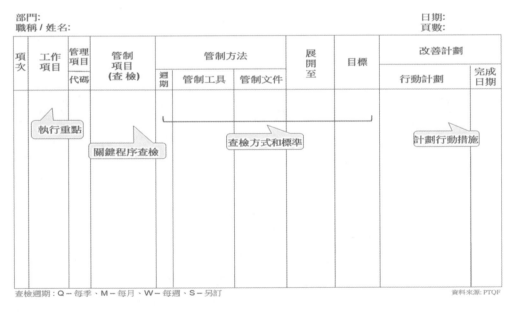

圖 5-15. 年度的管理項目和改善計劃

四、可評量的績效指標和檢核工具

1992 年，美國哈佛商學院教授**羅勃特**（Mr. Robert S. Kapla）**和大衛**（Mr. David P. Norton）在『哈佛商業評論』中，發表一篇題為「平衡計分卡：驅動績效的指標，BBSC, Balanced Scorecard: Measures that Drive Performance」，

有別於傳統的只著重財務的衡量，提倡一套更周全的考核，這個思想深深影響全球企業對績效的評價，紛紛採用 BBSC 做為公司的標準，飛利浦在這個時候也引進這個工具用在績效管理。補充說明一點，職務有大小、任務有輕重，因此績效指標也有大小，不同的管制。它區分為一般的績效指標（PI）和主要的績效指標（KPI），一般的指標由個人或部門自主管理；主要的指標則必須連結方針管理中的一頁式經營策略，有嚴謹的上下分合、展開和跟催。

飛利浦 BBSC 的主要績效指標包含五個層面，分別代表 **"領導才能"**、**"財務表現"**、**"客戶關係"**、**"業務程序"**、**"專業才能"**。財務表現為股東對企業的期望、公司的價值，代表公司業務的成長和生產力狀況；客戶關係代表市場的定位、客戶的評價；業務程序是實現股東與客戶期望的運作；專業才能則是事業組織兌現承諾、交付的能力，反應人員的智識/技能、團隊的合作與組織學習；領導才能是主管如何帶領團隊？ 激勵團隊？ 如何有效的處理人和事？ 在事業單位的一頁式經營策略裡，目標與成果正是 BBSC 的要求，它是事業單位營運管理的主要績效所在，BBSC 五個因子的關連如圖 5-16。

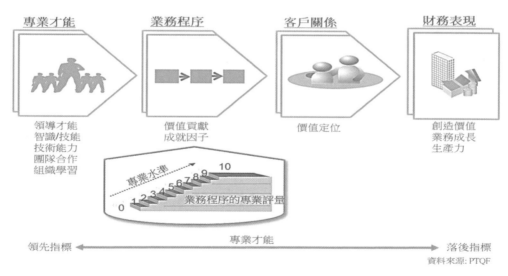

圖 5-16. BBSC 因子的關連

五個層面兼顧企業的內部和外部，員工先要有專業才能表現稱職，經由業務程序交付客戶價值，創造價值在生產力，業務成長等財務績效。主管有領導才能縱觀全局、掌握各層面的關鍵發展，管理落後指標。飛利浦的 BBSC 不同於一般界業，不止要項標題，更有實質的內涵，尤其獨特之處在業務程序方面，引用前述飛利

浦 PST 的專業評量工具項在績效管理，運用自家量身訂製的評量，協助各單位瞭解業務、掌握表現。

KPI 的設定與展開，結合全面品質改善推行的方針管理，事業計劃衡量企業當前的表現，以及策略方針上推展出來的中、長程挑戰，目標依組織的層級從最高主管到基層依序展開設定，落實各層級的期望與要求，其展開過程如圖 5-17。

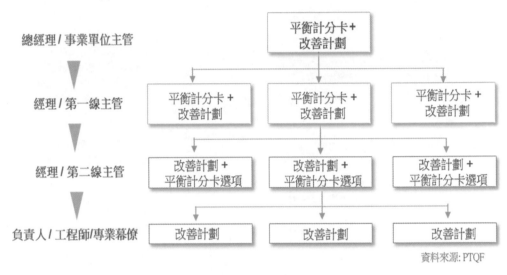

圖 5-17. KPI 的展開

PIs 屬於部門內部的次要指標，只牽涉內部； KPIs 則是主要關鍵指標，牽涉外部或組織內與下屬間重要的事務，為單位管理重要的憑據，每項作業設定的目標必需睿智、務實，合乎 **"雷達 RADAR"** 的要求，目的是確保改善計劃的執行，這項雷達要求也是歐洲品質管理基金會對企業卓越經營的要求。

成效 Results → 目標明確、具體可行，有完成時限

途徑 Approach → 整體性的考量、計劃的方式，從規劃到改善行動，從過程到交付，達成目標

展開實施 Deployment → 有系統的透過溝通，層層展開、貫徹執行

評估檢討 Assessment & Review → 過程中有完整的評估，成效檢討與採取必要的改善措施

以一般事業單位的應用為例，它結合平衡計分卡、方針管理、過程管理，設定主要績效指標，考量企業關係人的利益如圖 5-18

方針標的	管理點 (關係人的滿意)	事業的主要程序	重組的平衡計分卡 (管理點或檢核點)
顧客	滿意度	訂單(接單、生產、交貨、收款)交付程序 新產品/新事業開發與創新程序 營業收入與成長	營業額, 營業成長率, 市佔率 產品品質, 退貨率, 交期延誤率 新產品 / 事業銷售比率 新產品開發時程
股東	投資報酬	成本降低程序	成本, 存貨, 應付/應收帳款 毛利率, 營利率, 投資報酬率 重工率, 一次良品率, 稼動率 固定資產及資產週轉及報酬率
員工	員工士氣及 滿意度	員工激勵程序	品質小組活動　智慧產權數 員工流動率, 出勤率, 訴怨率 職涯規劃執行率, 訓練工時 工作輪調
社會	社會形象	社會責任履行程序 -公司內 -公司外：環保、弱勢團體、藝文活動	工安及環保監測(水、空氣、噪音 溫濕度,..等 里民大會, 社會公益, 企業回饋活動

資料來源: PTQF

圖 5-18. 事業單位的 KPI〈例〉

說明每個 KPI 依循那個方針標的？ 計劃目標設定的管理點是什麼？ 對應的主要程序是什麼？ 在 BBSC 關連的檢核點或對下級的管理點是什麼？ 這個系統結合本土、日式和西方的優點，形成台灣特有的模式，坊間有許多相關的探討，如目標管理（MBO, Management by Objectives）、主要績效指標（KPI, Key Performance Indicators）、目標與關鍵結果（OKR, Objectives & Key Results）的應用。每個工具各有所長，也有其不可免的限制和缺失。書本通常針對其特定理論或工具加以闡述，如果瞭解只是片段就拿來運用，容易流於支離破碎、難以貫徹。企業需要有整體的考量，根據自身的特性找到最適合自己的工具，才能激發組織與員工，共同為達成目標努力。台灣飛利浦在推行全公司品質改善活動之初，有整體的思考，手法上融貫東西方的優點，充分的溝通，務實的目標設定，確保執行力。

五、明確、公平、公正、公開的考核與獎酬激勵

事業的績效表現是整體的，計劃的改善有三類，分別是問題解決、持續改善、創新突破。其中問題解決型是快速反應單一事件，持續改善則是小幅不斷的改善，透過有步驟的進行有關的業務，創新突破則為大幅破壞性的創新，透過有效的全面管理改善並且在重點或瓶頸上獲得成就。匯聚這三種努力，不斷的追求向上的績效，造就事業關係人持續競爭的優勢地位如圖 5-19。

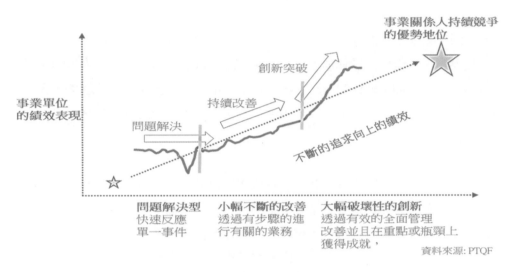

圖 5-19. 事業單位的表現

然而，計劃的實施必須有配套的績效考核與獎勵制度，如果沒有一個公平合理、值得大家信賴的機制，有一套完整的、公開的、公平的、公正的制度作業，不消多久成果就會難保，甚至很快的會失去。如果組織裡真要發生一件憤憤不平的遺憾事件，讓員工認為獎酬有失偏頗後，期望團隊在未來仍受到鼓舞，保有原來激勵的士氣是絕無可能，甚至會流失優秀人才。有關績效考核與獎勵制度進一步的說明，請參閱第三部人員的價值。

六、主管的決心和承諾 – 總裁診斷

「診斷」和「審查」、「稽查」有不同的意義，稽查有參照的標準，著重實際與標準的對比，針對特定的主題，有設想的事務範圍，通常由外人或專家進行，像客戶稽查、供應商稽查、ISO 稽查皆屬。審查則採用比較開放的尺度、做組織整體的觀察，涉及的範圍較為廣泛，審查可能由外人、專家或委任的同儕進行，像客戶審查、供應商審查、同儕審查，常用來認證組織有無資格或符合特定的水

準，譬如企業併購程序中有一個評估的實地查核或盡職查核，或日本戴明獎評審委員會的實地審查等皆屬。診斷則不同，需要像醫生對病患的診視判斷，以醫療專業給予患者處方。台灣飛利浦的總裁診斷是高層以專業經理人的立場，系統的手法，前瞻睿智的判斷，評估組織的經營管理。為彌補主管的不足，診斷還邀請外部的專家/顧問陪同一起進行高層的實地審查，他們極富經驗、知識，大多是知名的國際顧問/教授、日本戴明評審委員會前評委，聲譽卓著，請益學習的過程極具意義，若說在關鍵的時刻發揮關鍵的作用一點不假。

總裁診斷，有如定期的經營健診，連結整個組織的經營層、管理層和作業層，牽引全員參與，以全面品質管理手法總查檢。總裁以執管高層從經營事業的角度、品質的手法、全面系統性的分析、審視各事業單位的狀況及前景、趨勢，各項措施是否從外而內、運用競爭格局、相對的優劣勢分析、傾聽客戶的聲音之後擬具出來的改善。

另一方面，診斷也考驗高層主管，挑戰他們能否引領企業邁向康莊的未來，過程中同樣督促著主管的領導與專業，前集團飛利浦總裁就曾說過，對他們而言也是一種考驗、一種學習。實務上，總裁診斷創造出組織不墜的活力。以開放、尊重專家的作風，塑造出公司特有的行動管理文化，歷練出組織各領域的人才，提升了組織能力。

事業單位的作業中心

全面品質改善，使得個人、團隊、組織不斷的透過學習，充實各種專業知識和技能有效的掌握資源；站在巨人的科技優勢下不斷的創新、突破，造就台灣飛利浦傲人的績效，傑出的表現受到總部十分的器重，擔當的角色快速擴大，陸陸續續建置了許多作業中心，成為事業營運重要的據點，不只是一個海外生產基地，更一躍成為全球性的、或亞太地區的總部，機能除了事業本部的管理外，在業務上是市場的重心、營銷的總部，轄下設置全供應鏈管理的全球發貨中心、銷貨開票中心；技術上台灣的生產基地，擁有先進的技術能力、幹練的人才，被賦予事業單位全球的技術及支援中心，台灣成為幾個事業單位包括顯示器、被動元件、磁性材料、半導體、監示器等集團大量電子事業關鍵功能的作業中心。下面舉半導體 IC/分立元件事業單位為例說明如圖 5-20。

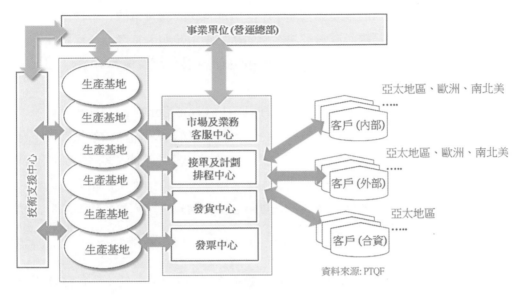

資料來源: PTQF

圖 5-20．半導體事業的作業中心

跨國企業全球的營運規模龐大，涉及的情況往往異常複雜，通常十分謹慎的選擇生產、服務、支援的據點，必須條件符合集團以及事業單位的要求，所在地點也必須貼近市場和客戶；儲運、配銷、逆物流作業等符合經濟、快速、有效的回應和交付；發票中心則更須考量國情和租稅優惠條件的配合，特別在操作財務、稅務、聯屬往來的內部移轉價格方面，要順暢無礙。何其有幸，台灣擁有這些多數的優越條件而且具有完善的 ICT 基礎設施、ERP 應用系統，肩負全天候、全年無休的資料集中處理能力，充分應付各地的彈性化和客製化需求，發揮了全球生產技術支援或服務中心、發貨中心、發票中心的業務功能。

尤其半導體的客戶需求多樣，他們屬高科技的世界級客戶，必須隨時提供及時到位的服務或支援，讓客戶感受到無微不至的個別化、差異化獨特的價值貢獻。如何洞察客服需求（Customer Service Objectives）？ 及時回應客戶現場的技術應用支援（Technical Supports）？ 暢通無阻的資訊連接及應用對口銜接（ICT Service & Supports）？ 全供應鏈上的庫存資產管理（Pipeline Assets Management）？ 經濟有效的作業費用，創造成本最佳效益（Cost Effectiveness）等，這些都有賴團隊的專業知識、技術和視野，不斷的從努力和學習中累積而得，尤其當事業發展到全球性或區域規模的時候，營運本部更須全盤規劃如何有效的將產品和服務交付到各地的客戶手上；考慮如何建置安全保障的資通訊系統接單、快速交付；儲運的發貨中心配銷，連結海、陸、空運後勤業

者，準時無誤的送達目的地；銷售開票中心處理各國的隨貨單據、客戶徵信、應收帳款處置；技術支援中心就近解決客戶的產品應用難題。筆者進一步闡述在組件部和半導體服務時親身經歷的幾個作業中心概況，提供讀者參考。

一、全球發貨中心（GDC, Global Distribution Center）

零組件事業的產品組合差異很大，各有特性，有些單價高、體積和重量都大；有些輕薄短小、但運送批次和批量的大小對成本格外敏感；常面臨客戶端交付異常嚴苛的條件需求，像牛奶式供應、及時生產、序列式生產供應、寄庫客戶自取、供應商自行補貨等各式各樣的模式，發貨中心要有能力應變，執簡馭繁，發揮價值鏈上的最佳效益。

. **運送模式**（Shipment Mode）：直接運送（Direct-ship）、經第三方運送（Triangular-ship）、投遞運送（Drop-ship）、中轉運送（Transfer-ship）等方式。笨重且體積龐大的顯示產品，要求更是另類，須就近配合客戶實際的生產進度以及時生產方式安排終端的卡車派送計劃。汽車業的客戶則全然不同，他們用自動化產線的序列生產模式，必須配合客戶指定交送到搭配的物流中心，也必須拆卸包裝自行運回，爲相當複雜的挑戰，尤其供應商遠距的交付挑戰更是巨大。有些客戶要求緊急交貨需有配合 24 小時以內到達的緊急作業安排，包括隨時派遣人員帶貨前往指定交付地點、委託專人、專車、專機等各種安排可能，讓客戶值得信賴，它突顯的是供應商專業、特有的能耐和價值。

. **區域性/地方性的客戶供應服務**（Customer Hub/Supply Programs）：配合客戶的需求提供加值倉儲（Added Value Warehousing）及整合貨代（4PL Forwarding）服務，分擔客戶交付前的分檢（Pick & Pack）、回修/軟件更新（Repair & Refresh）工作。在貨代的評選和夥伴合作計劃上，作者曾經投注了不少全球作業的工夫，在客戶的寄庫及交付供應上也做了不少改變，譬如庫存管理策略、產品軟體刷新、外包倉庫管理等不勝枚舉。

. **發貨中心的作業**（GDC Operation）：發貨中心結合庫存、倉儲、包裝、配送、遠端的發貨倉/客戶倉管理等功能。爲一個 7 x 24 x 365 的庫房作業，有專業的倉庫管理系統，暢通的資通訊網路連結全球貨代，儲運、航空，包裝出貨，更能掌握訂單中心的指示，客戶的個別要求，確保零缺點的工作標準。發貨中

心的實績確實也曾締造出傲人的零缺點連續記錄。為了支援事業部推廣射頻辨識（RFID Chips）晶片科技的倉儲應用，在推廣初期成功的遴選世界知名潛力廠商，大家共同研製開發讀、寫、掃描的各式相關設備及應用（Reader, Scanner, Tunnel, APP Station），運用這個發貨中心為實驗場域，建置出全球首例的無線射頻標籤（RFID Tag）的倉庫管理示範系統，並向全球媒體（歐、亞太、美）同步發布飛利浦成功的首例。

- **運籌發送及異常通報**（Forward Notification & Abnormal Feedback/Actions Follow Up）：運籌管道上的作業細節都經過事先慎密的規劃、妥善的安排（Scheduled Task），每個作業環結有明確的作業程序、時程，對下一站客戶提供前一站的發送通報，也對送貨方作異常的反向回報和處置安排。比如說在全球的任何結點可能發生異常時，必須在兩小時前做出異常通知，並告知處置的方式和影響，讓下一站提早因應，回顧過去一些曾發生在世界各角落的水澇、冰雪風暴、地震、核災等事件，台灣飛利浦均得以預防的方式分流運送，及時運抵，沒有受到一般業界報導所遭受的慘痛代價。

- **全球的作業系統支援**（Global Sales Operation Support）：包括掌握全球的儲運、全年無休的作業以及座落在客戶指定地點的寄庫/托管庫存及補充，精準無誤的客製化作業需求。尤其半導體或被動元件更要控管全球超過數十個座落各地的客服供應庫存據點，如何能確保先進先出、產品壽命週期、而且彼此能調度互換，憑心而論沒有相當的專業難以掌握。筆者的經驗顯示它需要團隊一路不斷的學習和創新，比如庫存管理策略的變革從早期的**黑盒子**（Black Box），**演進到灰盒子**（Gray Box），**最後成為白盒子**（White Box）的策略，就是一個值得驕傲的例子。黑盒子不知庫房作業細節，全靠事後的結果報告；灰盒子需要交換雙方的交易資料（EDI）；白盒子則用自己資訊系統及終端設備，操作來自源頭接單中心的取件、包裝、交付、提貨使用等指令；模擬對方的異動在自家系統，完成零缺點的客製化交付，時時掌控全球的庫存，指揮調度活化庫存，這種作業有如今天的數位分身的做法，回想起來不覺莞爾、相當神奇。

- **總體成本概念**（Total Cost Ownership）：作業成本為一個整合的概念和擔當，不局限算計個別或局部的利益，像客戶緊急救援的措施能避免生產斷料、斷線造成更大的損失，我方人員提供親自攜貨交送到客戶，從亞洲到歐美地區

的緊急派遣任務，要求對客戶點到點終端的絕對承諾。為應付可能之需，不管責任及費用由誰負擔，身為發貨中心隨時均有準備，也有制定作業程序文件的規範、人員名單及相關護照簽證、交通安排，往往這種全球送達的緊急救援，常獲得客戶十分的肯定、豎起大姆指推崇。

二、區域接單中心及計劃排程（Regional Order Desk & Planning/ Scheduling）

ERP 專案建置完成全球半導體統一的應用系統，包括分銷、財務、計劃排程，收編原先各地方分散式的商業系統，積極掌握半導體全球及時的供需商情、從預測、訂單、計劃排程、交付。考慮到時差的問題，客服分別在歐、亞、美三個區域設置接單及計劃排程中心，客服人員直接隸屬這個中心統籌有關與客戶溝通、接單、時時回應交期的所有事誼，而且這個計劃排程的答覆是基礎於全球庫存狀況及各生產工廠的交付排程，承諾客戶交期是有根據的。

三、全球客戶夥伴中心（Global Customer Partnership Center）

半導體挑選幾個全球的策略客戶，設立客戶夥伴中心，這個中心通常建置在客戶最大基地所在，臨近業務和供應鏈隸屬的客服據點，是搭配業務的全球客戶組織團隊的全球客服。夥伴中心人員的編組針對策略客戶而定。依業務規模可能是一對一、少數對一、多數對一的配置，是一個虛擬的功能組織，但明確規範服務目的和目標，內涵包括客戶的需求與預測、接單中心、客戶供應計劃、品質及技術支援。客戶及客服團隊架構在雙方多層級的對口溝通，客戶管理上接受三層位階的主管（GAM - BU - SMC）督導、他們也都分別對應著客戶的組織層級，是增值、唯一的進階服務。

就企業外部的供應與買受而言，雙方的關係發展可用和客戶的互動來分級，它從**一般的客戶/交易商**（Customer/Trader）→ **優先客戶**（Priority Customer）→ **策略客戶**（Strategic Customer），提供的項目有標準的、增值的、優先的、客製的不同內容。商場上我們無法應付所有的客戶、也無法提供所有的客戶一樣的服務，為了經濟有效的運用資源，會對客戶選擇聚焦，依市場的競爭地位和客戶的吸引力有所差別，提供不同的供應條件，形成與客戶不同的關係，其中客戶關係的最高層級就屬這種量身訂做的全球客戶夥伴中心，它從客戶事業發展計劃到客戶績效管理提供了客戶全方位的協同，為飛利浦半導體事業部的獨特實務，也是跨國企業中罕見的例子。

四、區域帳務處理中心（Financial Shared Service Center）

供應鏈的銷貨，開票作業在學習過程中逐漸演進，從**母廠委託加工回銷**（Consignment）→ **國家級的地方銷售**（Local sales）→ **區域的代理商銷售**（Indent Sales）→ **客戶的直接銷售**（Direct Sales）。改變隨著貿易環境、開票方式、國家稅務以及市場競爭的需求不斷調整，後來更進行大手筆的事業流程改造工程，透過資訊系統的整合，整併亞太地區原有十二個國家分散式的個別開票系統，個別的會計帳務處理，變成事業部操控的單一系統作業。訂單和開票模組間互相聯結，開票和會計互相聯結，無礙的由訂單指令發票中心集中開發，但操作仍由地方主導，不但資料集中，系統單一、處理精準快速，簡化了應收帳款和金流作業，也加速了績效和結帳報告，降低了對國家地方會計帳務和財務處理的依賴。由於單據仍由交貨當地就近打印處理，兼顧了地方環境及文字語言和客戶的地方彈性需求，保持了前端銷售和客服人員的作業效率，避免了早期各國家系統水準參差不齊造成的困擾，也奠定了後來區域會計帳務處理中心的發展。

到後來，半導體為了進一步掌握市場的秩序與交易，將代理商/經銷商視同事業合夥人，雙方在共贏的立場一起協作，擺脫傳統買來賣的貿易模式（Resales），沒有庫存跌價的風險、也不受假性需求庫存呆滯造成的積壓，以出貨立即補購的銷購模式（Ship-n-Debit）進行交易，市場變得十分有秩序、透明、公平，在保證利潤的條件下，大家互利、共同協作，事業的營運增添不少市場競爭力。

五、全球技術支援中心（Technical Support Center）

技術方面，隨著事業的發展，角色扮演益形重要，從開始的**母廠傳授生產** → **海外創新提升** → **區域技術支援** → **全球技術支援**，業務包括產品技術、生產技術、設備技術，對象涵蓋事業單位下的友廠以及內部/外部的客戶認證或專案開發、應用支援、教育訓練、客訴處理等。有能力擔當這些任務指派，證明工程及技術人員的素質優秀，受到事業總部的肯定。

總之，事業單位都必需依照自己和客戶的需求，建置自己的組織和模式，類似以上半導體所舉例的各式作業中心，成功無不憑藉著：

. 持續的高速成長和績效表現
. 信賴的專業領導和團隊合作
. 自我要求不斷的學習創新突破
. 環境蓬勃的發展提供展露機會

前瞻未來：策略方針管理與規劃

如果說營運決定事業盈虧，那麼策略就是決定事業的生死，事業的策略必須及早洞察，攸關市場決勝的競爭優劣，不論轉型升級或脫胎換骨，適時採取必要的措施，策略牽動著命運的未來。

在 1995 年挑戰第二階段戴明大賞的時候，正式將早期獨自運作的策略規劃併入全面品質管理框架。將改善的視野放大、放遠，分析、洞察外部產業及環境可能的趨勢變化（Trend Shift）或典範轉移（Paradigm Shift），探索事業長遠發展的影響和機會。策略規劃有別於營運，做法上屬於突破的創新，尤其當周遭產業環境處於劇變的階段，更顯得重要。

台灣飛利浦的策略方針管理延伸年度的計劃，考量的幅度除了年度實施的措施之外，也將前瞻未來四年以上的策略併入，成為策略方針管理。年度方針管理的範疇是年度預算計劃，屬年度當期改善的實施、充分有效的運用現有資源；策略方針規劃則著重市場未來的定位，未來資源的部署或重新配置，牽涉事業計劃的中、長程走向，目標在事業卓越經營的實現，具有長遠的優勢，位居產業主導。

策略方針管理延伸視野從當期（<= 1 年）營運進入中期（2~4 年）的趨勢，或甚至以更前瞻的角度探索長期（>=5 年）的事業的市場地位和價值，及早規劃未來如圖 5-21。

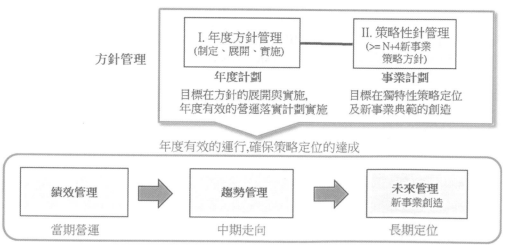

圖 5-21. 策略方針管理

當期管理重在績效管理，趨勢管理重在中期走向，未來管理重在事業的長期定位，計劃目標鎖定策略定位及新事業典範的創造，由於策略的時間軸往往長達五到十年，在早期的產業競爭圖像裡頭，其實已指出像飛利浦這種歐洲大型企業，不再適合繼續從事傳統家電、消費電子、零組件等領域的大量製造，尤其當進入系統加工的門檻變得容易以後，彈性與變化的需求極大，預期大量電子產業會成爲亞洲及本地業者的天下，典範轉移的伏筆早已深存。

策略方針管理的思維結合飛利浦跨國企業原有的事業發展，融入日式的方針管理，兩者合爲一體、滾動向前，不但兼顧短期執行，也遠觀中、長期趨勢的規劃，年度計劃鋪墊事業計劃的基礎，確保策略定位的達成，避免西式常俟批評的光說不練、華而不實。在管理的議程上，策略會議和營運會議被視爲兩個不同的重點，主題不可混在一起談，否則容易在短期的效益壓力下忽視策略中、長期實踐的可能。

在 1997 年，這項結合東西方的策略方針管理方式，成爲台灣飛利浦贏得戴明大賞的最佳管理實務。在戴明評審委員的報告裡頭讚譽這種融合西方、中式和日式的管理風格，表現得相當獨特，它綜合東西文化各自的優點，創造企業卓越的表現，有些地方值得日本人學習。

一般說來，西方策略有長遠視野，富企業精神、有創意、有創新；日式的全面品質管理著重現場的改善，凡事要求步步到位、踏實掌握，有系統、有步調、高度專注所有細節，而且具有完整的工作規範，強調集體的決策過程；中式的風格比起西方的表現更具強烈的企業精神，雖說不上策略眼光的長遠，但卻能夠掌握眼前機會，也許時間考慮的比較短暫，卻十分務實和迅捷，台灣飛利浦的經驗似乎綜合以上、發揮了極致。

〈例〉策略方針管理系統：全球監視器事業單位

圖 5-22 是全球監視器事業單位爲例，說明其策略方針管理系統的運作，它的程序涵蓋完整的組織各階層從事業總部到個人，行事曆從策略規劃到年度計劃實施。在「戴帽行事，CAP-Do：Check-Action-Plan, then Do」的進階實施時期，也稱它爲 PDCA 的行動 2.0。

步驟在計劃階段有個 CAP 小循環，強調計劃之初先有狀況檢核、經過原因分析之後才能採取改善措施，強調慎思、慎始的規劃。程序上一步一腳印的從檢視上層主管的期望要求開始承接指示，包括總部、事業部的願景/策略以及事業單位本身

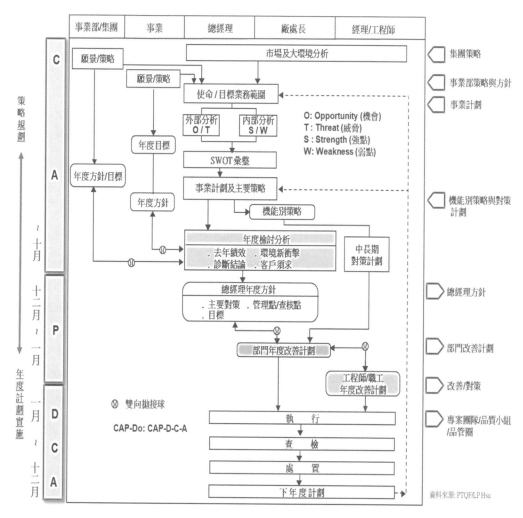

圖 5-22. 策略方針管理系統：監視器事業單位

的使命/目標，透過 SWOT 彙總出更新的事業計劃及採行的主要策略；接著平行展開直屬組織以及跨部會業務程序的機能別策略，並將總部、事業單位的年度目標、年度方針納入，在年度檢討分析中充分的討論，展開廠處級的年度方針及部門的改善計劃。戴帽行事的依序步驟嚴謹計劃、慎密連結上下階層之間，有別於一般組織在計劃階段缺乏的澈底檢視、溯源精神。改善計劃經過 SWOT 澈底的內、外部分析，遵守由外而內的市場導向，透過科學辨證分析之後，才結論出來的規

劃。

總經理及廠處負責人的年度檢討分析以及部門/職工的檢討爲組織各上下層級間共識凝聚的會議，是 CAP-Do 重要的過程，透過它規劃廠、處以及所屬部門的改善重點，如此直落基層到職工個人的工作項目和績效考核。同時跨部會業務程序的各機能也根據自己的機能別策略，展開支援事業單位中、長期對策的措施，指引部門的年度改善計劃。

貫澈組織溝通凝聚共識

年度行事曆上，方針管理安排在每年十月左右完成，以便有足夠的時間在接下來的兩個月裡準備年度改善計劃作業上，策略方針管理以嚴謹的系統手法配合標準模板的使用，事業各單位、各機能手法一致，彼此清楚的分辨，計劃目標與預期效果能拆分、也能收合。要特別強調的，策略方針管理系統圖中有幾階層非常重要的共識凝聚過程，它經過主管和部屬間雙向的討論，公開透明的溝通，充分瞭解彼此的期望、想法和做法，計劃是共同參與擬定出來的行動承諾。其中最上層爲廠、處級單位的年度檢討會議，屬經營層和主管層的互動；中層爲部門級的年度改善計劃，屬管理層和執行層幹部間的互動；下層爲第一線工程師和職工的年度改善，屬執行層的幹部和作業層、現場/第一線職工間的互動。凝聚共識貫澈組織的過程展現出卓越組織全員參與的精神。有別於一些企業的策略形成方式，策略僅由少數高階或技術主管決定，缺乏組織全員共識的凝聚過程或形成的策略與年度的運作脫節，往往執行時出現曲高和寡或滯礙難行的空頭情況，這是台灣飛利浦貫澈組織實施策略方針管理系統有別於人的地方，所有的計劃除了限制者外，都經過全員參與、瞭解溝通、取得共識，人員自然的勇於承諾、樂於投入和付出。

跟隨台灣電子產業的變遷

回顧台灣經濟發展歷史，電子業從六十年代的零組件起家，七十年代開始發展半導體，九十年代更進一步發展資通產業，憑藉著台灣的優勢成爲全球個人電腦重要的供應鏈基地。自從亞洲金融風暴（1997 年 7~10 月）引發金融危機後，衝擊全球的經濟和工業，市場需求萎縮、產品價格下降，對產業環境而言十分艱困，1998 年對台灣而言無異是格外艱辛挑戰的一年。

這個風暴把原有蓬勃生氣的東亞帶入愁雲慘霧，耗費了將近十年的工夫才逐漸復甦。雖然台灣在那次的危機中受傷較輕，背後重要的原因在於政府早先實施自由化、國際化的政策。敏感的企業已因應開放，尋求海外的據點，或走向全球化。尤其對岸的大陸沿海地區，更是誘人，成為世界工廠所在，預期未來可成為龐大的世界市場，因而加速了台灣產業的外移，產業的結構急劇變化特別是大量消費電子產品依重的在台製造，不論代工或品牌業者，都紛紛遷移，可以這麼說到了公元兩千年，可窺見台灣製造產業的空洞化。

圖 5-23 台灣電子產業的變遷，大致描繪出產業過去五十年來的環境，台灣電子科技發展的過程，一步步的茁壯從母廠海外加工組裝，到委託加工、委託設計，到轉移海外的歷程。

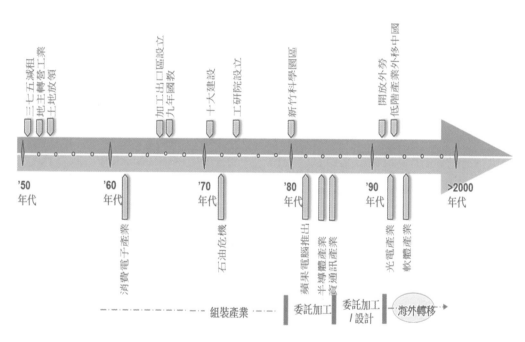

圖 5-23. 台灣電子產業的變遷

飛利浦在台的事業單位，撇開合資企業外，主要集中在電子零組件如被動元件、映管及電子玻璃、光電的平面液晶顯示及模組、磁性材料、光碟儲存、積體電路IC 和分立元件、監視器等，屬於消費電子及娛樂、資通訊、光電顯示、汽車電子的中上游，相當程度的支援台灣八九十年代的系統組裝，創造出產業聚落的相當優勢。然而這種情況隨著下游客戶的遷移，零組件不利遠距運輸，不得不跟隨客

戶腳步。在當時一些跨國企業早在大陸開放初期就已布局，飛利浦也不例外，事實上早在八九十年代，零組件是公司各事業部領先在大陸地區投資了不少製造工廠，包括映管、鐵氧磁磁的華飛、華浦、飛磁，光碟的上海廠、香港／深圳／上海的中小液晶面板及模組廠、惠州的被動元件廠等，後來這些產品都隸屬營運總部在台的事業單位管轄，區域資源的有效配置和利用，統籌由台灣布局、調配，其中包括選項之一的整廠遷移。

不可諱言，在那個階段，台灣飛利浦確實面臨著許多的挑戰，一方面台灣經濟和產業的環境面臨快速變遷，MIT台灣又是重中之重，急需因應解決之道；另一方面則須思索跨部企業未來長久之計，如何保持公司永續的經營。在那個時候，策略方針已指引高層必須採取的未來行動，路徑除了持續精進現有營運動能外，另一重要的任務在評估新事業開發的選項以及公司全新的未來定位。無可迴避的現實，台灣的大量電子產品事業基地已退褪 MIT, Made in Taiwan 的光彩。各事業團隊首先能做的就是展開中、長程的因應，希望早在他人之前完成部部署，這時主要的驅動力和重點在：

驅動力： 從遠景 → 進入遷移、轉型的焦點

重點： 新事業的開發 → 新事業伙伴的開發，特別針對那些市場已趨成熟的產品、進入低成長、或可能被未來新科技取代的產品、總之飛利浦已不具未來主導地位的產品，則須準備退出。

看著過去台灣憑藉的大量電子製造即將流失，員工的心情忐忑跌宕，十分同情。企業策略性的轉型一般會藉由新的投資或併購，常見的方式有許多選項如分割出脫（Sale Off）、合併（Merge）後取得多數股權（Majority Share）、合併後少數股權（Minority Share）、策略聯盟（Strategic Alliance）等常見的方式。在當時，台灣的幾個事業都舉足輕重，擁有世界級知名的客戶基礎，在業界占有一席之地，飛利浦的任作動作常引發客戶及市場上極大的波瀾，面對重新布局的挑戰，步履異常艱辛，對身為全球／亞太事業的那些主管都有著難言之隱，深知責無旁貸，必須知人之所不知，行人之所難行，堅定的在自己身上動大刀，執行不同以往的翻轉策略，下列摘敘其中重要的事務：

✧　設立專案，並賦予專案一個暱稱，便於全球的溝通，專案由任務編組負責計劃執行，若涉及全球和地方，則人員編組管轄的國家、地方團隊，配合支援的專家。若事涉初期不公開階段，則專案侷限必要的人員，中央專案的人員

會巡迴各地相關的組織介紹，並要求地方的配合。過去這種專案不勝枚舉，通用於事業重組（Restructuring）、併購（M&A）或建置更新，專案進行全程均以專案暱稱。舉幾個例子說明如組織專案的 Centurion、Merlion、Phoenix、Lion、Mercury、Cobra、Eagle 或系統建置的 Wings、CLASS、TROPICS、BLISS、STAR 等。專案的任務是執行總部或主事單位下達的指令，任務編組有指派的專案經理以及分項任務小組，各組再指派相關的分項經理和人員，每個專案有明確的權責規範及交付任務指標，會議檢討，專案時程。然而不論「關、轉、併、停」的那項措施，對在台的組織和工廠而言，都意味著 MIT 基地的降載或遷離。

❖ 若屬於內部移轉到其他地區，情況就比較單純，原廠也配合成立專案小組負責推動，並全力支援轉入方的作業，這是內部的移轉。

❖ 若屬於分拆（Spin-off），或成立新的公司法人，將資產分開重組。分拆是先進行內部剝離（Disentanglement）的作業，變成一個獨立的法人。過去幾個與台灣有關的例子如「飛元」、「飛磁」、「飛中」、「華浦」、「常飛」、「全浦」、「Phi-comp」、「NXP」等。分拆法人包括整個的組織、人員、系統以及所有的管理，使用獨立的報表，這個措施涵蓋全球、該事業所影響的地區和單位。

❖ 尋找新伙伴可能的選項有出售、品牌/技術授權、合資控股多數（≧50%）、合資控股少數（<50%）等，若市場短期間一時沒有具體的選擇，則可能暫時維持現狀，持續觀察與洽尋。一般說來，合資除非情況特殊有積極的收/併購對象，有誘因雙方一起合作、共創發展外，往往新合資公司股權不過半、又不介入經營的情況下，可視做準備淡出的前兆。飛利浦在策略翻轉階段的情況下，並不屬於前者，經過一段合資閉鎖期後，甚至在策略性目的不復存在下，都會陸續出脫持股退出，或單純的財務投資一段時日直到最後。

❖ 合資過程中也有可能發生合夥對方無力繼續投資的情形，礙於現實，飛利浦為了維繫營運也可能加碼吃進，而成為股權過半的控股子公司，或甚至買斷成為百分之百旗下的子公司，而這些在電子零組件亞太事業部裡也有許多實際發生的例子，如「Hosiden Display」星電面板/日本神戶、「華浦」映管/南京、「常飛」磁性材料/常熟、「全浦光碟」雷射元件/竹科等。除此，也有因受限政策不得繼續而撤資的案例像「飛中」電腦/台灣、「台灣日光燈」照明光源/新竹。

有趣的現象,許多合資公司在命名初期,都選擇帶有根源飛利浦的「飛」或「浦」,意即源自飛利浦的意思如前面所述。舉其中最後一個半導體事業部的例子,在出售給恩智浦(NXP)後,新公司成立之初命名 Next Experience of Philips,寓意源自飛利浦的新體驗。有關台灣飛利浦各事業的拆分、併購策略和進行的方式,詳見第六章「探索翻轉的新機會」最後一節「**飛利浦 2010 的新願景**」。

台灣飛利浦自 1966 年成立,公司獨資 MIT 在台四十年。若只陳述其中最重要的一段歷史,從 1985 年啟動全面品質改善活動到 2005 年間為止,其間歷經重建、改造、振興到策略轉型四個階段,各階段的成長與蛻變一路走來,到最後跟隨公司策略全面翻轉,每個階段有其不同的管理改善和重點、驅動力、管理方法,引領組織的變革如圖 5-24。更詳細的說明,請見本書第六章「探索翻轉的新機會」,有關台灣飛利浦公司的年表大事紀,請見本書〈附錄二〉台灣飛利浦重要的大事紀。

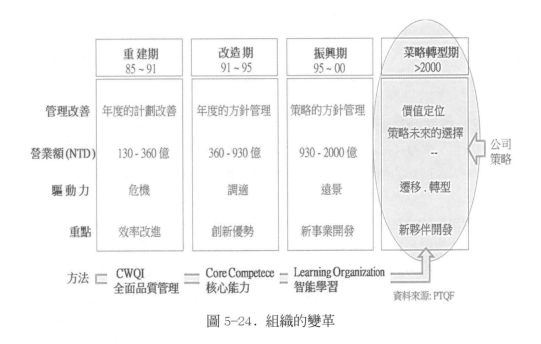

圖 5-24. 組織的變革

轉型醞釀並非從世紀末才開始的,事實上早在九十年代初,當組件事業部亞太總部成立時已討論多時,並陸陸續續在執管策略會議上不斷探討。一般轉型涉及兩件事,一個業態的改變;一個執行的時間,當組織發展方向大致底定的時候,剩下的就是選擇最佳行動時機,以及配合敲定未來新夥伴的進程,然而回顧整個歷

程，前後足足耗費上將近十年的時間！

轉型期間，對在台所有事業和工廠而言，滋味苦澀異常，管理團隊伴隨大伙，一路走來從草創開基、成長到苗強，篳路藍縷、胼手胝足，成就巨塔的嶺巔。然而，在豐碩的果實收穫頃後，卻又需無情的親手拆解這個堡壘，不論遷移、分割或出售的決定，任誰都有難捨的情感羈伴。初期總會期望或試圖再給予這些單位一些時間、空間，力圖爭取可能的維繫，希望還有妥協存留的空間！

若觀察台灣飛利浦前後兩位總裁的領導作風，羅益強先生和柯慈雷先生很明顯的不同。羅總裁審慎周全，有情感的眷顧；柯總裁就快意直接許多，沒有歷史褓袱，說變就執意去做。有次在零組件內部的檢討會議中，作者還調侃他的決定，變來變去，唯一不變的就是變。當時他以驚訝的眼神回應，不過卻有意無意的告誡我們，組織的改造不必顧忌太多，就像鐘擺的撥動，過與不及、左右來回擺盪之後終究回歸平衡。以他市場與策略的專長及對事業決斷的大略可以看得出來。當他回返總部晉升全球電子組件事業部不久，又有前電子組件事業轉型締造的功績，很快的於 2001 年高陞全球飛利浦執行長的大位，飛利浦世家的他，勇於面對公司和各事業部進行大幅度的變革，策略轉型、價值新定位，他的領導特質表露無餘。

一段反敗爲勝的插曲

有一個插曲，零組件部在香港有一個中小液晶顯示器暨模組（MDS）的事業，曾經就有這麼一段成功的例子。九十年代初因瘦小規模被歸入有待處置及觀察的獨立作業（Stand Alone）單位。當時羅總裁剛主政亞太組件部時積極介入，說服總部看好這個單位的市場發展潛力，給予負責人充分的信任和支持。果不其然，MDS抓住了當時剛崛起的手機通訊浪潮，創造了輝煌的業績。早期全球知名的通訊業者如歐美手機品牌 Nokia、Siemens、Errison、Alcatel、Motorola 等，均爲其主要往來的客戶。這個單位再生的過程，其中一部分歸功於他們仿照台灣推行全面品質改善（CWQI），曾經派遣許多主管、幹部到最早推動全公司品質改善運動的高雄廠，拷貝當時懸掛於會議室中的「危機」掛幅，回香港作爲團隊的警惕和決心，潛心學習台灣的各項措施，一如預期團隊終於不負眾望，全面翻轉他們的未來，成就全球飛利浦卓著績效的典範。

他們最值得稱道的地方在敏捷的回應和客戶一起成長，引領客戶手機通訊的快速
發展，創造出傲人的業績，成為集團中一顆閃亮的明星，驕傲的在組件部下建置
成一個完整的事業單位。其中讓作者印象十分深刻的一項是事業單位負責人比爾
（Mr. Bill Freer）先生曾在亞太業務會議中說道，他的客戶專案組織是個俱樂
部（Account Club）式的支援團隊如圖 5-25。意即客製化的編組對應客戶重要的
搭檔，遠離官僚體制像俱樂部式的全方位接觸，敏捷的、即時有效的回應客戶各
項需求。

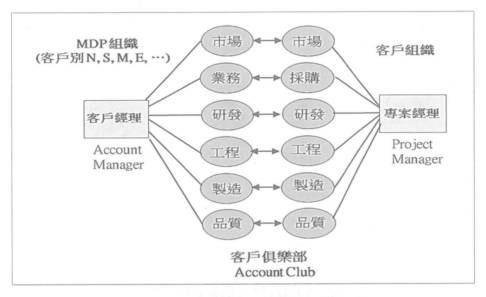

圖 5-25. MDS 俱樂部式的客戶專案組織〈例〉

這個事業能夠洞察市場和客戶的需求，抓住商機快速開發、建置產能放量生產，
不但支援客戶擴張市場，也壯大自己，讓公司成功的布建一個全新的中小尺寸面
板事業單位，「MDS Display BG, Medium & Small Size Display System Business
Group」，這個成功翻轉的案例，證明推行全面品質改善，創造績業的神奇事蹟。

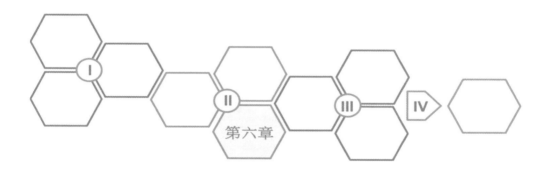

第六章

從逆境中創造新機

第六章　從逆境中創造新機

數位時代大量電子的困境

大量電子（HVE, High Volume Electronics）指產品應用於消費電子（Consumer Electronics）、消費通訊（Consumer Communications）以及移動資通電子（ICT）的領域，在高科技的市場上，巨量裝置有極大的胃納，尤其在家庭生活方面，以電視為中心的視聽和個人隨身娛樂、電器等更是大宗；移動通訊方面則有電話、呼叫器、答錄機、傳真機；資通方面則有電腦、筆電、平板、附加卡、監視器、印表機、傳真機、儲存及其他周邊等種類繁多。

在飛利浦專注的大量電子供應鏈裡，幾個事業部以中、上游的**電子零組件事業部**（PD Components）及**半導體事業部**（PD Semiconductors）為基底，它們提供下游的幾個內部客戶如**消費電子事業部**（PD Consumer Electronics）的家庭娛樂產品如電視、音響、收錄放音機、隨身聽、桌上型電腦、個人電腦、手機通訊、監視器等，也提供給**小家電事業部**（PD Small Domestic Appliance）在個人護理、刮鬍刀、吹風機以及家庭生活的果汁機、咖啡機、電熨斗、電子鍋、微波爐、加熱板等；另外還有**通訊事業部**（PD Communication 之後簡併歸入消費電子）則在電話、電信交換機等，**照明事業部**（PD Lighting）則在建築、汽車、道路、工業用燈源與燈具等，品項繁多、不勝枚舉。

就這兩個中上游事業部而言，半導體事業部有各種應用領域的積體電路 IC 和分立元件；電子零組件事業部有分大/中小尺寸顯示器、被動元件、磁性材料、光讀寫雷射元件及光碟機、多媒體附加卡及其他周邊。除了供應內部下游事業，提供給外部工業客戶的特殊應用產品則有汽車中控顯示器、娛樂顯示器、汽車電子傳感元件；航太設備或工業機器設備上的感測裝置等，這些商品需在基板電路上使用大量的電子零組件、半導體元件或其他模組，應用的領域可簡單彙總如圖 6-1。

大量電子雖然有大宗的市場，但銷售容易受到經濟環境的影響，業績往往跟隨景氣的榮枯上下波動，好像天氣時晴、時雨一般，陰晴不定，不經數年之後循環周期重覆再現。產業鏈上下游間經常出現長鞭效應，業者會有過與不及的反應，也

容易受到假性需求的誤導，供需難以預料往往失衡遭受重挫，難以兌現對股東的承諾。對集團而言，自發展以來，大量電子一條龍的價值鏈，是個相當不穩的事業組合（Volatile Business Portfolio）。

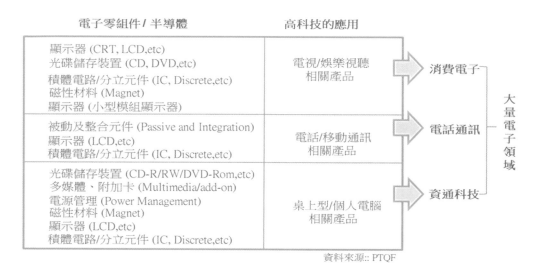

圖 6-1. 大量電子的應用領域

飛利浦過去給人的印象是家電公司，公司產品零部件間垂直整合，自製程度甚高，在九十年代的公司營收，消費電子、半導體、和電子零組件比重超過一半，甚至有一陣子高達七成左右，集團雖然以燈泡起家，照明事業也一直為重要支柱，然而只有集團營收的15%左右。公司的重心仍放在大量及消費電子。半導體和電子零組件兩個事業部為主要供應商，供應給下游的消費電子、通訊、照明，小家電組裝。內部銷售的比重不低（電子零組件：25 ～ 28%，半導體：17 ～ 18%）。公司投注研發的經費平均高達年營收 >7% 以上，堪稱為一家典型的重資產、高技術含量的公司。

一個高科技、高度垂直整合的企業是重資產的，需不斷的投注龐大的資金在基礎研究、產品開發、產能建置，尤其像零組件的 LCD 面板以及半導體 IC 的晶圓製造和封裝測試上，投資更是不貲，產能布建前置期又長，難免面臨從技術開發到商品銷售的風險，事業經營績效的挑戰異常艱辛，追溯過去集團的變革史可窺見一斑。

消費電子尚面臨另一層挑戰，由於元件的高度整合，系統組裝的技術難度已大不如前，新進業者加入的門檻下降，學習曲線漸趨縮短，產品一旦進入成熟期後，相繼爭食者多，不斷惡化市場的供給和秩序，如果此時加上外部環境因素的波及，業績的表現就不符預期，遠不如健康照護及醫療、專業照明的領域，靠著與客戶高度的互動，專注與企業客戶或消費者在客製化、個性化上，解決攸關人們生活福祉、提高居家品質的需求，相對的競爭門檻受到限制，業績比較可期。

若進一步探索產業本身的情況，套用宏碁創辦人施振榮先生提出的微笑曲線加以闡釋，企業的獲利和上下游間的價值貢獻有極大的關聯。一頭從技術、標準或專利方面來看；另一頭則從市場和客戶的互動來看，兩者獲取的企業所得較高，由於現在的消費者接觸或使用介面需要高度客製，產品或服務變得獨特，它需要雙方緊密的協同才能圓滿交付，屬於衍生附加的整合性服務或稱它為解決方案。甚至業者可運用先進的科技，引導消費者或影響、改變消費者的行為模式、生活方式。這種趨勢自然的觸動產業另一波可期的創新，叫它服務創新、商業模式創新、高價值創新，企業的獲益也較豐碩；反觀中間的生產、系統的組裝、硬體的大量製造，產生出來的附加價值較低，如果碰上市場不利的環境下，情況更加嚴峻。這種幾近血汗、低利的廝殺現象，在進入數位電子時代以後更甚，微笑中間突顯的曲度比起過去類比的時代更大，造成的附加價值更低、獲利所得愈形壓縮，數位時代下新的微笑曲線如圖 6-2。

引述刊載在 2007 年 10 月 29 日的網路新聞，飛利浦執行長**柯慈雷**先生（Gerard Kleisterlee, CEO **任期** 2001~2011）在日本的一場演講中，就 "經營策略如何實現企業的全球競爭力" 為題發表演說，其間他回顧全球飛利浦電子的轉型過程，談及先前管理全球電子組件事業的經驗。那是第 29 屆日經主辦的一場全球管理論壇，柯先生闡述競爭使得業者一方變得更強；同樣的，競爭促使飛利浦不斷的改變、更加成熟，體會若想成為全球優勢競爭的企業，變革為必然的過程。

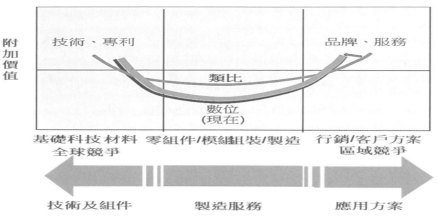

資料來源: 發展自施政榮先生微笑曲線 / PTQF

圖 6-2. 數位時代下新的微笑曲線

他說大量電子垂直整合的時代已經過去，如何帶領飛利浦從九十年快速興起的大量電子時代，迎合消費者新消費趨勢，轉變成一個真正的市場導向、重視客戶需求的公司，定位飛利浦將成為攸關人類健康照護、生活風尚與科技（Healthcare、Lifestyle and Technology）的全球領導廠商，產品科技將專注在健康及醫療照護、照明及半導體（當時半導體仍屬核心事業組合）的應用領域，貼近他在駐台期間以及主政歐洲時期的創新見地和大膽作風，透露出他早期向世界揭示公司未來可能的走向。

產業的循環波動衝擊事業

用下面幾個重要的數據和圖表，進一步解釋飛利浦轉型的時代背景，它與經濟環境變牽息息相關，幾十年來不穩的產業波動，曾無情的摧毀企業或給企業帶來沉重的打擊，特別舉出和飛利浦高度相關的幾個指標如主要國家的經濟成長率、幣值的兌換比、並以核心關鍵的半導體為代表印證景氣的循環現象，套一句作者過去曾參加的一個主管研習營所探討的企業個案，其標題為：『 Good days, or Bad days, **好光景或壞時機**』般，日子的榮枯給各國或企業帶來難以迴避的衝擊。

（一）主要國家的經濟成長率

觀察和台灣飛利浦息息相關的幾個主要國家的經濟成長爲例，台灣爲產業製造的基地、美國是市場的胃納、荷蘭是公司總部的所在。國家的經濟活動不斷受到外部地緣政治、經濟、軍事等干擾而連帶引發波動，擴張與收縮的交互現象形成景氣循環，牽動著國家總體經濟。作者以 1978 ～ 2014 年間這幾個相關國家的經濟成長率爲例說明如圖6-3，其中發生的幾次重大事件有：

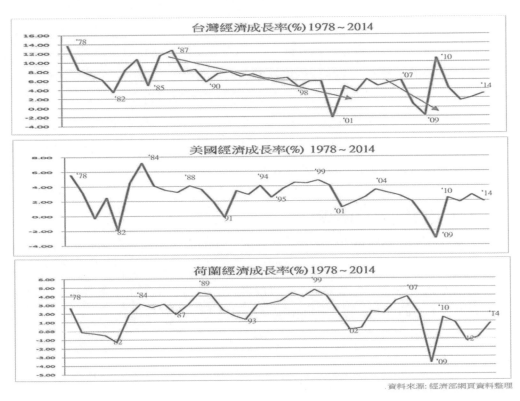

資料來源: 經濟部網頁資料整理

圖 6-3. 主要國家的經濟成長率 1978 ～ 2014〈例〉

1973 年：以埃戰爭引發第一次石油危機，各國經濟倍受打擊

1978 年：台美斷交，引發後續效應，兩伊戰爭引發第二次石油危機

1979 年：兩伊戰爭引發第二次石油危機，造成各國經濟收縮長達37個月

1985 年：國際景氣下滑，國內爆發金融事件

1990 年：產業結構的調整影響

1997 年：亞洲金融風暴，衝擊持續了數年

2008 年：全球經濟情勢惡化，成長動能下滑，貿易萎縮，經濟受創

以台灣而言，從六十年代政府推出以農業培養工業，以工業發展農業的政策獲得高速發展後，經濟成長快速，平均每年都超過 10%，其間也遇到許多波動，像 1974 年的經濟不穩定時期，以及兩次石油危機的相繼發生，成長速率驟降從 12.3%/1973 急劇滑落到 1.1%/1974，4.3%/1975，3.3%/1982。到了七十年代，政府為挽救經濟，調整結構，促進經濟升級，推行十大建設，並積極發展策略性工業，使台灣從八十年代二次進口替代工業的發展，進入高科技產業萌芽階段，發展電子、資訊等具有技術密集與高附加價值的策略性產業，經濟成長恢復、也維持了一段時日的榮景。

伴隨著技術逐漸成熟，九十年代後市場進入大量消費電子時代，台灣經濟成長率持平，落於 4 ～ 6% 之間，除 2001 年受到全球經濟放緩的牽累，以及 2009 年出現的負成長以外。1997 年金融危機爆發，台灣因早先開放自由化、國際化而免於受到嚴重打擊，在 2002 年後逐漸復甦。然而，受到產業外移的影響，產業空洞化下經濟成長卻變得欲振乏力，尤其電子工業受到更嚴重波及。

（二）主要幣值匯兌的衝擊

市場主要往來國家的幣值直接影響產品報價，產品價格牽動著市場的競爭力，飛利浦集團在總部荷蘭上市，所有交易最後都以荷幣（進入歐盟後改成歐元）結算，匯率差異可能產生匯兌損益。從新台幣兌換美元以及歐元兌換美元兩個角度來觀察過去一段時間的影響，其間出現過幾個巨大的轉折：

美元：台幣

1983 年　1：40	1992 年　1：25	1998 年　1：33
2002 年　1：34	2009 年　1：33	

台灣快速發展之前，貨幣兌換一直釘住主要交易市場的美國，新台幣對美元一直都維持低檔。經歷經濟的發展高峰後，所得不斷提高，貨幣供給量大幅增多，股市飆高超過一萬式仟多點（12,682），新台幣兌換美元不斷造成升值，到 1992 年時已創歷史新高。隨著經濟貿易的下滑，才又逐漸回貶到 33 ～ 34 元兌換一美左右，如圖 6-4 可以觀察出來新台幣變化的趨勢，它一路緊跟著歐元對美元的浮動。

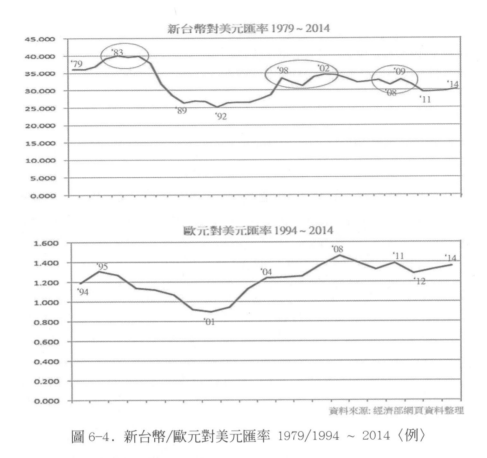

圖 6-4. 新台幣/歐元對美元匯率 1979/1994 ～ 2014〈例〉

（三）產業的景氣循環與波動

回顧過去大量消費電子產業的景氣變動，或許用核心的半導體來代表說明更加貼切。半導體為大量消費電子的關鍵元件，沒有半導體，零組件將無法配套組裝系統的基板，這個產業一向由美國主導，相關的數據統計比較完整且具公信力，可以適當的反應產業發展的歷史趨勢。縱觀其波段，從1958年積體電路IC的推出，取代傳統的眞空管後，初期還只應用於國防的設備上，到了 1971 年，英特爾製造出第一顆四位元微處理器 Intel 4004，搭配其他周邊晶片，造就在市面上隔年推出的第一台微電腦。其後 x86 核心架構與伺服器產品系列不斷的推陳出新、不斷的提昇其速度及功能，帶動了個人電腦工業的快速崛起。到 1977 年，當第二世代的家用電腦推出，以及 1981 年 IBM PC 公諸於世之後，迷你的個人電腦變得容易使用，市場更加普及，從此開啓了半導體產業的黃金時代。

從七十年代開始應用 4/8 位元處理器的微型/迷你電腦；到七十年代末應用 16 位元的處理器推出工作站；八十年代末又有更加成熟的 32 位元處理器，像 80386 產

品搭載桌上型電腦等，只要處理器世代更新，就牽動著個人電腦的產業發展。半
導體這些年來的演進和跌宕，可以觀察出幾乎約平均每五到六年就形成一個景氣
的循環週期，深深反應產業的榮枯：

1971 年 ～ 1975 年 　 ； 　 1975 年 ～ 1981 年 　 ； 　 1981 年 ～ 1985 年

1985 年 ～ 1990 年 　 ； 　 1991 年 ～ 1995 年

隨著半導體以及英特爾微處理器新世代而衍生出應用，創造出新一代的系統產
品，形成一波波成長的高峰。半導體元件的集成效應，隨著摩爾定律的現象，牽
引半導體矽週期特有的循環，一路走過近卅多年來發展的軌跡。用美國半導體產
業的全球半導體出貨成長率統計 1972 ～ 2002 為例如圖 6-5，可以佐證前述的大
致輪廓。

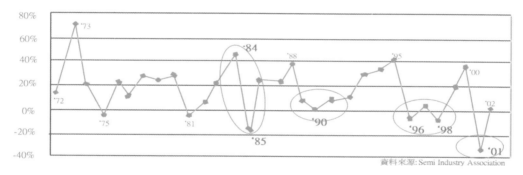

圖 6-5. 全球半導體出貨成長率 1972 ～ 2002〈例〉

全球半導體產業的景氣曾於 1995 年出現高達 42.3％的成長，之後連續三年
1996~1998 期間面臨低彌的景氣，導致全球業者投資明顯的減緩，造成產能不
足，韓、日紛紛移轉 DRAM 產能支援面板驅動 IC、SRAM 及 Flash 的需求，反而使
得 DRAM 短缺，一度引發價格的飛揚。雖然當時興起的網路與無線通訊等新經濟型
態的需求，在 2000 年有過短暫的高峰，然而受到 DRAM 市場的波及，以及外部亞
洲金融風暴的影響，市場及需求遲緩恢復，個人電腦及其他應用並未能帶動市
場，大量電子產品 2001 年初開始出現大幅的衰退，半導體產業景氣出現空前的負
成長。

半導體產品很多應用於大量電子及消費市場產品，當資訊科技產業蓬勃發展時，
個人電腦的使用有半壁江山，雖然產業鏈在系統與元件之間有時差慢約四~六個
月，需求和供應彼此常有過與不及的反撲，重覆訂單或假性需求更是難免，半導
體產業的跌宕，基本上也映照出大量消費電子產業的起落。

（四）公司面臨的績效衝擊

根據飛利浦官網的資料，作者加以整理彙總集團從 1995 ～ 2015 年幾任執行長的業績表現。數字反應了企業當時面臨的經營壓力，重要的指標包括營業額、淨利、EBITA 如圖 6-6，它說明公司當時的財務窘境和必須採取斷然措施的急迫性，瞭解這些背景之後，有助於體會企業內部的變革以及它對台灣飛利浦的衝擊。

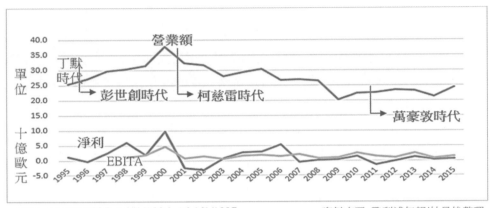

ROE：16.1%/1995；1.9%/1996；16.1%/1997　　　　資料來源: 飛利浦年報/林昌雄整理

圖 6-6. 飛利浦的業績表現 1995 ～ 2015

世紀更新

談起飛利浦的過往，讓人想起一些慘淡的歷史，九十年初公司正面臨財務危機，在那段期間引起世人許多的關注，也曾為學術界探討的案例，因為公司正瀕臨崩潰邊緣，迫使執行長不得不採取果斷的挽救措施。

1990 年五月，**丁默（Mr. Jan Timmer）**先生突然被監事會主席告知提早一年接掌公司的執行長大位，接替準備於隔年屆滿退休的**范德克（Mr. Cor vd Klugt, CEO 任期 1986~1990）**先生，因為一場股東對他引發的"信任危機, Crisis of Confidence（Verschuur/1990）"，由於才在一個月前他在股東大會上表示，經過三年的努力，已經扭轉公司過去的經營，改變了分散的國家導向管理方式到產品導向，兼顧技術和市場的模式。預計公司將步入收穫的階段，預測當年公司的營運會較前一年有更佳的表現，不料話才剛下三個禮拜，正式的第一季財報卻出現人們意想不到的落差，盈利比前一年同期惡化達 97.3%，激起股東們對他的不信任。要求下台。

儘管如此，當 2012 年范德克先生以高齡 86 耆歲逝世時，追悼文中仍十分感念他過去所做的貢獻，稱呼他是一位改革的 「驅動者，A Driven Manager」，因爲在他任內進行多年公司營運的改善，持續降低成本、減少許多冗員，聚焦公司的事業經營，他成功的分割大家電和美國惠而浦（Whirlpool）共同合資發展大家電，以及將國防電子出售給法國湯普生（Thomson）公司等重大措施。范德克先生曾於 1986 年來台，是飛利浦與台灣共同投資成立台灣半導體晶圓製造公司（TSMC）前來簽約的飛利浦荷方代表。

於 1990 年七月一日正式上台的丁默先生爲確保公司，立即採取拯救方案 – **"世紀更新，Operation Centurion"**，進行一個全球性的改革措施，避免公司持續惡化。

簡要的說，世紀更新代表下列事務的整頓：
- 精簡人事
- 節省開支
- 結束沒有利潤的事業

更重要的是，世紀更新要改變經營方式：
- 需要一個新的管理作風
- 需要一個新的工作態度
- 往往也需要新的經理人

世紀更新爲重塑飛利浦嶄新而強盛的第一步。

世紀更新本是集團內部全球的一項全面改造，爲因應當時面臨的財務危機，降低成本爲第一要務，要求比起先前的撙節措施如「SS30，Share & Saving，**撙節支出及分攤費用百分之卅**」還要嚴苛，很多員工甚至把世紀更新與雇員裁減畫上等號。其後，總裁和公司總部管理委員會展開全球各地以及各事業百位高階主管的世紀更新會議（Centurion Meeting），或稱它爲類似羅馬時代的百夫長會議，一種高階主管的共識會議。會議探討公司的狀況、與主要競爭對手間的優劣，明顯的落後表現不得不承認公司目前的困境和不可迴避的挑戰，世紀更新喚起全體，進行強烈的改革。

參與百夫長會議的高階主管回去後，繼續展開與次階經理人的世紀更新會議二（Centurion Meeting II）以及各事業單位的員工大會（Town Meeting），階梯式的層層展開溝通，以開放的交流、人人參與。經理們承諾以雄心、突破性的計劃來改善。員工大會邀集大家說出心聲，接納來自下層的壓力與建議，一番努力逐漸有了新氣象，組織形成了一股充沛的活力，邁向公司重建的道路！

其實，世紀更新在各地有它不同的名稱，像台灣飛利浦進行多年的"全面品質改善（CWQI）"，已早有共識、上下一心，正值準備挑戰戴明獎項的最後衝刺，也計劃於隔年提出審查。為避免混淆，主管將世紀更新的目標和作法與CWQI 融合，台灣的世紀更新活動就是 CWQI，好比其他事業部如飛利浦照明公司，就稱它為"贏的精神，The Winning Spirit"，或者飛利浦醫療系統事業部稱它為"承諾，Promise"一樣。

公司世紀更新經過辛苦的耕耘，很快有了結果，財務明顯的改善，從 1990 年的十二月的淨負債 148 億歐元/現金流量負 2 億歐元/淨庫存 20.7%/資產報酬 8.5%/股價 20 元荷幣，改善到 1993 年十二月的淨負債 86 億歐元/現金流量成正數 66 億歐元/淨庫存 16.5%/資產報酬 13.2%/股價 40 元荷幣，出現倍漲的效果（備註：以上數據資料取材自台灣飛利浦對員工發行的世紀更新）。

世紀更新的重心從開始的調整，逐漸邁入新的境界、再創生機。於是提出五個新價值觀為世紀更新的目標：**「滿足客戶、滿足員工、滿足股東、卓越的品質、創新的精神」**，希望 1995 年前公司的產品能成為顧客的首選，並接納這五項要求為績效評核的標準，要全員自動自發，鼓舞各階層發揮企業精神。

當時，世界前十大消費電子公司中只有兩家非日本企業，而飛利浦為其中之一，另外一家是法國的湯普生（Thomson）。飛利浦是位居世界第二大的消費電子公司，僅次於日本松下，營業額高達二百五十億荷幣，為引以為傲的旗艦公司。市場上同時擁有許多銷售的品牌包括飛利浦家電及照明（Philips）、寶麗金唱片（Polygram）、美國電視（Magnavox）和個人用刮鬍刀（Norelco）、合資持股47% 的惠而浦大家電（Whirlpool）。衝擊公司績效的因素主要是受到利率上升、匯率不利的影響，以及受到韓、日激烈的競爭，兩大主要事業部半導體和電腦受到牽連，遭遇日益擠壓而虧損嚴重。

荷蘭媒體給**丁默先生**（CEO **任期** 1990~1996）取了一個綽號，稱呼他為 "吉爾伯特風暴 Hurricane Gilbert"，那是個 1988 年襲擊大西洋西岸加勒比海及墨西哥灣的超大颶風，好似他強悍的作風和止血行動，連當年哈佛商業評論給他的評語說道，他採取的措施猶如「粗獷的震撼，Shock Treatment」，甚至有媒體嗆說，他進行的是「殘忍的改變，Brute Change」，這種印象尤其到了 1992 年夏季，當公司進一步整頓消費電子和零組件兩個事業部時，情況更為嚴重。

丁默先生上任集團 CEO 之前，他曾掌舵主要事業部且獲得不錯的評價，成功扭轉兩大虧損的事業，包括寶麗金唱片及消費電子，解除了公司事業面臨的危機。他嘗試改變過去長久以來保守的企業文化，採取大幅的改善，整頓虧損事業、撙節開支、降低成本、提升營運績效，扭轉偏重於工程技術本位的管理決策，開始兼顧市場的思維。

到 1996 年他任期屆滿，公司事業部在他任內已從前任的十二個減併成九個，讓員工更失望的是公司雇用人數急劇減半，從九十年初他上任時的五十多萬人的規模，下降到剩下廿五萬人左右，如此巨幅的工作機會削減，社會壓力隨之上升，瞬間成為家戶喻曉的焦點人物，世紀更新的確為過去傳統的飛利浦承受未曾有過的陣痛！

九十年初的時侯，飛利浦的技術長曾大聲急呼，建議公司要快速加碼投資開發多媒體的市場，希望公司擬定全球多媒體的策略和行動，朝全新數位科技的產品和多媒體的軟體應用發展。根據全球的研究報告顯示，預期多媒體應用將成為未來新興電子產業的主流，這也呼應了為什麼台灣飛利浦在邁向新紀元之際，同步規劃願景兩千的企圖，希望打造台灣飛利浦成為一家多媒體科技、數位內容的公司。

丁默先生進行的整頓，放棄國防系統，出售迷你電腦和電信系統，也結束和日本松下的大型晶片計劃的合資。在未來成長組合上，他加碼投資數位卡帶（i.e. Audio Cassette Tape/飛利浦科技，發明者 Mr. Leo Ottens）、高解析電視以及互動式光碟（i.e. Compact Disc/飛利浦與索尼合作科技）。在美國成立多媒體事業發展，希望強化主導市場的地位。很可惜的，這些舉措無法擺脫飛利浦過去的傳統和猶豫，投資決策緩慢，後又受到產品規格及上市時間遲滯的致命打擊，多媒體事業在連連虧損的情況下，一些項目就遭到繼任者的止血（Stop

Bleeding）封殺。

1991 年，當台灣飛利浦正式提出申請日本戴明賞，正值實地審查前一個月，副總裁許祿寶先生於 1991 年 6 月 1 日應邀赴飛利浦總部安多芬（Eindhoven）會議中心舉行的歐洲品質管理基金會 EFQM（European Foundation for Quality Management）大會，向與會超過一百二十位的各國代表，分享奮鬥的經驗，他們都是來自歐洲地區製造、服務、金融、建設的各界高階主管。大會開場致詞時，丁默先生介紹說品質正困擾著公司，飛利浦全球事業多元，產品必須滿足不同的客戶和需求，要大家按照一樣的作法，運用在各不同事業、國家、地區，將不切實際、也不可能。台灣飛利浦的經驗讓人難以想像，他們如此執著改善，是值得大家學習。丁默先生還稱道，台灣飛利浦提供了一個珍貴的改善典範（Islands of Improvement），他們展現優質的領導，希望這種做法，能夠進一步擴大到全球各個角落，各個事業、各個國家，使品質改善成為一種生活。當十一月戴明委員會宣布台灣飛利浦贏得獎項時，他還特別致贈榮譽狀，表彰組織的傑出成就，能夠專心致力（Dedicated）、堅定不移（Perseverance）和熱枕不懈（Enthusiasm）的努力，堪為公司其他單位的楷模。台灣成功的經驗，也適時分享、推廣到飛利浦全球和歐洲各界，讓團隊感到十分驕傲！

有鑑於此，總部重新檢討從1990年就已推行的全面品質改善活動（CWQI, Company Wide Quality Improvement），雖然有些亮點，但組織上沒有全面滲透，於是吸取台灣的做法，重新改組品質諮議委員會（Corporate Quality Council）的成員與功能，由丁默先生本人擔任主席，成員包括公司執管會主要事業負責人，配合公司的「世紀更新」計劃全面展開。

1991 年獲得日本戴明賞後，運用總公司頒贈的獎勵以及在台企業的贊助，於次年成立「**台灣飛利浦品質文教基金會**，Philips Taiwan Quality Foundation PTQF」，分享追求卓越品質的成功經驗，協助推動、提升國內個人或團體、企業的品質信念和改善能力，增進產品或服務的品質和經營效率，從而成為業界的標竿。這個本來屬於公司內部的基金會於 1997 年擴大對外，向內政部（後改隸屬教育部）正式登記成立為財團法人，以更獨立自主的方式運作、回饋社會。

公司重整

到了**彭世創先生**（CEO period 1996~2001）主政時期，世界正處於亞洲經融風暴
所引發的危機中，各國遭受嚴重的經濟打擊恢復遲緩。彭世創先生強調事業要創
造**股東價值**（Shareholder Value），頗為注重短期效益表現，不能容忍虧損的事
業持續，減損公司的未來，推出**"重整，Restructuring"**計劃，一如前朝的改革
步調，甚至有過之而無不及。

公司經過一番整頓之後，業績確實明顯的獲得改善。他釐清事業總部，區域事業
部與銷售地區、國家經理人間權限特許，提倡權衡的矩陣式組織（Matrix
Organization）管理，解決決策上的治理衝突，從飛利浦的主要業績圖 6-6 可以
看出，有漸入佳境的趨勢。

他重新聚焦公司的事業組合（Business Portfolio），減少非核心的事業及內部
不必要的垂直整合，新策略重點放在新興發展的大量電子，包括消費電子、零組
件及半導體事業，也非常重視受創後的世界經濟復甦，謹慎的控制成本、適度的
資本支出。幸運的，亞太地區仍能維持大幅度的增長，一些主要的事業仍然表現
不俗，台灣正好搭上這波高科技產業出口擴張時期的順風車，仍處於高峰成長階
段。而且，經過推行全面品質改善，確實發揮出極致的效果。繼 1991 年獲得日本
「戴明賞，Deming Prize」後，於 1997 年又再次贏得更高位階的日本「戴明大賞，
Deming Grand Prize」，全球矚目、讓人刮目相看，戴明大賞是一般業界肯定的
世界級品質桂冠。

過去，飛利浦的掌門都從內部的老臣晉升，通常都有深厚的技術底蘊，而彭世創
先生為首位空降的外人，他先前主持一家美國食品公司，有不錯的評價，巧的是
他的任期正處於消費電子快速成長的世代，於是將大量電子定調為核心事業，卻
放棄可能成為明日之星的多媒體發展機會，持續大砍流血虧損的產品、分拆處理
非核心事業，在他任內結束了多媒體事業，出售寶麗金唱片、汽車電子系統、專
業光電、消費通訊，也結束荷蘭的小規模基板組裝，那時台灣剛剛嘗試開啟的筆
記型電腦組裝事業也不幸遭殃，維基網曾形容他是一位「毫不留情的成本殺手，A
Ruthless Cost Cutter」。

爲帶領組織加速公司文化的改革，同時向全世界宣示飛利浦的企業風範，彭世創先生於 1995 年九月提出「**讓我們把事情做得更好，Let's Make Things Better**」的運動，希望透過這個工作精神，凝聚、提昇公司的品牌意識和形象，迎合客戶的承諾。響亮的企業推廣呈現世人眼前，全球各大媒體、戶外招牌、看板以及各式公司內部的文件和活動，凡飛利浦識別的地方，一定會出現讓我們把事情做得更好的標語，爲一個成功的創舉！它句子簡潔、強烈、討喜、有積極向上的訓勉，深深吸引世界的目光，也潛移默化人們的心靈。

很明顯的，幾任的 CEO 在面臨危機的時候，爲了挽救財務赤字，往往採取斷然的措施如樽節支出、減少雇員、降低成本、關併沒有效益的工廠、減縮產品或事業組合，從規劃未來的方向中可以透露出新政詮釋下的核心聚焦和管理重心。

綜合所述，公司從六十年代弗立茲·飛利浦先生（Mr. Frits Philips, CEO 任期 1961~1971）的主政時期，全球行銷據點超過一百多個國家、十四個事業部，歷經戴克先生（Mr. Wisse Dekker, CEO 任期 1982~1986）的整併，從十四個事業部減少到十二個，到丁默先生（Mr. Jan Timmer, CEO 任期 1990~1996）世紀更新之後，事業部再減併成九個，接著的彭世創先生（Mr. Cor Boonstra, CEO 任期 1996~2001）持續進行整頓，事業部再往下減到七個，全球雇用的員工，從最高時期的超過五十萬人驟降至不到十九萬人，尤其在最後兩任的世紀更新和重整下，減併的幅度更是空前，作者歸納八~九十年代的變革爲第一階段，主政者不斷的從危機中啓動重大變革措施，著重集團營運效能的提升改善。

一個公司的整合

接著上任的**柯慈雷先生**（**Mr. Gerard J. Kleisterlee, CEO 任期** 2001~2011）〈注三〉可以說引領公司進入一個全新的領域，作者把它歸納爲變革的新階段。上任之初，公司也正面臨 1996 年以來首度的虧損，銷售額衰退百分之十五，僅越過 320 億歐元，淨虧損 26 億歐元的不利處境，公司遭受不景氣嚴峻的衝擊，被迫必須採取更爲有效的措施。由於全球經濟成長的幅度依然有限，無法只靠降低成本、增進效能的守成措施具體改善，得立即採取更爲積極的價值創新，於是推出 **"一個公司的整合，TOP, Transforming into One Philips"** 計劃，重新檢討公司的資產組合、重新定位公司的價值。他上任初期，先整合公司的品牌識別標

幟，接著於 2004 ～ 2011 年間推出嶄新的品牌承諾—「Sense & Simplicity，**精於心、簡於形」**。

一個公司要謀求公司最大的利益，希望徹底改變事業單位各自爲政的文化、改變大家的工作方式，要求各事業部間充分協同，而不讓公司只像個鬆散事業部的組合（Loosely Coupled）；在管理上推出共用服務中心（SSC，Shared Service Center）的概念。考慮將事業可以共通、共享的功能如財務、會計帳務、人力資源、資訊科技等合併，透過 SSC 也可藉機將業務標準化、透明化，簡併組織結構。各事業部跨出自己門戶，以公司整體的立場運作。過去，公司一直被認爲是獨立分散的事業板塊，各事業部的決策都依自己的優先利益，往往局部事業的最佳選擇，未必符合公司整體的最大利益，內部經常發生互相競爭砍殺，使得公司績效大受打折。

在一個公司的概念下避免不少成本與開銷，減少不必要的內部資源，在幾個主要的區域（亞太區、北美區、歐洲區）建置共用服務中心，如會計帳務中心就是其中一例；擴大委外技術成熟的產品生產像手機、錄放影機；也授權生產銷售電視、監視器等。除了增加外包、授權生產、銷售以外，柯慈雷先生的措施減少了許多工廠投資，但更令人震撼的在公司市場價值定位的舉措上，他分拆、處置過去公司看重的核心事業，將所獲資金一方面挹注財報，另一方面加速併購在新市場、新科技領域的開發。

他善長策略規劃，大半輩子都奉獻顯示及零組件產品，在他任期中己先後出售「電子零組件」、「消費電子」以及「半導體」等幾個過去十分依重的大量消費電子事業部。他曾負責台灣和大陸，也擔任過大中華地區的總裁，他很清楚大量消費電子和半導體有其波動，產業依賴資本投入擴展，從技術到產品銷售又面臨時差和風險，一旦市場激烈變化，利潤將愈趨微薄而不可期，予其持續這些產業不如趁早放手，擺脫飛利浦這種大象型歐洲電子公司難以迴避的困擾。

對公司長遠的發展而言，他重新評估公司的市場價值，策略上定位新的核心，目標鎖定在提高人類健康福祉與生活品質的數位科技領域，產業環境相較穩定，有成長的機會。等於將原有的大量電子，包括消費電子事業以及中上游的零組件、半導體劃出飛利浦的核心之外。接著進行全面性的策略對話（Strategic Conversation），凝聚組織未來走向的共識。

隨著處置非核心事業，在他任內減少很多生產工廠，總數從 269 降到只剩 160，全球僱用人數剩下 125,000 人左右。當時接受歐洲電視訪問時還被媒體質問，如此大方不斷的處置家業，未來是否還能賴以維生？ 他必須費盡口舌，澄清對他偏激的誤解和評論，力挺他對公司未來變革的決心和堅持。

加速成長計劃

柯總裁兩任屆滿後，2011 年由總裁**萬豪敦**（Mr. Frans v Houten, CEO **任期** 2011~ ）先生繼任掌舵。上任之初，公司正處於剛出售完重大事業部後的瘦小模樣，必須以儘快的速度，投資鎖定的新領域，有明顯的幅度成長才行，於是推出有意義的創新精神「**創新為你，Innovation & You**」，落實公司的價值。行動上推出 **"加速成長，Accelerate"** 計劃，強調飛利浦以客為尊，透過全球定義的專業市場組合共同主導，掌握客戶的需求，更迅捷、更有意義的創新（Meaningful Innovation），朝環保地球、生活健康、科技永續的企業社會責任方向發展。投注在醫療照護、照明以及優質生活三個專業領域和消費市場，一個全新的公司願景，開放的創新策略；也立下一個宏遠的目標，希望每年能幫助四億的人，預期在 2025 年時能達到三十億人。2016 年推出的生態願景五年計劃，則是實現目標主要的驅動力量。

本文有關飛利浦變革的情節到此就告一段落，因為之後的發展已和台灣飛利浦MIT沒有關聯，同時也表示對現任 CEO 的尊重。

聚焦的世代變革

變革不是件簡單的工程，尤其全球跨國的企業，產品多元、公司幅員廣闊，源自歐洲優雅的傳統文化薰陶，作風保守，囿於慣常的思維、步調緩慢，改變有如教大象跳舞般十分不易，非一蹴可及，往往需要藉由激勵，加速傳導，貫澈到全球各階層。因此歷任的總裁會設法推出革心的計劃專案，儼然開啟新生活運動一般。透過任務小組全面展開、多管齊下，包括事業軸線、國家/區域軸線、總部管理中心的直屬幕僚軸線，經由全員的參與，增進對公司處境的瞭解、計劃進程和目標的執行。計劃專案從溝通和學習中凝聚組織的共識和驅動力，這種強化的行

動，成爲公司管理的重點、變革的聚焦。作者綜合以上所述整理列出九十年代以來幾位 CEO 所推行的變革，從中可以觀察出世代間變革的路徑和軌跡如圖 6-7，它的發展似乎又和跨國企業的布局和管理不謀而合，詳細請參閱本書第一章以及圖 1-6，1-7。

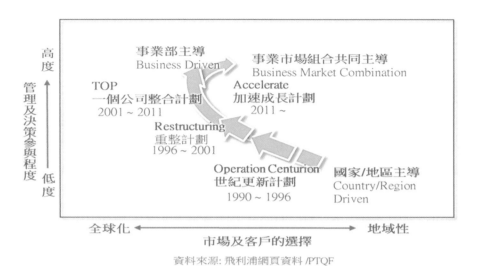

資料來源: 飛利浦網頁資料 /PTQF

圖 6-7. 世代的變革計劃

說明：

1990/5～1996/9　丁默先生（Mr. Jan Timmer）推出**"世紀更新，Operation Centurion"** 計劃，進行公司的止血整頓和全面品質改善，同時於 1995~2003 年間推出品牌的承諾—「Let's Make Things Better，**讓我們把事情做得更好**」。

1996/10 ～ 2001/1　彭世創先生（Mr. Cor Boonstra）推出**"重整，Restructuring"** 計劃，改變公司治埋、組織與管理的運作。

2001/2～2011/3　柯慈雷先生（Mr. Gerard J. Kleisterlee）推出**"一個飛利浦公司的整合，TOP，Transforming Into One Philips"** 計劃，希望各事業部跨出本位，爲公司共同協作。上任之初先整合公司的品牌識別標幟，接著於 2004 ～ 2011 年間推出嶄新的品牌承諾「Sense & Simplicity ，**精於心、簡於形**」。

2011/4～　萬豪墩先生（Mr. Frans v Houten）推出 **"加速成長，Accelerate"** 計劃，希望加速運用飛利浦的優勢科技有意義的創新，朝專業的目標市場加速發展，讓公司成為一個肩負社會責任、綠能永續的創新科技的領導廠商。於2011年推出品牌承諾 「Innovation ✦ You」，意即創新為你，或說有意義的為你創新。

每個世代的變革均有其主政者不同的期望，執行其經營管理策略，它的決策可以矩陣模式歸納反應事業對市場及客戶的選擇，是趨向地域性或全球化？ 而組織上的管理及決策參與程度，是否高度或低度的參與？ 這些世代不同的運動可以略窺一個跨國企業的領導如何從事他的變革管理，透過響亮的專案計劃聚焦變革的火花。專案計劃充分利用企業的價值觀、塑造的企業文化改造企業，使身處最困難的時候仍能激發組織團隊的熱忱、凝聚的共識維繫組織不墜的活力。

急思轉變的事業：電子零組件的案例

飛利浦在台事業以電子零組件為最大宗，當時的全球事業部總裁羅益強先生剛於1996 年從台灣調往總部升任，筆者有幸任職在這個事業部多年，也歷經許多單位，感受尤深。以這個事業部為案例說明急思轉變的過程較為具體，追述它如何在環境壓力下，思索經營策略的規劃，如何創造未來新機？

回顧當時，全球經濟正處於困境，各國紛紛提出振興措施，電子零組件部也沒例外，策略上展開整體的分析，希望在全球競爭市場中維持主導的地位，有穩定獲利的績效和成長。零組件部主要做企業客戶 B2B 的直接銷售，客戶多半為大型的 ODM/CEM/品牌業者，以全球市場為戰場，策略基本上描繪產業上層的結構和思維，鎖定專注的市場、客戶、產品組合、資源配置、績效預測，當時探討的重點在：
. 願景公元兩千年的目標、新事業的範圍、多媒體的軟硬體，如語音辨識、附加卡等新應用
. 擬定事業部的企圖和發展策略
. 審視客戶的組合、重組客戶組織、建置策略客戶的夥件關係
. 分析事業的產品組合、市場定位、產品價值、營運績效、以及事業管治模式

第二部　組織的能力：建構企業全球的競爭力

按研究觀察電子市場的發展，有逐漸匯集在幾個新興科技領域的趨勢，像消費電子的家庭生活電器（Consumer Electronics）、資訊科技的個人電腦（Personal Computer）及其配屬、消費通訊的移動裝置（Consumer/Mobile Telecommunication）等，這三個領域是零組件部鎖定的主要市場。除此，也兼顧其他次要市場如汽車、工業應用。工業應用產品的銷售相對穩定，比較不受景氣波動，有時還可彌補消費市場業績的不足。雖然說零組件部事業放眼全球，但重點鎖定在高成長潛勢的亞太及北美，其次為歐洲及南美。ODM/CEM 及排行前五十名的直接客戶營業額，已超過全部的百分之七十。

零組件部的客戶價值（Customer Value）：衡量各事業單位提供的產品和服務是否符合下列的需求，讓客戶滿意。

. 適用的解決方案：電子上的、機構上的、軟體上的
. 多元的技術能力：顯示、儲存、電源、軟體、整合
. 配合的產品發展路線與專案
. 全球/地區的客戶關係和互動
. 有價格競爭力的產品及數量交付

事業的營運組合（Business Portfolio）：檢討各產品群的財務表現〈主要的績效指標如營業額、成長率、營利率、投資報酬率、生產力等〉，深入分析、探究事業單位的健康狀況，組合分析包括幾個面向：

. **事業的構成**
. **產品的系列**
. **市場的區塊**
. **領域的應用**
. **客戶的基礎**

策略藍圖上，聚焦分析關鍵零組件的應用範疇、產品生命週期的發展階段與可能機會；事業內部對新產品附加價值的整體思維，以及公司事業部間的契合程度，能夠共同創造機會，重點扼要敘述如下：

一、電子零組件的應用範疇

電子零組件發展的關鍵，鎖定在事業部核心技術能力支持的儲存、顯示、電源、及軟體整合應用，經由集成電路匯聚關鍵的零組件成為系統，提供客戶完整的解決方案，滿足客戶端/應用端的要求和潛在的需求如圖 6-8。

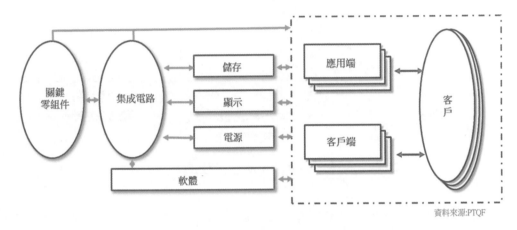

資料來源:PTQF

圖 6-8. 電子零組件的應用範疇

二、產品生命週期的發展階段

分析當時關鍵零組件各市場的成長率以及產品技術發展的成熟度，掌握產品在生命週期的發展階段，關聯的市場潛力有多大？那些產品在生命週期的初期開發階段？那些在快速成長階段？那些在穩定成熟階段？或步入衰退期有被取代的可能？生命週期分析提供組件部評估旗下各事業單位的未來投資決策如圖 6-9。

分析中，成長率大於百分之廿的產品，表示科技處於早期研發階段，預期市場將會快速成長，需要初期的資源投注以及有效的專案管理。成長率小於百分之五的產品，表示產品科技已步入穩定的成熟階段，依賴有效的營運維持、擷取市場或準備及早因應未來可能的突破，譬如引進取代的新科技。成長率介於其間的產品，表示產品正處於快速擴張的階段，需要及時放量的產能投資以及有效的資源運用。譬如 1997/1998 年當時的顯示科技如映像管、磁性材料以及其他的元件已經步入發展的末期，急思解套的機會；而高解析的電漿顯示、液晶顯示、LCD 平面顯示、多晶矽等科技則屬新興寵兒，必須投以市場高度的關注。

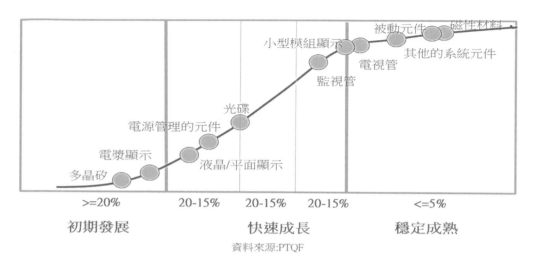

圖 6-9. 電子零組件的生命週期發展（1997 年）

對照組件部產品群各事業單位的產品生命週期發展，平面顯示、液晶顯示屬新興產品；光碟機是快速發展的產品；被動元件、磁性材料以及玻璃映管則為成熟的傳統科技，甚至有些逐漸被新興科技取代，策略藍圖上急思尋找妥當的突破口，趁市場價值仍在的時候儘早採取必要的措施，一些可能的選項包括：

- 結束：沒有關聯且不具價值持續
- 出售：轉移給購併對方
- 合資：與購併夥伴合作、或策略性共同發展
- 合資：不介入經營、尋求適當時機撤出

在 2006 年，回顧先前所有發生的種種，印證零組件部各事業的幾個轉型方式，其中與事業單位合作多年的外包供應商，在評核過程中往往具有絕對的勝選優勢：

- 尋求出售被動元件、鐵氧磁體、電感元件給具有發展潛力的業者，助其擴展全球電子元件市場。
- 尋求合資顯示系統，共同合資發展新興科技的液晶面板顯示，分擔初期沉重的投資壓力，也共同解決傳統映像管被取代前的困境，雙方一起最大化、最佳化處理日益萎縮的映像管市場，直到被液晶面板完全取代。
- 尋求合資中小型顯示面板及模組，助其開拓全球暢旺的手機及汽車電子市場。
- 尋求合資雷射讀寫頭及光碟機製造，利用飛利浦的專利優勢，開拓全球的數位資料儲存市場。

有關組件部各產品事業的轉型和翻轉，請參閱本章最後一節描述。

三、電子零組件的發展機會

從技術層面看，基礎科技/材料及應用研究開啓電子零組件的機會，集成電路、多功能、微小型體積的發展，創造材料/元件額外的價值，預期是關鍵零組件進階發展的機會。從原材料、到單一元件、到多元、整合元件或模組的型態，甚至變成次系統/系統的完整功能，提供給下游主要的消費電子客戶或其他工業電子客戶解決的方案。這個趨勢引導著電子零組件產品共同發展的路線，而且元件科技的整合逐漸走向微型化、多功一體、增值、複合，爲電子零組件的發展創造了許多的潛在機會如圖 6-10，這圖也說明飛利浦幾個事業部間價值鏈互補的上下游關係。

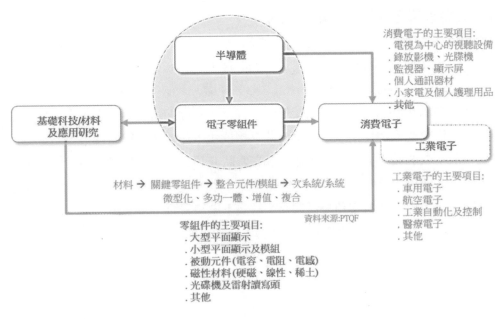

圖 6-10. 電子零組件的發展機會

四、新產品的附加價值

從製造層面看，電子零組件的加值路徑，從上游的基礎科技和材料或應用科技往下游拓展，進入關鍵零組件製造，甚至跨足模組製造、提供系統組裝。愈靠近上游的研發、知識含量、技術層面愈高，著重客戶應用與介面、系統知識、核心能力、基礎材料與科技的應用智識；愈靠近系統組裝則應用層面高，著重功能使用、系統設計、需要有獨持的整合能力、客製化量產的能力和速度，附加價值的產品發展路徑沿著技術，到創新，到應用層面如圖 6-11。

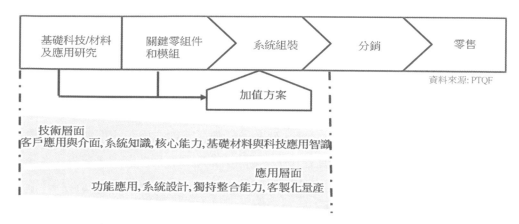

圖 6-11. 附加價值的產品發展路徑

五、集團事業部間的契合創造機會

大型企業有多元科技創新的優勢,集團的能力和雄厚資源,在多角經營的環境下,上下游產品間彼此的技術能量有互相支援(Support)、使用(Leveraging)、協同(Collaboration)等好處。一個多元事業的企業若沒有良好的契合機制和協調程序,容易流於各事其主、各行其道,本位主義下常造成非一個公司形象的板塊切割,或上下游間互相依賴,在經久養尊處優下,貽害自己磨練外部挑戰的競爭力。電子零組件部在當時有超過三成需獲得下游其他事業部的支持,必須思考如何有效的結合基礎科技/材料或應用科技研究單位、半導體事業部間一起提出解決方案和整體服務,解決下游消費電子事業部所需,減少過去因缺乏共識,沒有充分事業部間的合作與整合,發揮優勢和功效如圖 6-12。

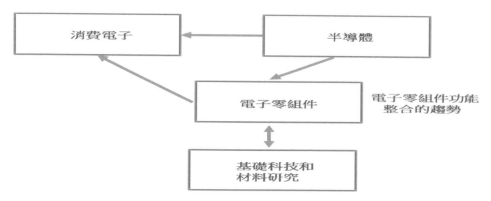

圖 6-12. 事業部間的合作與整合

總之，電子零組件部的策略在鏈接基礎科技和材料研究，一起與半導體合作，提供消費電子解決方案，滿足客戶的需求。尤其需要專注新興市場、數位科技、快速成長、高度客製化的產品上。在一般競爭者難以取代的半導體集成和應用軟體領域，確保領先的地位，保持成長的營收和利潤貢獻。

然而，電子零組件部看似曙光乍現的努力和機會，初期雖曾展露一番扭轉的氣勢，但不久之後，隨著集團全新的公司價值、市場定位上，策略翻轉直下，大量電子相關的幾個事業部終究無法迴避，一起步入結束的命運。

功敗垂成的企圖：台灣飛利浦願景兩千

台灣飛利浦經歷了十五年快速增長的時期後，於 1994 年揭示「整合多媒體、邁向二千年」的企圖，推出「**二千年的願景，Vision 2000**」，希望順應公司多媒體領域的投資開發，藉著相關應用，打造成一家科技的多媒體公司，邁入新紀元。那個時候正值總部忙著展開重整，整個世界也為了千禧年忙著，探討如何解決千禧蟲（Millennium）的問題，紛紛展開評估使用中的應用系統，探討是否藉機置換新系統或單純的進行除蟲即可安渡，避免屆時作業災難的發生。全球飛利浦也不例外，深知早年開發的系統存有年序的風險，啟動全球的千禧專案，為公司的焦點。

過去，公司營業額主要來自大量電子的零組件、模組及系統，認為不能繼續依托原有的硬體製造，支撐未來的成長，尤其中國已經崛起，台灣勢必取代，須及早準備從硬體製造，轉型脫胎成數位與軟體的服務領域，在高層的策略規劃中，有意利用集團的優勢增添有線電視、互動內容和其相關軟體服務，希望到 2000 年時有 >40% 的營收，這項宏圖進一步可以發揮台灣的長處，創造另一躍起的機會：

. 飛利浦在台已有位居產業主導地位的關鍵零組件、半導體、顯示器、監視器、電腦以及光碟機，MIT 製造已累積出深厚的底子。
. 契合台灣完整的產業鏈和製造基礎，正從消費電子的重心轉換到數位科技的產業內容，貼近未來多媒體的發展方向。
. 設定另一波自我挑戰的標竿，激勵組織和團隊的動力，也為台灣創造未來的光輝。

公司衍生發展未來廣泛應用的一些產品如生活娛樂、終端裝置、個人電腦/平板，以及個人通訊裝置如手機/個人資料處理器等，其中內容及軟體可以充分利用飛利浦已具基礎的語音技術以及來自源訊（Origin）科技的資通服務，預期跨入結合娛樂/消費電子、資訊電子、通訊電子應用領域的多媒體世界應大有可為，因此揭櫫台灣飛利浦願景二千的架構和企圖如圖 6-13。

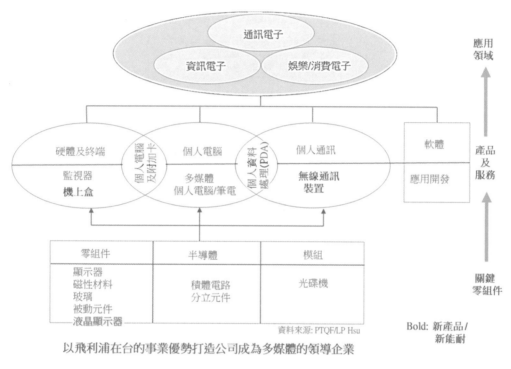

圖 6-13. 台灣飛利浦願景二千

轉型和產品/服務及其其後續的發展息息相關，需有足夠的科技、核心技術支援才能實現。台灣飛利浦願景二千的藍圖中有幾項全新的嘗試，新的技術能力（New Competence），而支持這些成長的能量可利用 1990 年成立的「新事業發展中心，New Business Development Center」，這個中心包括數位電視專案小組、主控元件行銷部、筆記型電腦研發群和多媒體系統推廣行銷部，希望藉著大家具有的潛能，整合相關的技術及人力，拓展科技導向的新事業。

還有，1995 年台北總部成立的「附加卡研發中心」，「多媒體事業部」以及「台灣個人電腦部」，可以積極整合多媒體相關的技術及資源，開拓新事業。不僅如此，也能運用總部帶來台灣的先進資源如：

. 1997 年成立的飛利浦東亞研究實驗室，該實驗室爲飛利浦亞太創立的第一個研究實驗室，全球六大據點之一，期望以台北研發創新爲基礎，提昇東亞技術層次。

. 1998 年成立的半導體台北系統實驗室，是飛利浦半導體亞洲設立的第一個實驗室。

規劃中的新產品則有語音辦識、多媒體、個人電腦、附加卡、個人無線通訊裝置等領域，預計將公司營業的目標在新世紀推升到百億美元以上，爲台灣產業注入更多活力。然而這些美好的願景，隨著總公司的新策略，在截然不同的公司價值、市場定位下變成海市蜃樓。

根據全球電子零組件事業部總裁羅益強先生、台灣飛利浦副總裁許祿寶先生以及法務/投資的前副總裁劉振岩先生的訪談，也綜合過去的一些歷史片段，有關前瞻的視野和機會探索，他們曾經揭露幾個台灣深具潛力的發展機會，尤其多媒體的應用更是值得全力一搏。無奈，當時接掌的荷籍總裁柯慈雷先生已執意全心力行總部的意旨，決策由全球事業部/事業單位主導，不再強勢爭取地方可能的機會，他不像前任的羅總裁，有著滿腔本土的赤誠、活力，總爲台灣設想，希望能爲台灣多做點什麼，錯失了手邊擁有的珍貴資源，無緣獲得揭發，創造組織未來的價值貢獻。若台灣果眞如所願，說不定在跨國企業的優勢條件下，新一波台灣再起，創造出有如八五年代的另一個護國神山台積電也說不定！下列就舉出採訪所得幾個功敗垂成的企圖：

（一）多媒體內容
如前面提到，在成長的機會和探索過程中，曾計劃發展「有線電視」事業，1996 年時曾聘請國內知名的媒體人擔任副總裁負責籌設，成立有線電視公司，幾經努力之後也取得數個頻道的執照。無奈，這個企劃案才剛開始就在新的柯總裁到任後，難以爲繼而迅速告終。

（二）醫療器材
一個與醫療事業有關的超音波器材，產品雖也被認定深具潛力，但這個產品科技與台灣過去發展經驗和軌跡截然不同，自然難獲得總部支持。在當時，醫療產業仍然侷限在北美地區，就好比高檔的消費家電來自歐洲一樣。如今，全球飛利浦已從家電形像轉型變成一家前瞻、健康照護器材的世界排行前三大業者（i.e.

GE, Philips and Siemens）；而台灣的產業也逐漸步入電子醫療器材的供應國家，錯失台灣飛利浦過去傲世的電子製造優勢，無法延續昔日的輝煌，在這個新興領域上缺席，其間不可言諭的頓失，令人扼腕噓唏！

（三）數位多媒體的終端裝置

其實，在發展數位多媒體的潛力上，台灣曾向總部爭取兩個菜單。兩項均順應著台灣的新興科技發展，使用者重要的終端裝置，一個是移動通訊產品的數位手機製造；另一個是個人的筆記型電腦，兩者預期是未來移動、數位、多媒體使用的關鍵配備，具有市場無限的廣闊市場。況且在這兩個產品製造上，台灣具備資通產業科技、上下游完整的產業鏈，有絕對的供應優勢和產業聚落，相信利用這些條件，必能進一步為公司創造美好的未來。

1.移動通訊手機的製造

飛利浦消費電子事業部轄下有一支個人通訊（Consumer Communication）產品，那個年頭適逢移動通訊市場剛剛崛起，1997 年以二十五億美金和朗訊科技（Lucent Technologies）共同成立一家全球性的合資公司—PCC, Philips Consumer Communications，飛利浦持股六成，總部位於美國紐澤西，海外據點超過上百，分別在歐洲、美洲、拉美以及亞太地區，產品包括辦公室類比/數位電話、交換機、呼叫器、手機、答錄機等相當多元，商業通訊的產品直接貼用客戶品牌，而手機則掛上自家的品牌。

成立的時候，飛利浦執行長彭世創先生還向媒體宣稱，這項和美國第一大電話製造和服務商合資的策略，有助於公司的成長。拜科技之賜，消費電子和移動通訊的界線漸趨模糊，兩大領域的巨頭共同攜手合作發展，意義非凡，希望透過這個合資事業，成為全球消費通訊的主要廠商。

許副總裁回憶道，當準備籌建數位手機生產工廠之際，他曾多次往返新加坡事業單位本部，試圖說服有關人員利用台灣的資源，建置亞太的生產基地，協助公司拓展亞太的手機業務。無奈這項努力因競爭不過新加坡的優勢以及新加坡政府提供外商的優惠條件而告終，總部最後選擇落腳新加坡。

後續觀察，飛利浦的移動通訊產品的合資營運並不如預期，因為這個盤算似乎錯估了手機的形勢，當時全世界的手機市場幾乎已被諾基亞、易利信、摩托羅拉幾

大品牌主導，後起的業者也有日本索尼、日本電氣等虎視眈眈，那容得下更後的來者！

很遺憾的，由於合資的表現不佳，才不過短短的一年光景，就於 1998 年宣告解散。雖然這個合資為公司帶進約二十五億美元的營收，市占率約 2.5%，但慘賠不下三佰萬美元，結束合資事業的命運。雙方人員各自歸建，飛利浦轉而將其手機業務交由中國深圳的外包廠商，後來更進一步和外包供應商合資成立桑菲消費通訊繼續生產、銷售。甚至於 2007 年授權桑菲，簽署商標許可以及知識產權轉讓，退出經營，全權委由桑菲負責飛利浦品牌全球手機的營運多年。

2. 筆記型電腦的製造

二次大戰後，飛利浦實驗室利用真空管的核心技術，曾發展大型的電腦主機，也利用它來發展相關的國防系統事業，以及電腦系統的整合服務，後來受到重整計劃影響，停止了國防系統事業，專注商業、金融等應用領域。

最初為了製造銷售電腦系統，於 1976 年成立資訊系統的事業部（Philips Data System, PDS）。自從個人電腦推出之後，使用變得容易、快速普及，飛利浦體體會它是未來的新興浪潮，也從 1986 年開始製造，經歷資訊科技和通訊科技漸趨整合的趨勢。然而這項事業做得並不成功，在 CEO 丁默先生主政的時代，隨著整頓虧損事業的措施下，於 1992 年步入結束的命運。

儘管迷你電腦的硬體製造隨著 PDS 而結束，不過台灣看到未來多媒體市場的潛力以及個人使用的筆記型電腦發展的重要，將是個不可或缺的載具，幾個單位像中壢曾有的電腦一體成型的監視器（Moniputer）以及新事業發展中心的筆記型電腦研發團隊等幾已成形的人才資本，證明台灣具有這項實力，幾經遊說董事會，取得高層默許，以自我籌資的方式，嘗試開始製造筆電，於 1993 年成立飛中電腦，期望透過它拓展資訊新事業。其實在 1993 年之前，台灣已與美國合作，做出飛利浦的第一台的 PDA，如果能夠匯集中壢、台北的資源，成立相關單位，盤算做起筆電的生意應大有所為，那個時候筆電巨擘華碩都還沒開始呢！

另一方面，因為飛中製造筆電，在公司事業的管轄上必須和消費電子事業總部協商，希望將筆電納入其事業部下的產品群，無奈事與願違，事業部最終沒有採納台灣的野心和意圖，連帶的影響帶頭籌資的台灣飛利浦，被迫於 1997 年退出這場

遊戲。有如曇花一現般的情節，一度遭受當初看好飛利浦領軍而投注的夥伴們嚴加撻伐，承受不少無情的批評。回顧過往，這些地方團隊嘗試的種種，已成企業在台衝刺兩千年願景、功敗垂成的過往雲煙。

（四）資通訊及軟體服務

資通訊及軟體應用的電腦中心和服務方案，雖無緣為台灣願景兩千做出貢獻，然而統籌管理全台所有單位的服務，有過一些專業基礎和作業規模，其後的發展更是個成功的故事。筆者以自己負責的 ERP 系統專案為例，當初還是 SAP ERP 導入台灣的首位使用者，特別將資通訊及軟體服務相關的歷史和進程簡述如下，一窺資訊事業的發展。

飛利浦為提高資源運用的效率，將原先只供內部服務的電腦部門從公司分離出來，於 1996 年獨立重組，並和一家荷商 BSO 成立軟體公司，對外提供電腦系統整合服務，首先於 2000 年合併飛利浦通訊（Communications）事業部，後另名源訊（Origin）科技，接著又和法商 Atos 以及 Siemens SIS 合併，成為 Atos 最後存續公司，是結合外部資源成功的轉型，新夥伴們共同奮鬥，擴大業務規模，成長茁壯成全球企業的例子。

根據官網，和 Atos 結合的時候源訊已經布局超過卅國家，員工 >16,000 人，營業額約高達十六億歐元，展現公司專業科技服務的共同併購模式，造就本來純屬內部的資源，經過十五年的發展，變成一個世界知名的電腦作業及系統服務商，標得一些國際大型賽事像奧運、台北世大運等專案工程，他們有能力快速有效的動員全球資源，表現獲得國際體育賽事組織認證，成績斐然，傑出的表現的確另人刮目相看。

另外，根據筆者 2014 年和台大寫作團隊一起訪談羅總裁時，他曾透漏一段少有人知的插曲，1996 年當羅總裁進入全球飛利浦董事會時，曾經建議董事會找尋科技怪咖賈伯斯先生協助發展飛利浦的電腦事業，當時賈伯斯先生已離開蘋果自行創業電腦平台發展，飛利浦有很強的消費電子、保麗金媒體事業，不妨透過人力資源公司安排他到董事會談談，無奈這件事情功虧一簣，最後並沒有成功，錯失一個科技大師在飛利浦一顯身手的機會，與 iPod 擦身而過。每次看到蘋果的 iPod 都覺得，『唉！這原本可能是我們的！』，羅先生笑著說，如果成真的話，可能今天兩家公司的故事就完全不同！這則小插曲驗證古人的一句話：『千軍易得、一

將難求』。事實上，這段插曲也曾刊載在經理人雜誌的一篇經理人群像專訪 –
『預見趨勢，延續組織競爭力』裡頭。

如今哲人已遠，在羅總裁平凡的「經理人生」中有幾件不凡的見地，包括扮演推
手促成台積電的合資，以飛利浦的資金、專利、技術、市場、訓練、客戶基礎，
協助企業發展，渡過初期創業的艱辛，也成功說服總部放棄最大外資法人可能的
過半控股，讓台積電得以民營的姿態上市，有機會奠定今日全球半導體業界的翹
楚。

事實上羅總裁為台灣所做的付出，遠已超出一個跨國企業經理人，他提拔柯慈雷
先生，也全力支持他在顯示及組件事業部的歷鍊，造就柯總裁成為飛利浦執掌兩
任十年的執行長。而最後這件個人電腦事業的識人和嘗試推薦，見證羅總裁洞見
趨勢、延續競爭力的睿智，以及伯樂的稟賦和用心，絕對不是一般。

探索翻轉的機會：飛利浦 2010 新願景

柯總裁有如其父終身奉獻飛利浦，為非常資深的老臣，在公司服務超過卅年，歷
經醫療系統、專業音響系統、顯像事業產品群。1996 年曾經擔任台灣飛利浦總裁
兼電子零組件事業部亞太地區總裁，在這期間他是筆者的直屬主管，1998 年被任
命為飛利浦大中華區的總裁，1999 年調回歐洲後升任全球電子零組件事業部總
裁，由於豐富的經歷以及在顯像事業產品群成功的事蹟，他順利的將傳統映管科
技轉型到新興的大映像管、LCD 平面及液晶顯示而十分受到肯定，於 2001 年更登
上大位，接掌公司 CEO 的兵符。

當發布柯先生即將執掌集團的消息後，電子採購 2000 年 12 月 18 日的期刊裡登載
了一則消息，文中作者傑克評述說他是個 "熱情的鼓手，和人融洽相處，是容易
接近的人"。

他不像前幾任執行長的急驚風，揮刀大砍虧損的事業，因為那樣做可能引發公司
的地震，反而先推出一個公司整合的專案，要大家共同合作、創造商機，各事業
部心中有個公司的想法，在事業策略規劃時一起協作，以公司利益為前題，共同
為這個公司、品牌目標奮鬥。果不其然，上任不久推出的 DVD 新產品就是一個成

功的例子，它結合三個不同的事業部，運用新的技術開發，有共同的限期一起努力，事後證明上市時間比原訂計劃早六個月，遙遙領先全球其他業者。

為進一步改變公司文化，認識公司的價值觀和投入，也進一步拉近和客戶間的距離，推出「Sense & Simplicity, 精於心、簡於形」的品牌承諾，刷新公司全球的形象和溝通策略。呼籲產業平衡數位科技的發展，兼顧使用者的簡易操作和使用，強調飛利浦為一家先進科技，能讓使用者簡單上手，有意義的為你創新設計。

在探索如何確保公司未來長遠的領先以及確保穩定獲利的途徑上，他思索如何擺脫產業景氣的衝擊；注意到未來消費者的價值體驗和喜好；同時看到社會上的新趨勢、新機會，因為人口老化漸增的健康照護需求以及人們為了提升生活品質可能帶來的照明科技、居家享受的應用方案等。他重新定位公司的品牌價值，市場和產品聚焦，希望打造公司成為一個先進科技、高成長、消費者認同的全球企業，媒體形容他進行的是一場公司的**變革**（Evolving）。

拜科技之賜，市場快速的發展，各方產業競逐的遊戲已大大改變。企業需要增加與客戶的互動，不斷提供獨特的、客製的、高科技的產品和服務，而消費者也愈來愈重視新奇的創新和沉浸式的體驗，希望享有立即的感受。

引述柯總裁上任初期出席一場在柏林舉行的歐州消費性電子展（IFA 2003）的主題演講，即可透露出他改變的決心。這每年九月的盛會，被評價為世上規模和影響力最大的國際視聽及消費電子展覽，為各國的消費電子產品、生產商和經銷商的匯聚，為各家展示新產品、新技術的重要舞台。演講中柯總裁除了為消費性電子產業的持續成長，勾勒出一條康莊大道外，還以飛利浦為例提出改變商業模式的獨到見解，他表示要把消費性電子產業帶向一個新的成長時代，廠商應從下列三個方向思考、改變其商業模式的運作：

■ 製造商面對商品日益增加的競爭壓力，必須加快創新腳步，從創意到商品化（Innovation to Commercialization）的速度愈來愈快，並為整個產業帶來嚴峻的挑戰，創新是企業持續獲利之鑰。由於市場上追隨者快速增加，沒有人能完全依侍既有的成就。譬如飛利浦影音光碟機（DVD）的創新產品。雖然曾創下破紀錄的市場普及速度，但由於「我也會」的廠商快速跟進，讓這項技術的進入門檻降

低，使它的價格和利潤急速下滑，很快地就變成一般商品。雖然劃大餅提升市場普及率的做法很棒，但眞正解決之道在於飛利浦或其他領導廠商必須加快創新腳步，以便將創新帶來的獲利空間發揮極致，而不把太多精神花在快速變爲大量普及的商品上面。身爲前端科技、產業主導的廠商，動作必須遠快於從前，這樣才能先別人一步，保持自己的領先。

■ 必須打破消費性電子廠商目前的組織架構，擺脫只重視產品研發和製造的思維，轉向以市場、行銷和企業間彼此合作競爭的精神，支持開放的標準 利用新科技共同研發，創造一個更爲經濟有效、更有彈性的商業模式。企業過去一手包的做法已漸失價值，公司已揚棄垂直整合的製造，轉爲專注於利用自己的技術領先優勢，或行銷及銷售管道，從科技投資中創造最大的價值回報，其中一個重要的關鍵要擴大和競爭對手合作。會中他特別引述 2003 年飛利浦與摩托羅拉及意法半導體在法國格勒諾伯（Grenoble France）附近興建的聯盟研發中心（Crolles2 Alliance）爲例，該中心由三家公司計劃於五年內集中研發半導體十二吋晶圓，從 90 奈米 CMOS 往 32 奈米的先導製程。希望透過三家公司分享擁有的資源，共同的合作開發先進製程技術，以滿足系統單晶片的解決方案，進而加快 3G/4G 行動通訊的發展腳步，屬於「合作性競爭」的最佳範例，三家公司共同分擔和分享研發和製造資源，但個別仍在消費性產品的市場上激烈競爭。

■ 藉助於廠商聯盟及合作夥伴進而擴大消費性電子市場，使其應用範圍跨入全新預域，滿足消費者不斷改變的生活時尙和需求。以往只要消費性電子廠商一推出新產品，即可在市場上找到寬廣空間，但這樣的時代已成過去，由於消費性電子市場已接近完全飽和，廠商必須看到固有領域外的機會，並積極爲自己的產品創造更多的附加慣值。企業必須拓展視野，超越既有窠臼，才能整合各種可能機會，將創新成果發揮到極致。會中他也舉例飛利浦最近和歐洲多家主要電信業者建立一系列的合作聯盟，藉此爲寬頻服務開拓更廣大的市場空間，飛利浦已和許多電信商及內容廠商合作，把他們的服務和娛樂與飛利浦的設備結合一起，這不僅讓飛利浦能「無需個人電腦的寬頻，PC-less Broadband」世界裡，開闢出一個全新的市場，還帶來一種長期合作關係的獨特營收模式。

當目光跨越消費性電子應用領域，柯總裁發現地平線外有個美麗的新世界，飛利浦會把消費性電子和醫療器材及應用等重要成長領域結合一起，由於飛利浦已是全世界前三大醫療診斷設備商，也是病患監視設備的領頭業者，這使得飛利浦取

得有利的地位，可藉此優勢服務這個新的應用領域。當醫療成本不斷的上升，把病患當作客戶（Patients-as-Customers）的趨勢來到時，將使個人化診斷和病患監視的整體需求呈現爆炸性的成長，認為運用新科技和享受更美好的生活，將是大家邁向未來的境界。

他重新詮釋公司的未來，從過去專注在大量消費電子及家電的形象，轉變為以人為中心，解決生活需求、增進健康福祉、改善人們生活品質的公司。他闡述從歷史的發展軌跡，人類從十九世紀的農業，進步到廿世紀的工業和資訊科技，到現今進入移動和數位的時代，預期在廿一世紀人口持續增長，人們應該會更關注地區性的平衡發展；隨著年齡老化帶來的社會問題也漸不可忽視，企業應該多承擔些社會責任，積極地投注資源，協助改善人類的生活環境和生活品質。

引述聯合國的人口估計來佐證他的看法，全球人口已快速的從 1987 年的五十億人增加到 1999 年的六十億人，期間只不過十三年的時間，預計 2012 年將增加到七十億人、到了 2025 年全球人口將超過八十億人、2040 年時甚至超過九十億人。由於出生率逐年降低，許多開發國家預期人口面臨老化現象，將進入高齡或超高齡的社會，需要提供人們更多健康和醫療照護、優質生活的環境。這些將成為公司穩定可期的市場，它不像消費電子產業容易受到景氣上下的震盪；另一方面，隨著地球氣候不斷的暖化，企業必須加強環保、綠色、節能的意識，響應聯合國的暢議，關注一些議題的建設開發，推動循環經濟，成為企業未來一項不可忽視的社會責任。

上任中期之後，可以看出飛利浦已具體地朝這個方向發展。2007 年當他出席日本東京電子展的一場公開演講中，柯總裁揭露了產業發展的趨勢，筆者整理當時網路刊載的相關報導，說明飛利浦如何預見攸關人類健康生活和福祉（Wellbeing）未來的機會。全新的願景引領公司的轉型，一個完全以人為中心，公司價值的新定位如圖 6-14。

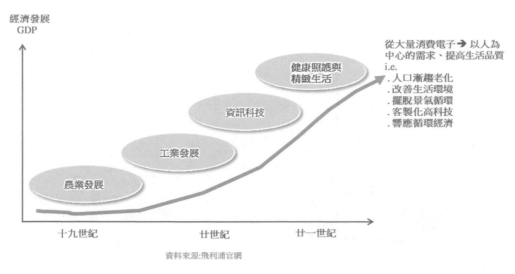

資料來源:飛利浦官網

圖 6-14. 公司價值的新定位

這個轉折從 2001 年他上任開始，到 2010 願景的舖陳，花費不下十年的工夫，才得以逐步浮現，更不用多說這期間他如何面對各項質疑、化解責難，其中更需要適時、陸續的出清公司的合資持股換取現金，一方面改善財報、另一方面挹注新的投資，才得以杜絕攸攸眾口和排山倒海而來的批評，這個過程說明一個龐大跨國企業的轉型，需要極高的領導智慧，是項極不簡單的藝術和工程。

這個迎合未來的全新市場趨勢，改變了過去一些視聽科技的消費電子電器的銷售。市場受到數位行動科技的普及，年青族群的消費、喜歡嘗試新奇而即時的體驗，消費不再如過去單純產品和服務的交易，有擴大到人們生活享受的趨勢，若探尋消費者生活需求所屬的四個領域為例：**「周邊的空間、產品的外觀、親身的體驗、心靈的感受」**，公司定義以開放式的創新和品牌承諾，有別於其他公司的競爭，體現人們未來醫療保健、健康照護和生活福祉的領域，是飛利浦對未來市場與事業的定位所在，這些新思維更詳細的刊載於飛利浦願景 2010 中如圖 6-15。

第二部　組織的能力：建構企業全球的競爭力

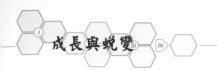

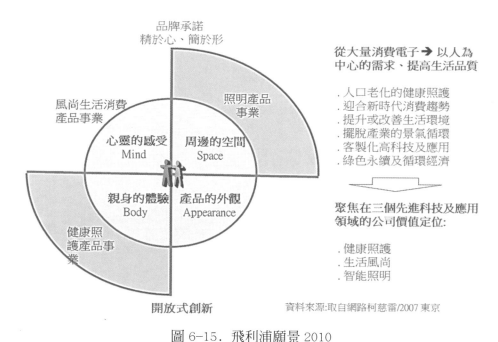

圖 6-15. 飛利浦願景 2010

希望新的「**願景 2010**」，將公司發展成為一個真正市場導向、提供人類需求和提高居家生活品質的全球領導企業。這個願景影響層面巨大，於是展開公司全面性的對話溝通，希望和各事業體取得共識，這個轉變大大不同於前幾任 CEO，事涉公司的典範轉移，它完全重新定義公司對核心事業原有的視角，塑造出未來企業嶄新的形象：

核心事業：從大量電子電器的消費電子/零組件/半導體事業 → 全新的公司價值、市場定位，主要領域在照明、健康照護〈原為醫療〉以及生活風尚〈原為消費電子及小家電，又稱優質生活〉。

形象：從消費、家電、照明的電子公司 → 塑造公司成為先進的創新科技企業，產業的主導者，全球領導品牌。

提到健康照護，擬以飛利浦原有的醫療設備為基礎，透過投資和併購的方式快速擴張，原來二千年的時候這個事業年營業額不過三十億歐元，比重只有個位數的8%，到 2010 年已增加到近百億歐元，已將近四成，產品漸趨多元，包括診斷與治療、醫療與健康照護相關系統的裝置，在當時已成為全球重要的醫療設備供應商之一。

策略性的領航，大膽的作風，先花了五~六年時間整頓，策略共識建立新核心聚焦之後開始進行分拆、出售非核心事業、或策略合資。到 2011 年兩屆任期結束，他己經完成處置「電子零組件」、「消費電子」以及「半導體」等幾個過去大量電子時代集團依重的事業部，而台灣正屬這些的重災區，衝擊尤甚。

柯總裁的變革，將公司從龐大的巨人變得精簡，事業部的組合從原來的八個最後剩下三個。爲改善公司帳面和重整所需，也爲了挹注重新鎖定的醫療及照明新事業投資，除運用出售事業部的所得外，在他任內逐步出脫公司原有合資的持股變現，與台灣有關的事業包括半導體的恩智浦/2006、韓國樂金的液晶顯示/2008、以及最早在台灣合資的台積電 〈注二〉/2008 ~ 2010 等。何其有幸！他有前人建置的電子零組件、消費電子、半導體事業，這些過去經年累積的、龐大的珍貴資產，讓他安渡轉型期間無法避免的空窗和陣痛。其間，媒體商業周刊還曾登載一篇在芝加哥他接受記者專訪的報導，下的標題：**『執行長柯慈雷在虧損中看到轉型契機，簡單哲學解除飛利浦危機』**。

勿庸置疑，在公司的全新策略轉型過程中，陸續處分非核心事業，不管分拆、出售、合資，對台灣飛利浦 MIT 的製造基礎而言，是不可承受的打擊，所有的工廠以及營運本部隨著公司放手，分別尋求夥伴易幟，如電子組件部轄下的所有產品群/事業單位包括顯示顯像映管、大尺寸 LCD 面板、中小尺寸 LCD 面板、被動元件、磁性材料、光碟機及雷射讀寫元件；半導體事業部的 IC 及分立元件，消費電子部的電視監視器等。過去，他們都表現不俗，但處在這個轉折也無選擇，必須配合公司全球系列的處置。過程中確實引起員工的不解和不捨，不解如此良好績效的表現何以致此？ 不捨過去數十年造就出來壯闊的基業，卻得嘎然而止？ 對台灣的伙伴們而言，無奈之餘也只能冀望未來有個好歸宿，新業主站在飛利浦巨人的肩膀上，仍有機會發揮優勢，擁有世界級的客戶基礎條件，在全球的舞台上造就另一篇章，下面摘要的整理出台灣飛利浦幾個主要事業的分拆的概況：

✧ 大尺寸映像管及 LCD 面板顯示器：產品主要有幾大類，傳統的玻璃映管和新興的電漿顯示、平面 LCD 顯示。映像管過去一直是公司重量級的產品，歷史超過百年，生產據點廣泛的在世界各地如歐洲的荷蘭、德國、法國、英國；南美的巴西；亞洲座落在台灣和南京。新興的電漿電視開發仍在歐洲，預期 LCD 科技漸趨成熟，市場滲透率提高後，數位、輕巧、低成本的優勢將爲電漿電視最大的威脅，一如預期不久之後決定終止開發。

1999 ～ 2001 年間，在顯像顯示事業群亞太本部的布局下，先結束映管用電子玻璃的工廠自製，結束生產改成外購後，接著轉移單色映像管到次世代的大陸南京華浦，沒多久跟隨轉移彩色映像管到南京華飛，這些轉移先後結束在竹北的 MIT，傳統映像管為電子零組件部的最大宗產品群，轉移大陸意謂者結束在台最具規模的生產。談到聯盟投資，由於飛利浦和韓國樂金兩家均擁有傳統映管和新興的 LCD 面板兩種產品，雙方擁有新科技也有共同待解的課題，於1999 年決定全球策略性的合併，期望藉雙方的基礎，保有最大的生產規模主導市場，延續供應直到最後，這種業界老二加老三超越老大的策略，給雙方一個機會發揮映像管終極的效益，創造出傳統科技產品結束前的美好黃昏。雙方同意共同成立樂金飛利浦（LG.Philips Display 以及 LG.Philips LCD）兩家公司，前者為映像管、後者為 LCD 面板顯示產品，合資持股各半，首任董事長為飛利浦顯像顯示事業群前亞太地區總裁張玥先生〈注八〉。映像管產品於 2006 年結束，專注 LCD 面板。隨著拆分出售，轄下全球所屬跟著移轉而結束，為電子零組件部轉移的首個產品群。後來合資公司的持股也配合集團的決定全數釋出，公司於 2007 改名樂金顯示器（LG Display），成為樂金旗下的子公司。

✧ 中小尺寸 LCD 平面顯示及模組：產品群事業（BG MDS）本部在香港，生產在日本神戶、香港、深圳以及上海等地，研發在上海及荷蘭。整個產品群除了關閉者外，於 2006 年售予仁寶旗下的統寶光電（Toppoly，另名 TPO，原意是 Toppoly & Philips Optoelectronics），飛利浦的一支，統寶原是MDS 多年往來的供應商，接手是希望藉由飛利浦的技術、專利和客戶基礎，擴展市場到全球，利用世界知名大客戶既有的認証，尤其一般需耗時多年的汽車客戶的認證，可以很快的成為全球中小面板的前三大供應商。合資是個過渡，在維繫了一段閉鎖初期作價的 27% 持股營運之後，全數出清。後續於 2010 年，三家面板公司群創光電（Innolux）、奇美電（CMI）、統寶光電（TPO）又進一步三合一，結合大尺寸面板（奇美電子）、中尺寸面板（群創）、小尺寸面板（統寶），構成全系列面板的優勢，成為全台最大、也最完整的廠商，群創為三合一的存續公司，初期沿用奇美電子公司名稱，於兩年後改回原名群創光電。

✧ 被動元件與磁性材料：被動元件早期在高雄廠生產可調變電容、薄膜電阻，在楊梅廠中獅電子和上海三葉第一被動元件合資廠生產其他如鋁質電容、金

屬薄膜電容等。在科技浪潮下於 19992～1996 年間分別讓售給大陸及韓國業者，結束了這幾個產品的生產，改從外購銷售。取而代之的新寵是厚膜晶片電阻。於 2000 年配合公司策略願景下，整個事業單位一起出脫，連同旗下歐洲的傳感器以及電子組件部另一個在竹北的磁性材料產品群，全球打包一起給國內的被動元件大廠國巨（Yageo）。轉移過程中，高雄廠的被動元件分割獨立出"飛元"、竹北廠分割鐵氧磁體獨立出"飛磁"，由國巨被動元件以及其旗下的傳感器奇力新接手經營。至此，飛利浦結束在台的 MIT 生產基地，也結束兩大產品群的全球營運管理和銷售事業本部，其中被動元件座落在日本東京，磁性材料在台灣竹北。

✧ 光碟機及讀寫元件：飛利浦是雷射光碟的發明者，擁有專利，任何公司使用技術須支付權利金。於 2003 年與明基（BenQ）共同合資成立飛利浦明基儲存科技（PBDS, Philips BenQ Digital Storage）公司，這項合資實際上是進一步延續雙方原有長達十年的夥伴，飛利浦出資比率 51%，明基 49%。PBDS 負責光碟機的研發與行銷，製造則交由明基。2006 年，明基將製造賣給建興，轉讓明基所有的持股，同時也將光碟部門的機器設備轉移到該公司，PBDS 仍負責研發與行銷，包括投入於次世代藍光產品的開發，製造則由建興負責，在這之前建興早已代工多年供應飛利浦光碟機，飛利浦也將旗下的車載播放系統轉讓給建興。透過這項收購，2007 年飛利浦與台灣建興（Lite-On 1T）成立飛利浦建興數位科技 PLDS, Philips & Lite-On Digital Solutions）公司。合資過半（> 50%）領銜掛名飛利浦是唯一的特例，主要考慮飛利浦雷射的專利的限制，為避免支付權利金而需以過半持股維持飛利浦掛名銷售，但實際業務已由建興全權掌理。之後，建興於 2014 年移轉併入光寶企業集團，屬光寶科旗下的一員，這個合資為現存唯一仍保有飛利浦招牌的 MIT。

✧ 監視器和電視的製造與銷售：2004 年出售中壢的廠辦設施以及全球業務給國際監視器大廠冠捷科技（TPV），從此飛利浦委由冠捷製造、全球經銷、品牌營運各式顯示器，結束了全球事業單位。之後，冠捷於 2008 年取得飛利浦商標銷售權，於 2010 年拿到商標中國地區銷售權，更於 2014 年取得先前與飛利浦合資的電視事業 TP Vision 全部持股，成為冠捷科技旗下的子公司，也結束台灣的 MIT 和全球監視器事業。

✧ 照明燈具：生產設施先從桃園觀音搬到大園不多久後，再轉移到大陸華南地區，由亞太照明事業部接手，結束了台灣的 MIT。

✧ 半導體 IC 及分立元件：全球事業部內部分割獨立運作已有數年，直到 2005 年整個事業部達成協議出售給恩智浦（NXP）。恩智浦的主要股東來自私募基金的創投，完全以飛利浦半導體的全球資源移轉成立，台灣只有 IC 封測廠、設計開發及實驗室，其他生產工廠在菲律賓和泰國；分立元件廠則全部座落在其他國家如菲律賓、馬來西亞。NXP 公司名稱初期隱涵源自飛利浦，有飛利浦下一個新體驗（Next Experience of Philips）的寓意。之後快速發展經過多次併購，也於 2017 年將原本飛利浦的分立元件、邏輯、標準產品等分割給新成立的安世半導體（Nexperia）。

隨著事業部的結束，產品群及事業單位轄下的 MIT 工廠不再，原有各事業本部或結束、或移轉、或跟隨加入新業主、在台最大的電子零組件亞太事業本部以及旗下的各產品群本部、監視器全球事業單位本部、半導體事業部亞太業務本部隨之解體。以上大致概訴台灣飛利浦一路走來，從成長、擴張，蛻變到隨著集團的新定位而策略翻轉的歷程，一個歷史超過世紀的科技製造商如何在機遇中轉身變妝成全新的模態。

回顧來時徑

從 1966~2006 期間，台灣飛利浦 MIT 的製造曾經風光數十年，獲得無數的榮耀，連續多年締造加工出口區及最大的外資企業，也曾獲選台灣十大製造公司之一，在台灣經濟快速發展的時空下起飛，共創台灣經濟的奇蹟。1990~1999 年間，曾連續多年獲選為天下雜誌電子及零組件類標竿企業第一名。建元電子高雄廠更於 2004 年榮獲勞委會「重視女性人力資源優良事業單位」，2005 年行政院勞工委員會第一屆「人力創新獎」團體及個人獎，飛利浦是所有參賽者中唯一同時榮獲團體及個人獎項榮譽的外商，其他的肯定或獎項更不勝枚舉，包括許多不在本書獨及的社會關懷和回饋。

另一種反思

當環境空間丕變，台灣的大量消費電子及資通產業處於轉型，製造業紛紛外移之際，台灣飛利浦接任的主事者已時不我予，沒有過去在地主導般的強勁力道，也沒積極發掘爭取台灣下一波可能發展的機會。如果還有強者，如前任的羅總裁般，深具強烈本土的意志、發展企圖的領導魅力，積極利用過去的基礎，珍貴幹練的國際人才，也許開拓新一波產業的契機應為可期，很可能今天在台灣仍有一顆閃耀的另類跨國鑽石企業！

由於台灣電子科技的發展，早已深植工業製造雄厚的基礎，各種零組件及硬體設備、資通聯網的技術異常突出，在邁入數位的時代，崛起的人工智慧，智慧醫療、健康照護相關的產業迅速發展，在硬包軟、軟推硬的互動下，抓住可能從 3C 轉成三醫（醫材、醫技、醫才）的新興領域，將原有成熟的生態價值應用於電子醫療的終端器材、感知連結、系統方案的機會，台灣應該大有可為。倘若台灣的產業有機會再次有如過去飛利浦跨國巨人的青睞，說不定再創另一個巔峰也不無可能。

探討過去一些國際巨人的歸宿，飛利浦獨特的模式曾引起產、官、學、研許多的關注和探討，2013 年工研院在產業科技前瞻計劃下，曾以飛利浦為例，研究國際產業巨人的轉型策略，前台灣飛利浦副總裁許祿寶先生還應邀擔任隨團指導顧問，訪問總部，探討國際科技企業如何成功的轉型。

為一窺全貌，筆者根據官網，擷取歷年的財報資料，以簡約的圖解和要項彙整出 1990 年以後飛利浦企業一路走來的成長基石如圖 6-16 饗宴讀者。

附帶說明，筆者只以正面、積極的角度陳述本書相關的章節，無法涵蓋其他與筆者遠距的事業部情節，文中的事例讓讀者一窺台灣飛利浦大致發展的成長與蛻變過程，時序也止於現任執行長就任時開始的記事。另一個理由是飛利浦在台的營運型態和規模已非昔日，當 2011 年四月新上任的 CEO 萬豪敦先生接掌兩任屆滿退休的柯慈雷先生時，基本上公司已大致完成轉型，事業組合底定，他首要的目標是加速成長，加速投資、併購，朝公司勾勒的願景發展，當時天下雜誌專訪下的標題：「快刀切割 – 電子巨象轉型猛獅」。

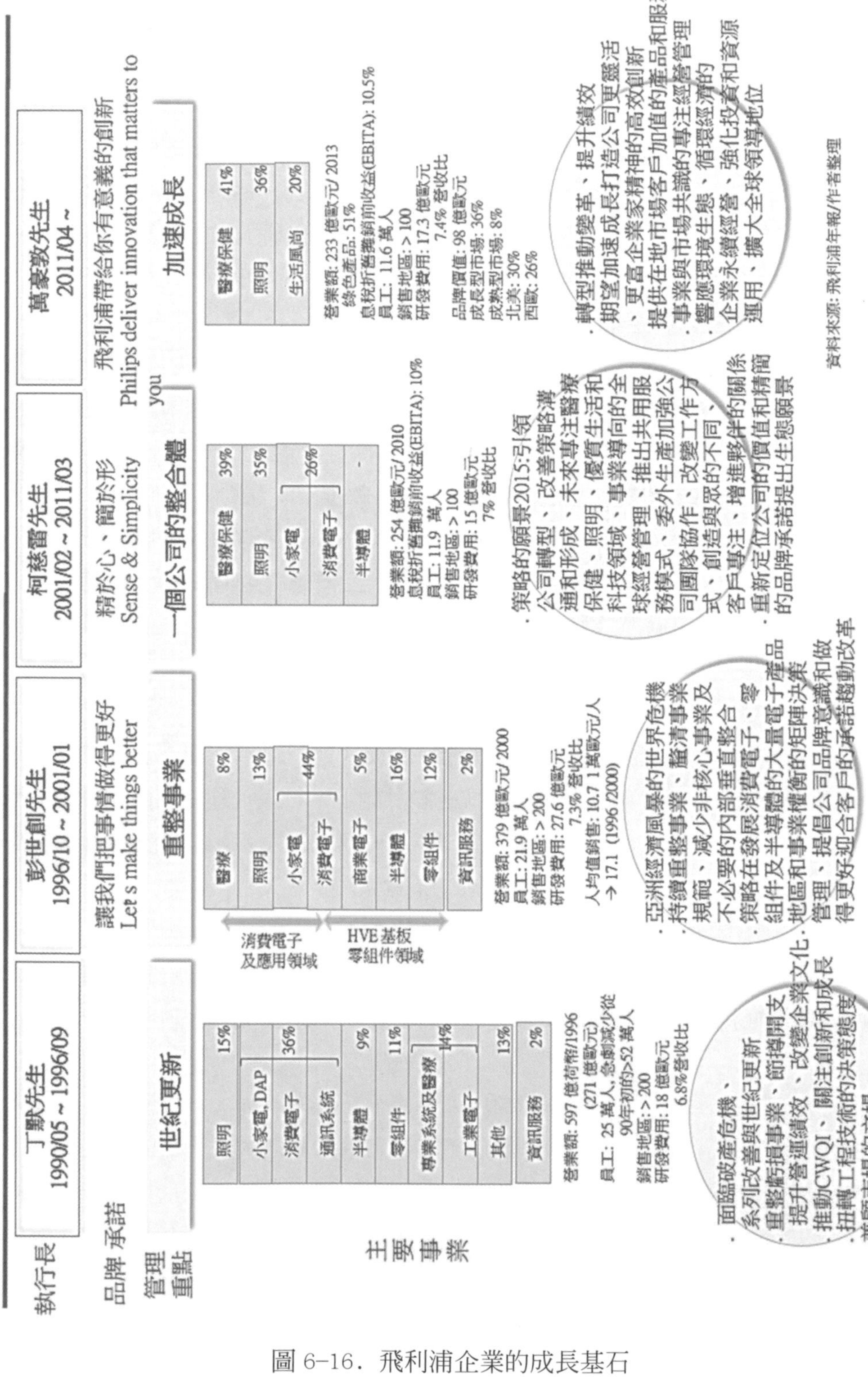

執行長	丁默先生 1990/05～1996/09	彭世創先生 1996/10～2001/01	柯慈雷先生 2001/02～2011/03	萬豪敦先生 2011/04～
品牌承諾		讓我們把事情做得更好 Let's make things better	精於心、簡於形 Sense & Simplicity	飛利浦帶給你有意義的創新 Philips deliver innovation that matters to you
管理重點	世紀更新	重整事業	一個公司的整合體	加速成長

主要事業

丁默先生：
- 照明 15%
- 小家電、DAP 36%
- 消費電子
- 通訊系統
- 半導體 9%
- 零組件 11%
- 專業系統及醫療 14%
- 工業電子
- 其他 13%
- 資訊服務 2%

營業額：597 億荷幣/1996（271 億歐元）
員工：25 萬人，急劇減少從 90 年代初的 52 萬人
銷售地區：>200
研發費用：18 億歐元 6.8%營收比

彭世創先生：
- 醫療 8%
- 照明 13%
- 小家電
- 消費電子 44%
- 商業電子 5%
- 半導體 16%
- 零組件 12%
- 資訊服務 2%

消費電子及應用領域　HVE 基板導組件領域

營業額：379 億歐元/2000
員工：21.9 萬人
銷售地區：>200
研發費用：27.6 億歐元 7.3%營收比
人均值銷售：10.7 1萬歐元人 →17.1（1996/2000）

柯慈雷先生：
- 醫療保健 39%
- 照明 35%
- 小家電 26%
- 消費電子
- 半導體 -

營業額：254 億歐元/2010
息稅折舊攤銷前收益(EBITA)：10%
員工：11.9 萬人
銷售地區：>100
研發費用：15 億歐元 7%營收比

萬豪敦先生：
- 醫療保健 41%
- 照明 36%
- 生活風尚 20%

營業額：233 億歐元/2013
綠色產品：51%
息稅折舊攤銷前收益(EBITA)：10.5%
員工：11.6 萬人
銷售地區：>100
研發費用：17.3 億歐元 7.4%營收比
品牌價值：98 億歐元
成長型市場：36%
成熟型市場：8%
北美：30%
西歐：26%

丁默先生策略：
- 面臨破產危機，一系列改善與世記更新
- 重整虧損事業，節撙開支
- 提升營運績效，改變企業文化
- 推動 CWQI，關注創新和成長
- 扭轉工程技術的決策態度，來顧市場的立場

彭世創先生策略：
- 亞洲經濟風暴的世界危機
- 持續重整績業、釐清事業
- 規劃、減少非核心事業及零組件及發展消費電子產品
- 策略在發展半導體的矩陣決策
- 地區和事業群體的大量電子產品管理，提回公司品牌意識和做得更好迎合客戶的承諾，推動改革

柯慈雷先生策略：
策略的願景 2015：引領公司轉型，改善策略溝通和形成，未來專注醫療保健、照明、優質生活和科技領域、事業導向的全球經營管理，推出共用服務模式，委外生產加強公司團隊協作，改變工作方式，創造與眾的不同，重新定立公司的價值和精簡的品牌承諾提出生態願景

萬豪敦先生策略：
- 轉型推動變革，提升績效
- 期望加速成長打造公司更靈活更富企業家精神的高效創新
- 提供在地市場客戶加值的產品和服務
- 事業與市場共識的專注經營管理，循環經濟的響應環境生態
- 企業永續經營，強化投資和資源運用，擴大全球領導地位

資料來源：飛利浦年報/作者整理

圖 6-16. 飛利浦企業的成長基石

〈注八〉張玥先生　〈Mr. David Chang〉

張玥先生於 1999 年接續升任歐洲總部的柯慈雷先生成為飛利浦電子零組件事業部亞太地區的總裁及顯像顯示器亞太地區（Display BGAP）的總裁，同時兼任合資企業韓國樂金飛利浦液晶顯示系統公司首任董事長和樂金飛利浦映管公司監事會監事。

於 2002 年轉赴中國，擔任飛利浦中國企業的總裁並兼任飛利浦中國投資有限公司的董事長及十二家合資企業的董事，並於 2006 年升任飛利浦電子公司的執行副總裁及飛利浦集團大中華的總裁。

張先生是皇家飛利浦企業有史以來的第一位負責中國事業的總裁，也是唯一一位直接向全球飛利浦企業總裁匯報的國家負責人，直到 2008 年十月退休。全職專業經理人的生涯，有三十年飛利浦的歷練，職涯的大部分都和台灣及中國息息相關，參與兩岸經濟的發展，也是最佳的見證。

主政期間，張總裁推動「一個飛利浦公司」的運作，改變飛利浦在中國的治理，從改革開放初期各別設立的許多合資企業、各自獨立運作的形態，變成一個代表飛利浦公司的跨國企業。這個高難度的挑戰，張總裁移植台灣推行的全面品質管理的觀念與實務，結合"卓越經營計劃，BEST"的做法，把中國飛利浦總部的運作導入正軌。

為因應中國特色而又讓中國飛利浦發揮自己的優勢，求同存異的差別性做法，更精確地詮釋飛利浦的信念，在中國地區建立六大核心價值觀：「客戶導向，誠信操守，坦誠開放，團結協作，以人為本，必勝信念」。

第三部
人員的價值：以人爲本的領導與人才發展

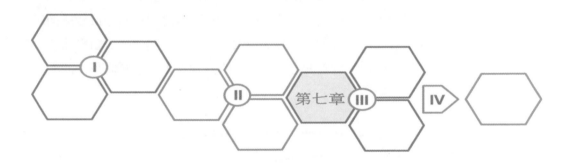

培養組織變成智能的團隊

第七章　培養組織變成智能的團隊

組織的活動與表現

組織的活動各式各樣、有大有小，對事務的溝通和互動也不盡相同，不過層面因涉及的人員可分成個體的、團隊的、集體的範籌。個體是個人自己做事；團隊是小群體的方式諸如專案小組、改善小組、部門或跨部會的合作，其間有比較複雜的人際間的配合、協同或目標；集體則是組織性的群聚或全面的聚會，形式如研討會、論壇、教育訓練等，常伴隨著組織集體活動有其特定的目的。每個層面所傳達的訊息、知識、技能、社會關係、影響程度都不一樣。然而，對組織而言，活動本身就是一種組織學習，活動的過程為學習的方式，不同的層面有不同的學習，產生不同的效果如圖 7-1。

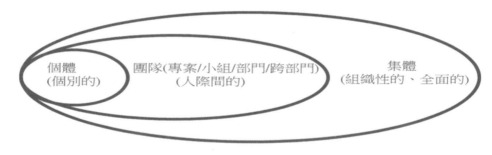

資料來源:Adapted from LP Hsu

圖 7-1. 活動的層面

如果一個組織的活動是全面的，人員有高度共識，凡事積極、有系統的步驟行事，持續不斷週而復始的話，其活動所凝聚出向上的能量，不論是個人/團隊/集體都是十分可觀，其表現往往也異於尋常。

從 1985 年推行全面品質改善活動開始，一系列組織的活動是組織學習的旅程，過程中不斷的累積改變的力量，引領組織變革。全部歷程總歸四個不同階段。從開始因應危機，強調改善體質、提升營運效率到第二階段的整合事業與管理，組織與營運模式創新，到第三階段以前瞻視野規劃事業的中、長程策略與新事業發展，到最後因應產業與環境變遷，帶領公司事業步入轉型。

每個時期均設定外部標竿爲挑戰的目標，證明自己有能力達到期望的水準，挑戰展現出企業堅強的團隊意志，集體學習的珍貴體驗。讓人驚訝的是，這個學習旅程持續了十多年，其間人員歷練的心智，造就組織能力不斷的提升，若加上技術上有所突破和創新的支持，自然表現出不平凡的氣勢出來。

大家從活動中學習成長，也從成長中獲得學習，組織的學習能力促成組織行爲的改變，團隊從傳統的機械式回應，逐漸轉變成具有智能。其間的轉化可以從幾個特徵區別其間的不同，如他們表現的價值貢獻、組織能力和學習程度來衡量。他們的價值貢獻以客戶取向，不論擷取、創造與交付都是客戶至上；組織能力可以有效的運用資源、掌握作業程序，也能不斷在程序上有求新、求變、應變；在學習程度上，顯現各層面所展現的速度、廣度和深度。

學習能力本來是指一個人或是一個團隊求知求變的動力或是強度，但關鍵在組織的學習能力需要組織先有一個良好的學習環境，在這個環境下有主管支持員工的學習、體制上有制定明確的學習程序和方法，還有強化組織學習的領導力才能建置一個智能團隊的學習能力如圖7-2，一個有學習能力的組織是可以促成團隊的改變，也是一個可以預期結果的組織。

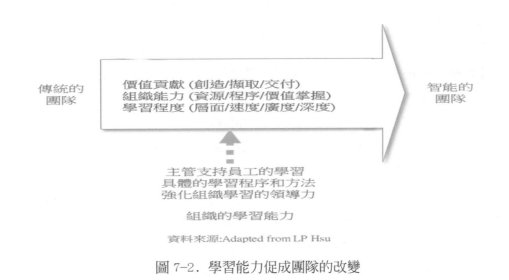

圖 7-2. 學習能力促成團隊的改變

那時，正值一位國際知名管理心靈大師**彼得聖吉**（Mr. Peter M. Senge）提出震撼人們心靈的管理學說，掀起世界一片組織學習之風。1994 年，在其出版的著作**《第五項修練》**中有一句名言：**『唯有快過競爭對手的學習能力才有可能保持競爭優勢，**the ability to learn faster than your competitors may be the only sustainable competitive advantage』。意味著學習讓組識不斷的吸收知識、技能，開拓領域和視野、提升能耐，它能夠引領組織及早應對未來的機會、做好準備，曉得如何積極規劃和面對挑戰，自然的擁有他人所沒有的相對優勢。

根據台灣飛利浦副總裁許祿寶先生所說，一個有機組織其日常維持、持續改善或創新突破各有其不同的管理型態，學習的層次，呈現的組織能力不同，行徑自然不同。根據彼得聖吉的解釋，一個學習的團隊，其工作的型態來自兩個不同的張力。一個是主動的、創新型的；另一個是被動的、調適型的，後者屬於傳統侷限的思維和範疇。

被動的調適型組織：工作型態多半爲被要求達成的事務，其特徵是：

- 主導的力量來自外部的危機或專家、顧問的建議
- 目的在解決遭遇到的問題，執行方案，維護成果
- 對個人與組織而言是被要求達成的，非自己想要的
- 結果每個人窮於應付，讓人疲於奔命

主動的創新型組織：工作型態多半屬自己想要達成的事務，其特徵是：

- 主導的力量來自內部積極的突破想法，自我的要求
- 目的在挑戰組織追求設定的願景和目標
- 對個人與組織而言，爲自己想要實現的理想和目標
- 結果每個人成長獲益，能量擴增和能力的提升

主動的、創新型的團隊在有機的組織裡才會出現，每個人能自主管理，不斷的學習與改善。它不須等待或依賴高層主管指示，而行動也符合高層所指引的方向和預期成果。透過不斷的共同學習、互相學習、自我學習來完成，從而突破現狀，實現未來的願景。在範疇上，主動的、創新型的組織涵蓋被動的、調適型的組織，學習組織的工作型態如圖 7-3。

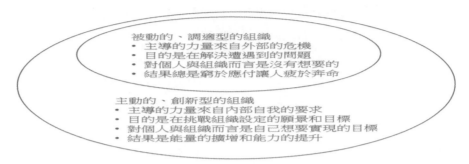

被動的、調適型的組織
• 主導的力量來自外部的危機
• 目的是在解決遭遇到的問題
• 對個人與組織而言是沒有想要的
• 結果總是窮於應付讓人疲於奔命

主動的、創新型的組織
• 主導的力量來自內部自我的要求
• 目的是在挑戰組織設定的願景和目標
• 對個人與組織而言是自己想要實現的目標
• 結果是能量的擴增和能力的提升

圖資來源: Adapted from Peter Senge & Daniel Kim / PTQF

圖 7-3. 學習組織的工作型態

許祿寶副總裁用彼得聖吉的學習管理實踐在台企業 也看到了組織的成長和轉變，他曾在飛利浦通訊的採訪中，詳盡的陳述如何認識一個有學習能力的智能團隊：

. 未來的挑戰不只算自己進步多少？而是比競爭者優越多少，進步是否比競爭者快？

. 眾多的工作績效中，品質績效以及客戶的滿意度最重要，改善的速度須加快。

. 改變組織從生產導向變成市場導向，讓原本各自分歧的，自我為本的部門，改變工作觀點和作法，變成環環相連、上下一體。

. 大力的推展品質機能展開（QFD, Quality Function Deployment），將客戶的聲音（VoC, Voice of Customer）水平式的貫穿組織中不同崗位的員工以及合作夥伴。

. 加強方針展開（Policy Deployment），依組織層次垂直落底，讓全員每年的改善工作有同樣的方向和著力點。

. 所有的改善都能經過 P-D-C-A 的程序，取得良好的結果，再將改善後的工作方法，透過標準化累積起來。

有集體學習能力的組織是一個智能的團隊，其工作績效無論是有形的或無形的，總領先競爭者一步。了解客戶的需求，隨時改變，也知道競爭者會隨時提高其服務水平，因此一個優越團隊的成員自己會不斷的學習及改善，不但有活力、也有能力以最經濟的方式（有效率的工作），滿足客戶的需求（做有效果的工作）。

總之，有集體學習能力的智能團隊有下列相同的特性：

. 客戶導向，了解誰是我的客戶，以及客戶真正的需求。

. 經由確定而完善的工作程序，以最經濟有效的努力來完成。

. 抱持永遠會有更好的方法做好工作，服務客戶。

- 強烈的求勝精神,比競爭者提供更好、更快的服務給客戶。
- 有能力洞察變動的環境、有能力學習、成長。
- 有能力掌握事業、適時轉型變革。

台灣飛利浦寶貴的組織學習和活動表現,對曾經經歷的人而言,莫不感到光榮和驕傲。

智能團隊蘊涵的基因

基因〈DNA〉原指生物組成的遺傳分子,是構成生物細胞的成分,引導生物發育和生命機能的運作。企業的 DNA 有如生物的遺傳密碼,生物基因的排序有如企業的蘊藏,訊息的傳遞,影響組織指令的下達,左右組織行為的模式和企業的表現。人類的基因決定人的特質;相同的,若把企業當成一個法人的生命體,企業的基因就像企業存在的密碼,是專屬的、難以模仿。沒有一個企業彼此會有相同的基因,因為每個經營的企業管理型態不一,組織呈現的生命力不同,成長和發展的結果也不同,而其中主管是影響的絕對關鍵。

企業的基因是結合個體的穩定力量,基因會自然的顯露出企業的特質。從內在的價值信念、使命、願景導引,透過有序的團隊學習而逐漸塑造、影響,累積、堆疊形成,不似人類的基因是生物的自然遺傳植入的基礎。企業的成員包括員工、主管;往來互動的對象包括客戶、夥伴和社會,企業的基因受到人際間行為的影響,特別是管理階層的行事風格和決策方式、組織的運作而產生極大的不同。台灣飛利浦有賴高層的睿智專注、尊重的待人處事、具有強烈企圖心、積極有力的領導。建立客戶價值的企業文化、管理上有系統化、透明的機制和檢視平台、團隊自我學習與優化的活力,其中內在的力量,深深受到早期企業經營的信念影響:**「致良知」、「致良行」、「致良心」**。台灣飛利浦推崇王陽明的思想,心即是理、理即是心的道德哲學,以中國的倫常名教為本體,這種包容東方文化深厚的底蘊,形塑出企業的信念,陽明心法有凝聚知行合一的作用,發揮道德規範、行事準則、為人處事的激勵。

台灣飛利浦企業經營的信念 － 致良知、致良行、致良心

致良知希望員工本著**「苟日新，日日新，又日新」**的精神，不斷吸收新知，培養新觀念來突破自我、超越自我，以便在日新月異的世界裡永遠屹立時代的尖端，而活得有尊嚴、有希望。所謂「致良行」強調「知行合一」，知而不行等於空談、於事無補，但「行」也要選擇正確的方向才會事半功倍，而方向的掌握則有賴於「良知」的判斷。致良知與致良行結合一起正是全面品質改善的關鍵，企業成功的不二法門，但基本的動力在於致良心，而致良知與致良行的目的在於達成「致良心」的四大內涵：

✧ **以良心對待員工：**不但要給予合理的待遇，安全良好的工作環境，也要給予富於挑戰性的工作及充分發揮能力的空間，同時更要不斷提供教育、訓練的機會使其繼續成長、進步。

✧ **以良心對待顧客：**不斷努力、預應市場需求，以負責的態度適時提供高水準，好品質的產品及服務，以滿足顧客的需求，協助提昇生活品質。

✧ **以良心對待股東：**善用股東資金，從各方面提昇企業營運績效，求取最大的合理利潤以保障股東的最高權益。

✧ **以良心對待社會：**做一個優良的企業公民，不僅要避免不當作為，給社會增加負擔，更要積極地關心社會，熱心參與公益及慈善活動，以提高社會品質、淨化環境，使人們得以安居樂業，企業在安定中求得發展。

企業信念為企業行為的主觀意念和價值標準，屬於企業人格化的精神層面，凝聚增加大家的認同和歸屬，也激活大家、奮發進取的力量，引導著企業組織的實踐。企業信念建立在認知和情感基礎上的一種思想意識，組織認同價值的判斷和行為標準，左右著個人的工作、團隊的活動或者企業整體的運作。企業信念的強度，取決於組織成員對企業和領導經營管理的信任程度。

這種信念下發展出來的組織領導和管理模式非常獨特，塑造出來的團隊彼此是信賴的、積極向上的。根據前人力資源處長蔡昆祐先生的描述，依他多年的體驗，歸納出一個有機的組織具有下列隱藏的基因，而這些基因成為企業智能團隊管理的底蘊。

- **自覺** – 能自我要求，瞭解組識賦予的角色和任務，具憂患意識，追求卓越，也具前瞻視野、規劃未來。

- **自信** – 每個人不斷地自我學習、互相學習，對事情肯付出，也有能力去做，知道怎麼做，也確實遵照著去做。

- **互信** – 有相同的願景，彼此之間都知道大家都勇於承擔，一起合作，共事協作的團隊精神。

- **誠信** – 每個人都遵循企業道德標準，員工工作準則的要求，瞭解什麼事可做、什麼事不該做。重承諾、肯負責、不推遲的從業人員工作態度。

- **實踐者** – 知行合一的工作實踐，到現場、看現物、找現因的三現主義，掌握現場、解決問題、預防問題再發，循環不斷，持續的追求成長、變革邁向卓越。

以中學治身心、西學應世變，以東方的思想固其根柢，端其識趣的智慧，經由這些基因蘊涵所建立的工作夥伴，無庸置疑是一個自發、自主、自勵的團隊。

組織凝聚向心的內在途徑

"群組，Group" vs "團隊，Team"

在闡述組織凝聚向心力的內在途徑之前，首先要瞭解群組和團隊的不同，再印證台灣飛利浦階段發展的管理實務，探索其間組織凝聚向心的種種關聯。企業組織的團隊是群組，但並不是每個群組都是團隊，群組的工作是透過主管上對下的階級溝通，個人的動機受到主管的激勵和影響。

團隊則不一樣，有股結合一起工作的力量，團隊成員有大我的考量，而少自我，個人有完成任務和目標的職責和擔當，產生正向的協同效應，發揮 1+1〉2 的效果，團隊的成就多來自成員彼此的鼓舞。如何建立一個團隊？又如何凝聚團隊的共識？如何凝聚成員的向心？為一種管理的藝術，每一個產業的屬性都不一樣，凝聚團隊向心力的方法也有差異，因為那些深深受到成員或主管領導的方式影響。

早期，訓練員工建立團隊精神的課程上，常舉一個有關**鴻雁**（Barnacle Goose）的啓示。鴻雁如何發揮團隊智慧，每年飛越數千公里來回，從棲息地格陵蘭到南非大陸過冬，鴻雁展現的團隊精神值得我們學習，因爲牽徙的鴻雁知道：

- 加入雁群一起邁向目標
- V 型隊伍秩序的飛行增加飛行矩離
- 輪流領頭面臨氣流
- 照護落後的弱小同伴
- 彼此呼叫相互鼓舞

團隊精神有股向心力，向心力是一種親和的拉力，對組織成員產生近距離的影響。它有一個共同的中心思辯，認知組織追求的理想和目標；它也有個定向，產生對自己的信心、對組織的信任；採取積極的措施激發出行動的力量。一個有向心的團隊，它能發揮出合作、協同的效應，顯現出行動的速度，產生巨大的力量，因爲「**力量 ＝ 行動 x 速度**」。

凝聚向心力絕非短時間能夠促成，培養是長期的、漸進的、互動的累積。雖然企業可以透過公司的日常活動或教育訓練強化，但主管領導的溝通技巧、待人的用心和關注程度，是否充分的溝通有極大的關係。而其間更基本的條件在企業具備組織的透明度，提供的訊息不是片斷而是完整的，向心力是組織在日常的運作中形成的。

企業的向心力讓員工有歸屬感，讓員工從工作中，自然地在思想上、心理上、情感上對公司產生彼此的信任，擁有共同的價值標準；另一方面，主管的待人用心、領導的風格，塑造出的組織文化也會影響團隊及成員的使命感，讓成員們從內心產生責任感、自我要求，自我激勵，相互激勵。簡單的說向心力先有彼此的信任感、共同的價值觀、激發工作熱誠，表現出來的精神，這樣才能使團隊高績效成長，邁向卓越的巔峰。

台灣飛利浦從 1985 年啓動全面面品質改善運動到千禧年爲止，整個改善過程可大致區分爲三個成長階段，每個階段經歷了不同的心智學習過程：

第一個階段 1985 ～ 1991 年：建構期

當時組織面臨危機，希望透過全面品質改善提升體質，定義的客戶範圍涵蓋股東以及目前市場的客戶。每個單位的組織屬於機能導向結構，公司運用的方法為推行全面品質改善運動，組織行為仍然屬於從上到下、被動的回應，危機是主導改變的力量，效率改善為管理重點。展開的是年度方針管理，人力資源仍在滿足生理上的需求和安全感的初級層次。這個時期，借助公司聘請的外部專家、顧問教導有關品質管理的理念和方法，如何有效的推行全面改善，並以挑戰日本戴明的獎項為外部標竿。

第二個階段 1991 ～ 1995 年：整合期

一九九一年獲得日本戴明賞後組織學習進入另一個台階，定義的客戶範圍擴及員工和社會、環境。每個單位的組織變成產品導向的結構，公司運用的方法在原有基礎上側重培養組織的核心能力，組織行為已能從上到下/從下到上的雙向互動，機能整合為主導改變的力量，培植創新優勢為管理重點。人力資源進入滿足社會性的、受尊重的層次，這個時期除了持續挑戰日本戴明大賞的進階獎項目標外，更以前期的準備，配合事業總部挑戰全球飛利浦企業卓越經營獎項為最高標竿。

第三個階段 1995 ～ 2000 年：策略轉型期

以企業卓越經營為藍本，定義的客戶範圍擴及新事業夥伴。組織是前行後援式的跨事業互動結構，組織行為表現企業家的精神，願景為主導改變的力量，以新事業的開發為管理重點。其間於 1995 年引進飛利浦的策略規劃，融入年度的全面管理改善，成為前瞻的策略方針管理。這種獨特的管理機制於 1997 年贏得日本戴明大賞。在邁入新世紀之際，有計劃的調整邁向企業的未來，同時積極因應台灣產業的變遷。這期間，除了追求世紀願景及新事業的開發以外，更重要的在執行全球飛利浦的公司價值新定位、策略翻轉。

可以這麼說，全面品質改善的旅程，實際上就是經營管理品質的學習過程，最終的境界卻是培養各事業單位成爲一個學習的有機團隊，彙總以上各階段的發展所述如圖 7-4。

階段的運作	I. 建構期 1985 ~ 1991	II. 整合期 1991 ~ 1995	III. 策略轉型期 1995 ~ 2000
主導力量/管理重點	危機 效率改善	整合 創新優勢	願景 新事業的開發
客戶涵蓋的範疇	股東以及目前市場的客戶	擴及員工、社會和環境	擴及新事業的客戶
方針管理 的幅度	年度方針展開	年度方針管理	策略性方針管理
人力資源的需求	生理上的需求, 安全感	社會性的, 受遵重的	自我實現
組織結構	功能導向	產品導向	前行後援式的跨事業互動
組織行為	從上到下的被動回應	上到下/下到上雙向回應	企業家精神的網路
運用的方法	推行全面品質改善　＋	培養組織的核心能力　＋	培養組織成智能學習的組織
挑戰的外部標竿	日本戴明獎	全球飛利浦品質卓越獎 / 外部各項作業標準	日本戴明大賞 / 歐洲卓越經營獎

圖資來源: PTQF

圖 7-4. 台灣飛利浦的階段發展

提到團隊精神，羅總裁曾在一次訪問中這樣解釋：

『**團隊合作的精神來自一個組織有正確的管理工具（Tools），有完整的形制運作（Form），各個單位都能制定出重要績效指標（KPI, Key Performance Indicators），而且配合完整的人事考核與發展措施。有這些績效指標之後，做起事來會讓組織的運作確實透明，公平公正。人人清楚大家在做什麼，不但自己瞭解、人家也看得見，所有的結果也都有具體的方法衡量，配合人事的獎酬辦法、考核升遷以及主管才能發展的計劃，這樣子能夠激發大家一起合作的動力，共同朝向設定的目標，全力以赴達成**』，羅總裁的一番話驗證先前所述的實務，說透一點在於組織有一個完整的管理制度。

歸納團隊凝聚向心的內在途徑如圖7-5，它詮釋以上的管理實務，向心力凝聚最重要的基礎來自組織的**可見度（Visibility）和透明度（Transparency）**，可見度表示每個人都瞭解作業，作業情況看得見、聽得到；透明度表示每個人瞭解作業

的程序和步驟，它是重要的基盤。如果組織的每個人在工作上都能掌握可見度和透明度，有科學辯證的資訊，不憑藉片斷的猜測，實際上已經表現出提升的組織能力，它是集體蘊藏的力量。

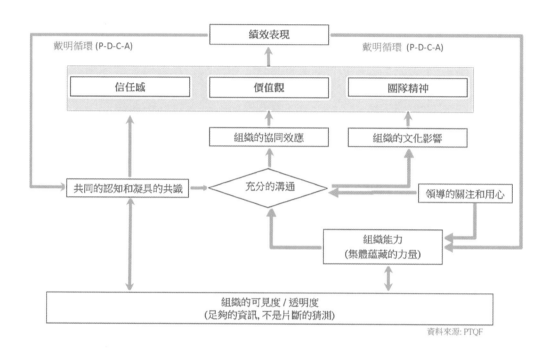

圖 7-5. 組織凝聚向心的內在途徑

組織受到領導的關注和用心其事，利於組織充分的溝通和組織能力的提升；如果團隊有共同的認知和凝具的共識，容易產生彼此的信任感。過程中透過充分的溝通，建立共同的價值觀、產生協同的效應；在這種管理風格形成的組織文化影響下，培養出團隊精神。一個團隊具有彼此的信任感、共同的價值觀、團隊精神，一定會有不錯的績效表現。整個團隊凝聚向心的內在途徑遵照戴明循環，反饋精進。更有信心，一旦有了不錯的績效表現，更能增益組織的動力，強化彼此的認知和共識、其間效應是環環相扣。

在組織凝聚向心的道路上，不僅台灣，全球飛利浦也對組織的運作在執行上也有類似的探討，在一次重要的主管研討會上，曾引述美國管理顧問大師**愛米和杰** (Ms. Amy Kates & Mr. Jay R. Galbraith) 的**星星模型**（Star Model）詮釋組織運作的框架如圖7-6，這個模式以專家的觀點為基礎加以調適，貼近公司自己的應用，模型結合組織設計的五個構成因子，也代表五項挑戰：組織能力與組織學

習、組織結構與公司治理、業務程序與系統、員工與企業文化、員工績效與獎酬,五個因子彼此是交互影響,最後表現在組織行為,反應在企業文化和組織績效上。

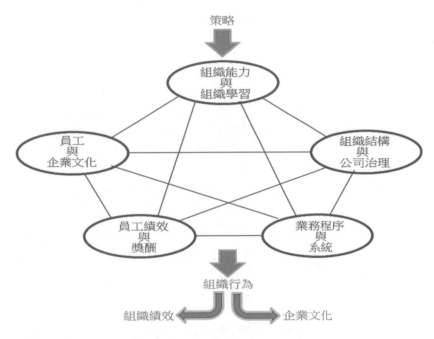

圖資來源: Adapted from Amy Kate & Jay R Galbraith Star Model / PTQF

圖 7-6. 組織運作的框架

組織能力與組織學習 → 策略方向的引領下、自我導向、追求突破
組織結構與公司治理 → 賦權、具有執行應有的權責和管理機制
業務程序與系統 → 事業經營的模式及適時完整的資訊提供
　　　　　　　　　　　　能見度和透明度
員工與企業文化 → 職務上的技能、成熟的思維和行事
員工績效與獎酬 → 公平、公開、公正的考評和激勵鼓舞士氣

這個圖說明公司如何從策略的方向指引到形成組織行為,塑造企業文化和創造組織績效的思維。溝通從總部最高執管會議的研討一路展開,推廣到各事業單位、各地區,各事業部經營主管們也以這個模型進行事務的展開。這個模式是飛利浦組織的設計和運作,也說明如何善用專家、顧問的智識,活用在企業的學習道路上。

人員是組織能力發展的關鍵

針對組織能力的發展，引用前台灣飛利浦人力資源處長蔡昆祐先生的解釋，他闡述影響組織能力的發展有四大要素，分別是領導力、企業文化、專業技能、事業的核心程序，這四大要素構成組織能力發展的框架如圖 7-7。

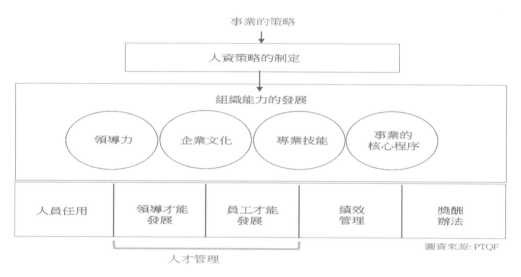

圖 7-7. 組織能力發展的框架

(I) **領導力**（Leadership）

(II) **企業文化**（Business Culture）

(III) **專業技能**（Functional Competence）

(IV) **事業的核心程序**（Business Core Processes）

首先依據事業的策略制定人資策略，再從人資策略展開這些關鍵的四大要素。觀察、判斷這四個要素的發展狀況，作業事務上牽涉人員任用、績效管理、獎酬辦法、員工才能發展、領導才能發展五大事務，其中最後兩項是人才管理的範疇。

蔡昆祐先生進一步解釋組織領導與領導力，他說企業是一個生命體、也是一個有機體，想立足就須面對及處理生命體的「**常**」與「**變**」。「**常**」為企業基礎的運作機制，包括組織結構、專業技能、程序準則、資源分配、公司倫理、公司治理乃至於企業文化與價值觀。「**變**」為企業如何因應變化的經營環境與競爭態勢，調整策略思維，一旦策略思維有大轉折，基礎運作機制也必然跟著翻天覆地，那

也是變革管理該派上用場的時候。如果要套用企業界常用的簡化論點，**「常」的目的讓組織能夠 "把事情做對，Do the Thing Right"**，它是要求組織的效率與戰鬥力，屬於企業的日常運作管理；**「變」則讓組織能 "做對的事情，Do the Right Thing"**，在不同階段、不同時代、不同競爭態勢下都能找到藍海，屬於企業的變革管理、方針管理的範疇，不管如何，兩者都不能偏廢。

「企」業止於人，是人的組合，面對前述的**「常」**與**「變」**時，領導者與經理人絕對是組織中動見觀瞻的關鍵人物。其領導與管理在運作功能上有明顯的不同，組織須清楚它的效應以及可能的侷限和盲點，要充分掌握其間的區別、發揮其最大的功效如圖 7-8。

領導者	經理人
做對事情, 講求的是效能	做好事情, 講求的是效率
因應變革	從繁瑣事務中理出頭緒
如身體之知覺，對移動敏銳	日理萬機、安排優先順序、有組織和具體掌握
關切事物對人員的意義	在意事情如何完成
像建築師的設計創造從無到有	像營造人員的依樣畫葫蘆搭
專注共同願景的開創	強調工作的設計, 講求縝密的控制
追隨我	按照我說的做

資料來源: PTQF

圖 7-8. 領導者 vs 經理人

其中最大的關鍵在領導者使企業組織能面對及處理「常」與「變」，大部分的企業有個通病「過度管理、缺乏領導」而不自知，領導的風範也僅限於位居高層的董事長或總經理身上，其實中堅幹部為執行的重心，中堅幹部表現像個領導者還是只像個一板一眼的經理人，第一線員工只會按操作手冊還是會掌握客戶需求，其運作重視橫向溝通還是緊守本位，這些多是組織發揮第一線「實踐力量」的重點。

企業價值觀能夠凝聚共識、鼓動人心，樹立行事或道德的準則。講白一點，老闆必須先告訴員工為何而戰？ 為誰而戰？ 若這些價值觀或稱它為經營理念，只是掛在公司門廳、或公司網頁的置頂，沒有具體的在組織裡展開、讓員工到位實踐，那只是文宣樣板、表面的形象，有些公司甚至是請外部企管顧問捉刀的華麗文筆。這些口號跟教條要起作用，就得醞釀發酵，這一過程跟中山先生談三民主

義沒有兩樣，主義是**一種思想 → 一種信仰 → 一種力量**。最終要產生一股力量的關鍵在領導，有無發揮領導力，然而沒有夠格的領導，講再多企業價值都白費功夫。

領導重在以身作則，帶頭落實價值觀，就像英文有句話說的 Walk the Talk, Not Talk the Talk，更重要的他能在企業起伏中，因時、因地帶領團體現價值觀，贏得客戶的信任。為客戶和社會做貢獻的方式有千百種，經營環境更是千變萬化，如何具體地實踐價值觀為領導者智慧的考驗，這真正是 "學而因時習之"。

台灣飛利浦領導的典範當屬羅總裁而沒有第二人選，不論總公司給的資源是多是少、甚至沒有提供，不論經營環境如何變化，他都有辦法帶領團隊闖出一片藍海。突顯一個傑出領導不同的管理風格和執行力，換句話說領導能塑造出優質的企業文化和領導力。

接下來，探討組織能力中相關技能的問題，一般人資談到人員發展與訓練的時候，常以職能、才能、能力、才幹說明英文的「Competence」，它代表完成人和事相關任務的能力。坊間，比較廣泛的稱呼為「職能」、「技能」或「能力」。它是怎麼分類？如何區分？那些為必備？那些為選項？每個組織都不盡相同，要清楚認識職能及其工作內容和工作績效是息息相關，不相關的工作就不能稱其為職能。

美國學者**史賓森先生**（Mr. Spencer & Spencer）根據奧地利心理學家**西格蒙德**（Mr. Sigmund Freud）的冰山理論，闡述完成工作任務所需具備的能力區分為兩個層面，一個是可見的專業技能約占 85%，另一個是內隱的稟賦潛能比重約 15%。

專業技能（Functional Competence）為個人領域專業的知識（Domain Knowledge）或技能（Skills），是外顯的表現行為、可以評量，也可以讓別人觀察出來，它是達成工作目標具備的特定能力，也可透過自我充實或藉由學習、訓練、發展來充實；而個人的稟賦潛能涉及人格特質，個人的自我概念、價值觀、形象、態度，反應個人行為的特質、個性、情緒，也表達個人行事的動機、思考、慾望。它雖然受到社會環境左右，卻沒有那麼容易的發展，對人有長遠的影響，是決定個人未來成就的重要關鍵，能力的冰山模型如圖 7-9。

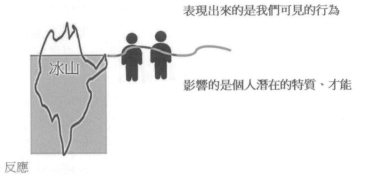

圖 7-9. 能力的冰山模型

在飛利浦的組織診斷和人員能力的培養與發展框架裡，將能力區分為三類：

．**一般技能**（General Competence）

．**專業技能**（Functional Competence）

．**領導才能**（Leadership Competence）

「一般技能」指從事工作所需的基本要求，像大學的通識課程一樣培植基礎能力。在企業工作環境中，一般技能可能指語言的說寫聽、溝通表達、電腦科技應用、工作態度、職業倫理等，它屬於從業人員工作上共同的條件，不限於某一特定職務或事業單位的知識和技能。

「專業技能」是職務技能，指崗位上個人執行工作指派需求的智識/技術，屬功能性的。在一場飛利浦主管才能發展的會議上，強調同時具備工作職能上的知識技能（Functional Competence）和領域的專門技術、智識（Technical Knowledge/Domain Knowledge）才是一個職業上的專業達人（Professional Competence）。

職能上的知識技能 + 領域的專門技術、智識 = 專業達人

Functional Competence + Technical Knowledge = Professional Competence

職能上的知識技能為你**做的事**（Things You Do），領域專門的技術、智識則是**知道怎麼一回事**（Things You Know），認為同時具有這兩種才能的人，就具有職業水準的達人（或叫權威、專家），一個真正的專業就得充分具備兩者，才是個專家。

「**領導才能**」指領導者的人際關係，人際互動的能力，在組織管理或社會活動的層面裡，是人與人間、團隊裡、團隊間的互動。領導才能並不是只有主管才有、幹部或是經理人的管理也需要，它是每個人在群體裡的社群交往，也就是說每個人的工作不是單獨可以完成，需和他人共事的話，基本上都脫離不了領導才能。

一般人常混淆不清才能和技能，它的差別在屬於個人的，或屬於人際間的，常被誤解而混用。當屬個人的時侯，它反應個人才能，工作上表現專業/技術層面上的技能，我們稱它為職務/專業技能；　當人際間互動時，和人一起共事或相處，牽扯到人際關係的社會活動、或管理活動時，它的能力叫領導才能，它是指人際關係的勝任程度。雖說主管的工作重點在管理，多半是社會活動，領導才能呈現的機會較多，但領導才能非主管專屬，它是組織裡每個人都必須備有，而且不可或缺，為區別中文的混淆，名稱上我們稱呼它「領導才能」。

以台北總部為例，解釋專業技能和領導才能的框架，台北為一個國家的地域組織，框架上完整的定義核心/支援程序的專業技能，以事業單位來說，主要程序有產品開發、訂單交付、供應鏈管理、客戶支援及售後服務、行銷推廣、市場研究、採購、供應商管理等；支援程序（陰影方格）則有資源管理、財務管理、績效管理、主管才能發展、客戶滿意度調查、外部審查/稽核等，領導才能是讓組織發揮專業技能有效的執行，這個框架的主要程序和支援程序的專業技能說明如圖7-10。

組織從上層（總公司/事業部/產品群/地域）的政策、方針推演自己的願景、使命及事業的卓越政策，展開策略規劃及年度的政策、目標和資源管理配置，策略的定向及重點決定公司年度的營運重心以及需要的合作夥伴能力，從而開發符合目標所期的客戶、產品和服務。嚴謹的展開貫徹到執行方案，經由主要程序和支援程序獲得成果，進行績效評估及運作的檢討分析，也從過程中吸取經驗或從教訓中獲得學習加以改善，框架的程序環環相扣，發揮專業技能和領導才能。

主要程序是專業運作的重心，透過這些程序創造出客戶的價值，一個有執行力、有領導力的組織，會不斷透過學習，經由改善提升技術/專業技能，以更有效的方式調整資源、配置資源，提升的組織能力使事業更具競爭力，若說組織的專業技能和領導才能是企業的競爭力也不爲過。

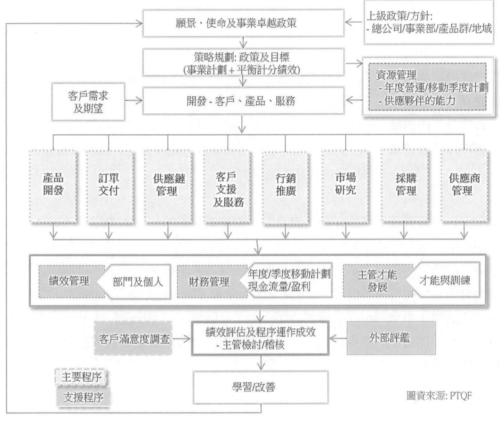

圖 7-10. 台北總部的專業技能和領導才能 〈例〉

行動上，許多人常陷入一個迷思，主管分不清領導者和經理人的差別，沒有分辨事業策略的定位和日常的維運，實際上兩者不可混爲一談。領導者重策略，經理人重維運。輕忽策略發展的領導，天天忙於日常業務的管控，日理萬機之餘可能已經焦頭爛額，容易疏於策略上長遠的價值定位，策略是做對的事，而營運則是把事情做對，或說策略決定企業的生死，營運則決定企業的成敗，領導者和經理人的工作大不同之處就在這裡。

珍視夥伴關係的思維和作法

曾經擔任人力資源資深處長的林南宏先生定義人力資源管理：

『人力資源管理將組織內所有人力資源作最適當之確保、開發、維持與活用；為此所規劃、執行與統制之過程稱之。換言之，以科學方法，使企業的人與事作最適切的配合，發揮最有效的人力運用，促進企業的發展。簡單的說即為 — 人與事配合，事得其人，人盡其才』。

以全球飛利浦跨國的人力資源管理為例，人資的工作大致可區分為：

- **建立文化的工作** — 有關價值信念、想法、行為模式之類的東西
- **合作分工的領域** — 區分總公司的、國家或地區的、事業單位的要求
- **管理作法的要求** — 不同的導入方式、活動重點、執行管理有關價值信念、
　　　　　　　　　　行為模式之類的東西

執行上，人資管理有三個領域，對員工、對事業和對公司的人事事務，每個領域扮演不同人資的角色說明如圖 7-11。對公司而言，人資是公司職務上的專業；對事業單位而言，是事業單位的人資；對員工而言，是員工的人資。每個領域的工作內容和客戶期望不盡相同。公司的人資推動總公司/區域/國家/地區的政策與卓越計劃活動；事業單位的人資則需配合事業發展策略規劃所需的人力，是事業的重要夥伴；從員工的立場而言，是要求人資提供有效的行政服務或圓滿快速的處理、解決問題。

人資的日常運作以人為本，人性出發、人為中心的關懷與管理，發揮入員的價值，珍視員工為公司重要的資產。人資管理就是人力資產管理，組織有下列的認識和作業，員工是工作的夥伴，儘可能發掘人才、創造最大貢獻，更積極的人資甚至能成為公司事業發展重要的策略夥伴：

✧　　人才屬於公司，不是各別部門，更不屬於主管個人
✧　　有好的機會應讓優秀的人才優先外放
✧　　人人皆應具備領導力
✧　　個人成長與組織的成長密不可分

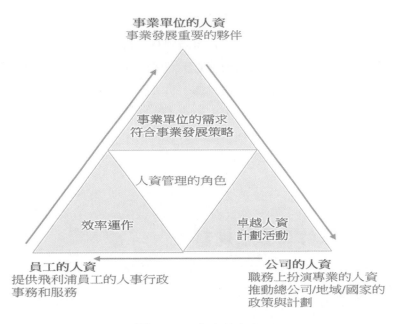

事業單位的人資
事業發展重要的夥伴

事業單位的需求
符合事業發展策略

人資管理的角色

效率運作

卓越人資
計劃活動

員工的人資
提供飛利浦員工的人事行政
事務和服務

公司的人資
職務上扮演專業的人資
推動總公司/地域/國家的
政策與計劃

圖 7-11. 人資的角色

列舉人力資產管理上的一些實務，進一步的說明：

✧ 內部招募時，人才有機會自由的流動，只要員工和需求部門雙方都滿意。

✧ 員工有職涯規劃，有定期的面談，建立專業以及管理發展路線的雙軌道晉升系統。

✧ 建立員工個人潛能發展計劃以及主管潛能發展進程。

✧ 對具潛力發展的員工，有計劃的調任專業領域，以及從事其他可能助長的工作，豐富其歷練，提供無義務拘束的海外工作指派或訓練機會。

✧ 對具潛力發展的員工，有計劃的實施 2×2×2 的工作輪調制度，在其職涯的發展路徑上，有機會歷練二個不同職務、二個不同事業領域、二個不同國家或地區的工作。

✧ 舉辦**員工需求調查**（ENS, Employee Needs Survey），透過調查瞭解員工的需求，適當的反應員工的士氣，以及舉辦**員工認同與敬業調查**（EES, Employee Engagement Survey），透過問卷適當的瞭解員工對工作的承諾和投入的程度，讓公司找出進一步激勵員工的有效措施。

雖然業界中不少企業標榜公司提供良好的員工福利，人性化的工作環境，除注重工作場所安全與健康保障外，工作上也重視兩性平權、無性別歧視的工作條件。

但從上述的實務可以看出台灣飛利浦除了擁有一般企業的措施外，其獨特的以人為中心、人員關懷、發揮人員價值的管理措施有其獨到之處。當雇主珍視員工為夥伴的氛圍下，員工必定信任組織與主管，熱愛工作也想把工作做好，對人以敬並樂於助人，願意多付出，達成組織目標，也不忘學習新知，掌握周遭的環境變遷和專業的脈動。這樣的組織培植出來的員工會持正面的工作態度，對工作與公司產生高度的認同，凡事主動積極參與，自然的工作有良好的表現，為企業維持競爭優勢不可或缺的首要。

事業人力資源的策略性規劃

前瞻的策略思考

現代管理學之父**彼得‧杜拉克**（Mr. Peter Drucker）先生有句名言：『**公司經營不能炒短線，永續經營是所有現代企業極盡的追求；管理的一項任務就是要投注今天的資源，創造未來；沒有任何決策比用人決策的影響更為深遠**』。

企業的重要績效指標除了事業經營表現，公司價值的實現外，另一個是規劃未來人力的需求和發展，確保公司及事業未來接班後繼有人，不但今天能持盈保泰，更具適應能力營運，也能應付明日的變遷和挑戰，維持明日的生存，讓企業永續。

面對全球化快速變遷的商業模式，人才市場嚴峻的挑戰無法避免，企業在改革、轉型的過程中，人資主管需拉大視野，擁有縱觀全局的能力，具備策略性的思維及高度，也唯有具全方位的主管才有機會進入組織決策階層，受到事業單位重視。如美國知名企業家 GE 執行長**傑克‧威爾許**（Mr. Jack Welch）先生所言：『**人對了，事就對了，人才，為策略的第一步**』，人資若熟悉運用策略性思考人力資源、人才發展，必能協助事業單位創造最大的績效。

跨國企業事業的發展，需有適時足夠適當的人才，不管事業本部提供的人才或由當地招聘的專家，必需克服人才短缺的限制。因此人資規劃的策略思維格外重要，主管有宏觀及前瞻的眼光，協同事業單位主管掌握全局的人資配合，適時支

援事業的策略發展和需求。

如何做好人才需求的策略規劃？做好前瞻準備，成為最大的挑戰。如果處於多變的環境，而地方又有諸多勞工法令限制，人員流動可能無法倖免，事業單位更須有人資的策略措施，才能吸引高素質人才，滿足發展步調所需。

根據美國人資管理教授**戴維・尤里奇**（Mr. David Ulrich）大師的解釋，人資的角色在策略思考上有個衡量的方式。橫軸表示對人或事務的偏向，從左邊人事行政著重的事務程序導向到右側的著重人員導向有所不同。縱軸表示關注事項的時間點，視野從日常運作的作業面到前瞻規劃的策略面眼光長短不同。兩個思考的主軸構成人資的角色方陣，方陣代表人資可能扮演的角色如圖 7-12：

圖資來源: 戴維・尤里奇 (David Ulrich)

圖 7-12. 人資的角色

(I)　　著眼日常的事務，重視人事行政，有如傳統的人事經理，提供人事服務的平台，主要的功能在提供人事作業規範，有效的處理人事事務，扮演的是一個事務性的**行政專家**（Administrative Expert）。

(II)　　著眼日常的事務，重視人員相關激勵員工，是員工的指導，主要的功能在提供員工所需做好工作，扮演的是一個關懷**員工的導護**（Employee Champion）。

(III) 著眼前瞻的人才規劃，重視事業的業務程序和需求，規劃事業發展的人事策略，策略人才的需求、選才和育才，主要的功能針對策略方向的未來，扮演的是一個事業發展的**策略夥伴**（Strategic Partner）。

(IV) 著眼未來的人才規劃，組織的變革及策略轉型所需，主要的功能在提昇組織效能或新的價值定位，扮演的是一個協助事業**變革的驅動者**（Change Agent）。

每個向度代表不同的人資工作內容，對公司或事業單位帶來的價值和貢獻也大不同。在策略面的思考上，第 III 和 IV 向度的人資比較開放、有創造性，會跨出傳統的人事領域，協助公司或事業單位進行未來的策略規劃、未來人才的布局與發展、招募甄選、職位評估、人員任用、獎酬、績效管理、培育發展等，第 IV 向度需要協助組織動態的發展和進程，擬訂組織策略、組織發展、組織變革、塑造企業文化，是變革與組織創新突破的重要關鍵。

然而，要成為一位稱職的事業夥伴，人資需具備下列相關的**技巧**（Skills）**和專業技能**（Functional Competences），有了它才足以發揮所長、勝任擔當。

技能：商業頭腦、人際關係、面談技巧、溝通諮商技巧、專案管理、變革管理、組識及人員的評鑑等。

專業技能：事業發展的模式與運作、策略規劃、有效的解決方案等。

根據前台灣飛利浦人力資源資深經理蔡昆佑先生的解釋，卓越經營管理模式下的人資不是一蹴可及，是在相關的重要業務程序上不斷的透過學習、擴增角色，漸進發展成熟而成，發揮貢獻。演化的軌跡從專業的**行政管理者 → 變成部分參與的貢獻者 → 不斷擴增成為事業的關係人 → 最後更能積極的變成公司或事業團隊的策略夥伴、甚至成為變革的驅動者。**

在追求卓越經營的路程中，人資要扮演事業單位策略的夥伴，業務要完整的包括下列十大人資管理程序，其中程序一到七為**核心**（Core Processes），八到十為**促成因子**（Enablers）如圖 7-13。

1. 人資的策略規劃　　2. 組織人力發展　　3. 人員編制
4. 員工職涯發展　　　5. 人才管理　　　　6. 員工績效管理
5. 獎酬　　　　　　　8. 人資系統　　　　9. 健康與安全
10. 員工關係一對內的/對外的

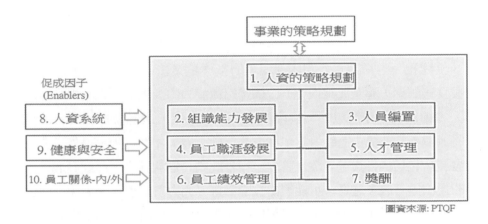

圖 7-13. 卓越經營的人資管理程序

從公司的組織而言，台灣飛利浦人資管理的單位可分為幾個層次，他們分別配屬在：事業單位的人資單位（HR Business Function）、在地工廠第一線的人資單位（HR Front Office）、國家級的人資單位（HR Back Office）以及總公司或區域組織的人資單位（HQ/Regional AP – Centre of Competence），後者是人資的專業支援中心，分別座落在荷蘭及新加坡。人資組織架構為跨國企業的強項，優勢的專業和支援，提供層層相關的知識、技能，扮演著智庫和督導的角色，任何相關的人事政策、計劃、活動，均可以透過這個組織和架構有效的完成。

在傳統的或小型的企業裡，人資主管的地位和角色難以受到重視，主管職級較低，工作內容偏重人事行政功能，為提供人事服務的幕僚單位，人事作業多半屬員工招聘和雇用，也許包括一些工作教育、訓練事務。我們的體認，人資管理策略性的規劃思維應具有下列的特質：
. 有中長期前瞻的視野，建立適用多年的計劃
. 連結公司及事業單位的經營策略規劃
. 組織目標的設定扮演積極關鍵的角色
. 事業單位的主管擔負人力資源管理的責任
. 人資主管的職級位階有如事業或其他的一級單位

. 建立良好的工作環境

. 協助領導調整組織的管理風格,塑造企業文化,健全組織運作的基礎

人力資源的主管有策略運作能力,熟悉事業策略形成的過程,也實際參與策略的擬定和方案執行,了解事業的經營環境和組織特性。人資單位和相關專業人員具有足夠的知識、技能獲得事業單位的信賴,託付人才的管理和規劃。人力資源策略的規劃以事業策略為基礎,理解策略制定過程的外部環境因素(競爭力、技術變化、全球化、客戶期望)和內部環境因素(事業核心、文化和主要的業務程序、投資報酬率、事業成長機會),構築組織能力的人力需求以及未來短/中/長期的人力編制和需求,包括關鍵職位、角色、職能,比對需求和人力市場的供給,將過與不及的人力差距擬定出採取的行動。獵人才的行動,優先從公司內部人才發展、包括內部徵選、職涯管理、接替計劃、輪調計劃、培訓發展;而外部聘雇的規劃則有許多途徑,可能經由校園徵選、人力資源獵才、人才公開徵選等方式。人員到位任用之後,更要有定期的績效追蹤,檢討人員的工作表現是否符合預期,並檢討改進措施。所有執行的經驗也將回饋到事業單位,作為未來策略的調整參考,整個事業單位的策略人力規劃邏輯也沒有例外,行事遵照戴明循環如圖 7-14。

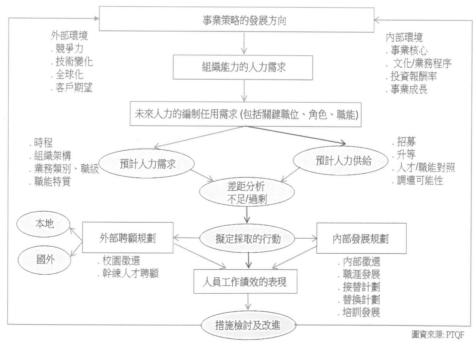

圖 7-14. 事業單位的策略人力規劃

根據事業單位的策略人力需求，人資單位採取策略人力的行動，基本上從確定事業需求分析、行動措施規劃到執行進度管控，形成策略行動三步曲如圖 7-15。

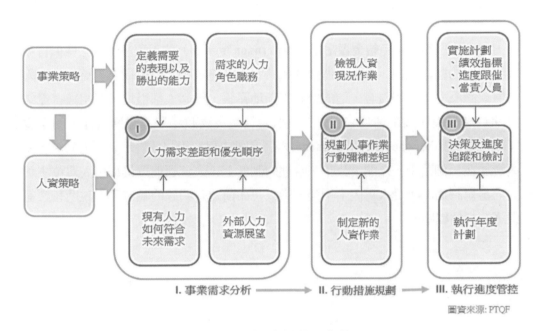

圖 7-15. 策略行動三步曲

I 　**事業需求分析：**人力需求差距和優先順序

II 　**行動措施規劃：**規劃人事作業行動彌補差距

III **執行進度管控：**決策及進度追蹤和檢討

人力需求一旦確定，用人單位的主管就必須提出每個職缺對應的職務說明書（Job Description），這個文件要求用人單位提出職缺文件。它依據飛利浦職務評估的指導文件製作，這個職務說明和評估指導文件為國際知名的管理顧問和公司所共同發展出來的程序。飛利浦各級單位的人資都會協助用人單位完成這項職務說明書，而且這個職務說明書均會經過職務評審委員會的評估與核可。評審的標準依據職務各專業領域，具體的陳述該**職位所需的相關專業知識（Know-how）、問題處理方式（Problem Solving）以及擔當的權責（Accountability）**三方面來評估認定，而且每個領域分項都經過量化的程序，嚴謹的依據公司進用的尺度，決定職位應給予的職稱和職級。職級定位之後，人資才獲准進行招募，之後任用才有依據。職務經過評委客觀的、專業的、有紀律的評估、核定，確保公司各個職稱、職級、以及往後一致的敘薪標準，因此人員調遷各地都不致發生困難，遵循

它有如作業標準般，適用於公司全球各地。如果人力涉及組織的關鍵職位，仍依上述的程序和工作說明文件進行策略職位的分析和評估，再進行策略人力的招募和任用。

人力需求的規劃要避免**帕金森定律**（Parkinson's Law）的現象發生，它像似官場容易現形的組織麻痺，尤其一個快速成長、不斷追求改善的組織中，更容易在人力懸缺的壓力下獲得寬容，造成組織不斷地膨脹，每個人都很忙，但組織官僚氣息卻越來越濃、效率卻越來越差。這個定律是英國政治學家**諾斯古德・帕金森**（Mr. Cyril Northcote Parkinson）經長期調查研究得出的警示。人力的需求要人資放在一個公平、公開、公正、合理的制度上，人資管理單位和用人單位主管共同審慎評估，不受人為因素干擾，職缺也如前述有明確的職位工作說明和經過嚴謹的評估程序。

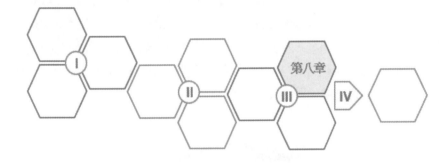

領導力與領導才能的發展

第八章　領導力與領導才能的發展

跨國企業量身詮釋領導和領導力

領導的人與事（People & Task）

飛利浦定義領導的工作分成理「**人**」與處「**事**」兩大層面，若用太極圖具象化進一步說明其性質，太極是中國的文化以兩儀代表陰陽，其黑白呈現的陰陽雙魚正好說明領導的兩大工作領域，黑魚代表工作層面的事務，是硬性的工作； 白魚代表人員層面的事務，是軟性的工作。領導的才能分別反應在人和事兩個層面，是飛利浦對領導量身的詮釋如圖 8-1。

圖資來源: PTQF

圖 8-1. 領導的人與事

工作層面（Task aspects）是任務上的要求，做事的能力，它細分成三項 – 「**實現願景的責任** 」、「**專注市場的脈動**」、「**尋求更好的方法**」。人員層面（People aspects）**是與企業關係人（Stakeholders）的互動**，也細分成三項 – 「**要求最佳的表現**」、「**激發人員的承諾與投入**」、「**發展自己和他人**」，詳細說明如下：

一、任務要求

實現願景的責任：對未來有願景並轉換成挑戰的目標，肩負實現願景的責任，
其特徵是有：

- ✧　有魄力的驅動、有決心的行動
- ✧　要求結果也著重過程
- ✧　明確果斷、主動積極
- ✧　有共識、肯承諾並積極投入

專注市場的脈動：掌握市場和外部環境的變化，有效的營運決策，保持競爭優
勢，其特徵有：

- ✧　關注外界的環境
- ✧　瞭解掌握可能的機會
- ✧　客戶為中心的導向
- ✧　策略性的思維突破

尋求更好的方法：不斷的尋找更快速、更有效率的做事方法，使團隊更為有
效，核心業務程序最適化，其特徵有：

- ✧　勇於挑戰現狀
- ✧　有準備的計劃和程序
- ✧　跨部門的充分合作
- ✧　瞭解跨部會掌握組織的運作
- ✧　尋求創新改變的方法

二、人員互動

要求最佳的表現：以身作則，組織團隊設定卓越的目標，成員也都設有明確的
目標和期望，積極的管理掌握成員的績效，確保團隊目標的達成，其特徵有：

- ✧　願意承擔需要改善的地方
- ✧　充分掌握執行的過程
- ✧　行動方式前後一致
- ✧　心胸開放而且坦誠率直

激發人員的承諾與投入：使團隊成員感性上和理性上對願景有高度的共識，並承諾全心投入； 理解成員的狀況，運用激勵發揮團隊最大的戰鬥力，其特徵有：

✧　不斷的激勵他人
✧　注重人際交往的技巧
✧　善於溝通和聆聽
✧　樹立自己的信念和彼此的信任

發展自己和他人：透過不斷的學習自我提昇，成長自己也提攜他人，建立成一個有智能學習的團隊，增進組織能力，其特徵有：

✧　尋找自我學習或互相學習的機會
✧　尋求及給予經常性的回饋
✧　分享的共同學習
✧　持續的發展增益個人和團隊的能力

這種綜合人與事六大項目的太極，是公司在邁入二千年後為了企業卓越經營對領導和領導力衡量的新模式，希望領導創造持續改善績效的環境，有效的帶領團隊，建立自主學習的組織。企業獨特的詮釋，領導通用的語言，推展全球，應用於各事業、各階層、各單位的領導溝通。

領導力是領導才能的反應，領導才能依循人與事的六大構面定義和衡量，前後連貫戴明 P–D–C–A 的循環步驟。開始從**洞察市場** → **制定創新策略** → **激發團隊承諾及投入** → **凝聚組織能量及內外資源** → **引領自我及他人成長** → **力求卓越目標達成**如圖 8-2，一旦無法完成目標時，則須回頭從第一個構面開始檢視所有關聯的構面。

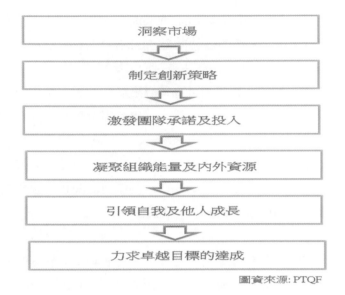

（流程圖內容）

洞察市場
↓
制定創新策略
↓
激發團隊承諾及投入
↓
凝聚組織能量及內外資源
↓
引領自我及他人成長
↓
力求卓越目標的達成

圖資來源: PTQF

圖 8-2. 領導才能的六大構面

領導力是執行力

企業有理想，可能設定美好的期望，洋洋灑灑的願景、企圖和策略目標，但是營運真正的表現卻大異其趣，有些超出預期、有些符合預期、有些則會相差很多，其間的不同在於執行力導致。為何企業有一時的成功卻不能持續？擁有一時的優勢競爭卻不能永久？難不成靠的是幸運而不是到位的管理、適時應變的功夫！企業也許有理念、程序，若無具體落實的系統，培養主管和幹部的領導力，知道如何展開？ 如何澈底執行？甚至認為只要按照一些專家的建言依樣劃葫蘆，缺乏整體的配套，冀望它會帶來持續的成果，是過度的樂觀。如果企業內部的體制，人員的能力提升跟不上規模的擴張，好比靈魂跟不上腳步，體質是脆弱的。也有人說：『有盯有管、必定有用』，這種仰仗上級或經管人員的盯哨、監督，並不是好的領導，它養成組織隱匿實情、不願主動揭露，被動消極、回應式的管理機制，容易養成奉承，難以培養出組織智能自主的領導，展現團隊積極主動的執行力。

企業秉持的認知是：**「執行力就是競爭力，執行力是挑戰主管的領導和其領導力」**。執行力是組織能力，它需要透過組織核心的行動文化，透過有紀律的程序和行動，引領組織朝向期望的目標。作者**包熙迪**（Mr. Larry Bossidy）大師在其

『**執行力，The Discipline of Getting Things Done**』一書上說沒有執行力，那有競爭力？下面闡述台灣飛利浦的行動機制，它的過程就是執行力的所在。

探討一個組織是否有執行力，得先看最高領導階層以及組織文化便知一二。但事實上有誰敢質疑主管及其領導力？更遑論主管勇於坦誠自己的領導有問題！有言**「策略定生死、營運定成敗」**，既使有策略，沒有團隊的執行力也是枉然。各階層領導在其崗位上有領導力，才有執行力，它是組織完成任務的關鍵。試問，公司的主管們肯自我反省，承認沒有達標是自己的領導出問題，該負最大責任嗎？還是究指部屬或是他人的行動不力，直說誰該負責？

執行力需要將行動意識融於組織的日常運作，透過活動深植於每個人心中，塑造行動導向的風格，也叫組織的行動文化。思維嚴謹的管理循環，串起 P-D-C-A 積極的行動，在執行中發揮領導力，這就是具有領導力的行動機制如圖8-3，這個機制有下列的特徵：

- 戴明循環的 P-D-C-A 行事步驟，周而復始，每個事務的處理邏輯
- 探索問題癥結所在及溯源根求真因
- 鏈接公司上級的政策及事業中/長期的策略發展於年度營運中
- 利用方針管理，全面展開年度計劃、對策、貫澈實施
- 能和客戶密切的對話和溝通、創造客戶價值
- 持續不斷的改善及創新

扼要的說明這個機制，主管的領導職責是掌握業務核心程序有效的執行。所有的行事遵照戴明的循環進行，領導力從行動的四大步驟中呈現，而目標的達成更是領導力的實證。要留意的，執行須符合組織長短期的目標要求，尤其在計劃階段，制定及展開主要績效指標的過程，確定符合公司及事業單位的中長期策略及目標，短期符合年度營運的目標，否則零散的執行結果，領導力可能會因執行偏差而打折扣。

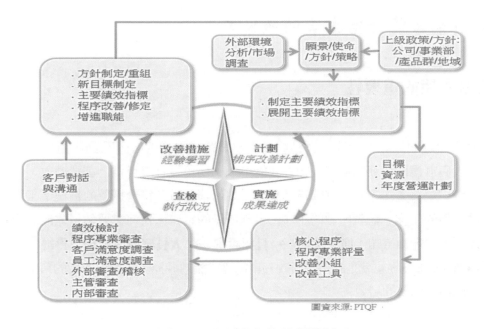

圖 8-3. 有領導力的行動機制

另一方面，執行要落實情境式的領導，留意個人目標與單位目標乃至組織目標的相互連結，個人是團隊的一員，很多事情要透過大家共同的努力，每個人肯投入、有擔當，團隊負責才有可能。個人目標和組織目標兼容不悖，才能凝聚一個有團隊共識、自我激勵、敬業投入、有執行力的組織。

對照以上所述和包熙迪大師所提示的執行力不是蠻力，也不是做就對了可以取代。它是涵蓋整個組織人員、方針策略、日常運作的行動機制。因為他啟示讀者「執行是一種紀律」、「執行是企業領導人的工作」、「執行必須融入文化中」、「執行力是一套系統化的管理程序」，檢視台灣的行動機制，全然如大師所言，是領導力呈現的重要關鍵。

第三部 人員的價值：以人為本的領導與人才發展

以領導才能評估主管的領導力

領導才能的重要性

領導才能是個人在人際間的互動與表現，是組織群體的社會互動，處理人與人間、人與群體間事務的能力。領導才能可以協助組織達成目標，創造績效，但它的主軸環繞著人，不管是主管還是部屬，如何讓雙方在符合期望的情況下工作，喜歡所做的工作、想做所做的工作、表現所做的工作。為何需要領導才能的重要性從下面的邏輯得知：**期望設定 → 目標設定 → 人員發展 → 成果獲得 → 事業績效**如圖8-4，也就是說事業績效有賴領導才能的發揮，有領導才能的事業單位必然創造出顯著的績效。

圖 8-4．為何需要領導才能

首先主管及所屬要瞭解期望的是什麼？ 達成目標需要改善的是什麼？ 要如何改善？ 有主管人才發展計劃、實施方案，透過學習、激勵加強改善，有適當的選才、育才、留才，讓人員發揮、接受更多的挑戰，在成果確認上更是用員工滿意度和公司形象調查來衡量領導才能，這個邏輯說明了企業為何需要領導才能。

領導才能的評估模式

飛利浦企業認為領導的「人與事」是領導才能的構成元，最終都以工作績效來衡量，兼顧硬性和軟性兩面，評量領導表現的優劣。本來企業績效的好壞實際上反應組織領導力的高低，它代表領導對公司創造的價值貢獻大小。一般認為公司的價值是在未來能為股東創造的價值折現，這個價值可以用下列幾個重要指標來涵蓋，指標分成任務要求層面的「營運績效」和人員互動層面的「永續經營」兩個角度如圖 8-5。

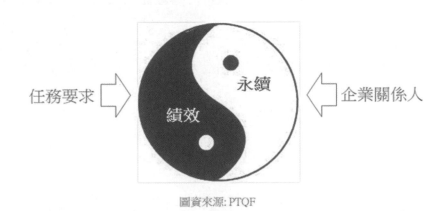

圖資來源：PTQF

圖 8-5. 領導才能的太極

1. **營運績效上（Performance）的指標 – 任務要求層面：**
   a. 業務方面：產品市占率、營收成長、新產品占比、客訴
   b. 財務方面：營業利益、現金流量、營運成本、資本費用、庫存
   c. 管理方面：策略及目標達成率、生產力、營業利益、應收應付
   d. 其他

2. **永續經營上（Sustainability）的指標 – 企業關係人層面：**
   a. 客戶方面：客戶基礎及客戶滿意度
   b. 員工方面：工作環境及員工滿意度
   c. 事業夥伴：業務往來及績效

d. 股東方面：投資報酬、資金需求

e. 社會形象：環保、工安、公益活動

f. 其他

領導才能的黑白太極，正好說明任務要求的工作績效和人員互動的永續經營，兩極動而生陽，動極而靜，靜而生陰，靜極復動，一動一靜，互爲其根，兩個層面，一個處事、另一個理人，構成一體。事實上它是互爲表裏，一體的兩面，一爲陰、一爲陽；一爲理性（Rational）、一爲感性（Emotional），而此二者須均衡發展，相輔相成。若任何一方有所偏廢，都將無從創造公司卓越的營運，兼顧企業短期的績效、滿足企業關係人奠立長遠的永續經營。

「人」與「事」被認爲是領導的兩把刷子，領導才能體現的所在。用這兩把刷子評估組織的領導力十分貼切，圖 8-6 以領導才能的六大構面及其意涵來詮釋，並用它來衡量領導和領導力。

領導才能的六大構面	意涵
1. 實現卓越成果的決心	對未來有願景並轉換成挑戰的目標，肩負實現願景的責任
2. 專注市場的脈動	掌握市場和外部環境的變化，有效的營運決策，保持競爭優勢，
3. 尋求更好的方法	尋求更快速、更有效率的做事方法，使團隊更爲有效，核心業務程序最適化
4. 要求最佳的表現	以身作則，組織團隊設定卓越的目標，成員也都設有明確的目標和期望；積極的的管理掌握成員的績效，確保團隊目標的達成
5. 激發人員的承諾與 投入	使團隊成員感性上和理性上對願景有高度的共識，並承諾全心投入；理解成員的狀況；運用激勵，發揮團隊最大的戰鬥力
6. 引領自我及他人成長	透過不斷的學習自我提昇，成長自己也提攜他人；建立成一個有智能學習的團隊，增進組織能力

圖 8-6. 領導才能的構面

以領導才能評估主管的潛能

人資是以才能水準的分級評價領導專業的成熟度（Professional Maturity），水準的好壞代表領導專業成熟度的高低，按照領導才能的六大構面細分，每個構面以專業程度代表領導才能的高低，它分成五級，從第一級基本的認知到第五級的大師：

第五級	**大師**	（Master）
第四級	**專家**	（Expert）
第三級	**務實做事的人**	（Practitioner）
第二級	**充分理解的人**	（Understanding）
第一級	**基本認知的人**	（Awakening）

領導的專業是形容一個主管在工作場所的表現，流露的不僅是個人才能的外表和特質，舉凡平常的行為舉止、任事是否積極明快，是否勇於承擔、信守承諾、值得信賴，是否善於和人溝通、激勵人心。臨場的反應心智是否成熟穩重，做事原則是否前後一致，有足夠領域上的專門知識/技能，面對衝突也能務實的處理，有智慧的堅持或妥協。不論如何，專業的領導勇於挑戰卓越的目標，過程中掌握時程和進度，從計劃到實施，不推托找藉口，反而是正向找解決的方法，有效的運用所有資源完成任務、達成目標。可以說專業是知識、技能和態度的總成；是個人、人際間、群體的有效互動和綜合體現，胸襟大器與否，反應出專業程度的高低，也代表領導才能不同的成熟程度。

六大構面若用行為表現的成熟度來說明如圖8-7，每個構面依序從開始的祇有**"基本認知的人"**、進階到有**"充分理解的人"**、再高一階的**"務實做事的人"**、或更高的被認為是一個**"專家"**、或第五級最高層的**"大師"**。每個層級分別代表領導才能不同的行為反應，用這些行為反應專業成熟度。

	洞察市場	制定創新策略	激發團隊承諾及投入	凝聚組織能量及內外資源	引領自我及他人成長	力求卓越目標的達成
第五級 大師	主導市場 影響趨勢	洞察市場所得轉化成公司願景的發展策略	灌輸凡事要贏的思維展現行動的熱誠	透過創新的夥伴關係成長事業	人才管理的組織文化的前導	灌輸凡事均追求最佳成效的思維
第四級 專家	尋找並追求新興市場的機會	發展事業的策略規劃和展開	激發出團隊的動能進行變革	建立跨界限的夥伴關係	增進組織的能力	重新設計業務程序追求突破的成效
第三級 實務做事的人	洞察市場現況增進競爭優勢	能跨域整體的的思考對策略提出貢獻	使人能看到更大的視野努力貢獻	促進跨界限的團隊協作	增進團隊的能力	改善業務程序追求更高的績效水準
第二級 充分理解的人	非常瞭解市場取悅客戶讓客戶滿意	考慮策略所涉的大範圍下擬定自己的計劃	能帶動他人激發出他們的承諾	能跨界限建立良好的人脈關係	親自投入他人的成長發展計劃	透過團隊完成交付達成目標
第一級 基本認知的人	瞭解市場概況符合客戶需求	瞭解並進行策略內涵所定的	展現個人的承諾	展現團隊合作帶動成員投入	專業的累積以成長發展自己	個人完成交付達成目標

圖資來源: PTQF

圖 8-7. 領導才能的專業成熟度

爲落實評估領導專業的成熟度，在所有主管及幹部年度的績效管理裡面，考核的內容設計，依照六大構面清楚的定義和註解，其細部說明更具體的陳述各級的行爲表現，讓所有的人員充分瞭解，提供一個理性判斷的依據。對新進主管而言，人資也會給予有關績效考核的研習介紹，熟習程序的遵循和實務運作。

績效考核的程序是雙方互動的過程，先是自我評估，之後送給上層主管評估，最後雙方一起核對，雙方確認也同意所載內容。由於考核表中有一項是個人的工作改進/職涯發展訓練以及員工對自我發展的意見，雙方面談中也有一個要項是員工潛力的發掘與發展，做爲職涯發展的需求，而非只有年度工作的表現而已。經由這種雙方對話，客觀的評量一個員工的潛能。

在績效考核的程序裡，領導專業的程度分成四級，其間的差別看是否有明顯的優異表現：

第一級 – 有潛力的人
第二級 – 能勝任的人
第三級 – 表現較佳的人

第四級 – 表現極優異、未來可成將才的人

領導才能評價一般主管的領導，若工作上是對專門領域的業務（Specific Function）如研發、業務銷售、客服、供應鏈、財務、法務、製造、資訊科技、人力資源管理等，這些專業各有其職能上特定的專長，則他們須加上專門知識領域的評價「**專業技能**Functional Competence」。舉幾個例子說明專業技能包括的要項，它是經專家研究設定後公布全球推廣的原則，避免每個人有不同的解讀，造成分歧、也失公平。

人資的專業技能：包括成為事業的夥伴所需的事業運作模式、人資專業的領導、有效的解決方案、使員工敬業、人事行政事務的處理

資訊科技的專業技能：包括內外部客戶的需求、資訊科技專門知識、建立資訊科技的基礎設施架構、建立資訊科技的應用平台、資訊安全與控管

供應鏈管理的專業技能：包括專注事業及最終客戶的需求、供應鏈及運籌專門知識、建構供需鏈的平台、發展夥伴關係的方法、系統整合的手法

如同領導才能的評量，專業水準的高低代表技能專精的程度，均相同的運用六個構面來評量，但內容則依上述不同的業務內涵作適性化的功能解讀，各有不同的定義，受篇幅所限，專業技能的細節不在本書一一陳述。

關鍵都在主管的領導

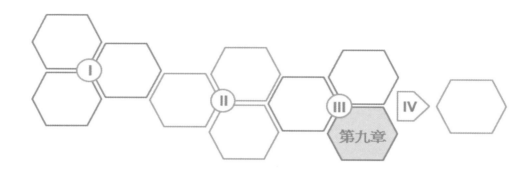

第九章

人才發展與績效管理的領導

第九章　人才發展與績效管理的領導

主管人才管理和發展

主管人才發展（MD, Management Development），爲公司發掘主管和培育主管的事務，讓有才幹、具領導潛能的菁英有機會被發掘，接受歷練、擔當公司的一些重要職位，培育發展企業需要的、有執行力的領導人才（Leaders）和經理人才（Managers）。主管人才發展是飛利浦全球通用的管理程序，公司重要的核心程序。

在新世紀的企業環境與競爭下，主管人才發展絕對不可忽視，雖然大家談得不少，學者專家也都有些論述，但能夠具體的、全面的，執行到位的企業卻不可多得，舉出飛利浦對主管人才發展的看法：

- 企業是否能成功的面臨挑戰與轉型，主管人才及其領導才能是重要的關鍵。企業的競爭是主管人才（用對的人）以及主管領導才能（做對的事）的競爭，也是組織能力的競爭。企業需要長期的投注主管人才發展，不能短視或局部的應付，以挖角或空降的方式取得近利，雖然它有時也能解決一時燃眉之急。
- 企業有一套自己完整的主管人才發展以及領導才能的管理策略，它涉及企業整體、不是個人的事務。沒有人才發展策略，就不可能期望獲得有執行力的主管人才與領導才能的發展。
- 主管人才發展是公司全球的實務，而且隨著環境的變遷，不斷的調適，改變其發展方式。
- 在人際關係和員工溝通的技巧上，主管需面臨日益複雜的人文環境、彼此尊重的心態，尤其當事業走向國際化、全球化的時候，地域的區隔、文化的差異、每個員工不盡有相同的期望，本來就不是容易解決的問題。
- 主管人才和其領導才能的課題不只限於高層，它涉及組織所有的階層。涉及的事務須有完整的程序配合，不能只顧解決一時，有賴持續的耕耘，才能發揮實質長遠的效果。

企業有效的執行主管人才發展程序，可以協助主管本身以及公司雙方獲益：

在人才競爭的市場裡，人才是流動的，不可多得而且是非常的獨特。就吸引力而言，中小企業往往勝過於大型企業。如何吸引有才華、幹練的人才，的確是事業經營與成長的考驗，實際上企業未來的競爭也是人才的競爭。

- 讓主管人才獲得最佳的配置及培育，符合事業現在以及未來成長及變革所需。
- 在面臨日益複雜的環境和科技下，需要仰賴主管有效的領導，才能充分掌握產品、技術、地域、事業的變遷。
- 當主管人才認同公司，須給予重視和關懷，提供潛能培育發展的機會，給人未來的展露和挑戰。
- 只有重視和關懷部屬，珍視培育發展部屬潛能的主管，更能獲得菁英人才的追隨，不會出現一代不如一代的侷限，因此主管人才發展是企業傳承、永續經營的命脈。

主管發展的對象包括相當廣泛，職階從六級開始，它指基層的主管，是大學畢業的募僚、工程師，或是從現場基層拔擢出來，表現特優、有待刻意哉培的幹部，對象逐級從六級向上到九級的高階主管，九級以上是公司及事業的執管，定義分成一至三級。主管工作的性質不是以帶人為要件，而是看工作性質，有些主管可能是自己一人，沒有直接部屬，但工作範圍可能是組織上的跨部會，影響多地域、多事業或甚至更大，也可以說領導的是一個虛擬的團隊。執管層是公司經營管理的關鍵職位，影響公司、事業極大。

主管發展的對象為「菁英」，定義的菁英是六至九級的主管，分為兩階，一個是**高端人才**（HIPO, High Potential）；另一個是在其上端的**頂尖人才**（TOPO, Top Potential）。六至七級經過評鑑認定的人才屬於高端人才，八至九級則是頂尖人才。一個主管的職涯潛能發展循序漸進，逐步受到肯定，領導才能一步步朝向高端或頂尖人才的軌道晉升。

飛利浦主管現有的專業水準分為四個層級，從第一到第四等級，層級的水準分別代表主管從中階到高階或執管。凡是頂尖及高端人才在原職級上若展露出能夠勝任至少高一級水準的潛能，寓意著未來應提供機會給予晉升更高的位階，有機會接受培育，準備接受更高職級任務的挑戰，主管人才發展的對象示意如圖 9-1。

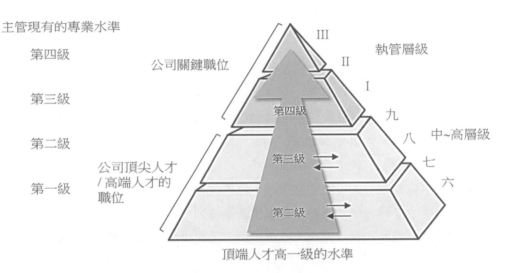

圖 9-1．主管人才發展的對象

根據公司對主管菁英的定義，「高端人才」的資格是：
. 具有至少五年以上的工作經驗
. 現在職位在六或七級
. 具有發展到九級的潛能
. 工作績效表現優異
. 異動不受地方限制

「頂尖人才」的資格是：
. 具有至少十年以上的工作經驗
. 現在職位在八或九級
. 具有發展到執管的潛能
. 工作績效表現優異
. 異動不受地方限制

早期公司職級的定義和國內公務人員任用系統的行政編制一樣，劃分十四級，前三級為現場的作業人員，第四~五級為現場的技術人員，六級以上是大學教育程度以上的間接人員，或少數極具潛力的非大專技術人員晉升而來。主管為九級到十一級，總經理為十二級，執管是更高的十三~十四級。在九十年代配合公司全球職級的統一，進行了一次大改革，簡併劃分成十級與全球一致，最高的十級為執管層的三個等級（I／II／III），中高層主管為六~九級，現場人員、募僚及

基層的幹部則是一~五級。

環顧現實的世界，愈來愈多的企業已經察覺主管人才的不足，深深體會主管人才發掘及培育的重要和急迫。在一個多角經營、全球布局的大型企業，主管人才的範圍包括企業總部、各個事業單位以及座落各地的組織。高層領導大致有企業/公司的執管人員、全球事業部的執管人員，職稱如執行長（CEO）、營運長（COO）、商務長（CMO）、技術長（CTO）、人資長（CPO）、財務長（CFO）之類。事業單位的主管則可能如總經理、副總經理及其支援。有關主管的職能、職稱、職級是啥？職責範圍有多大？本書並不羅列一一探討，但要強調的是飛利浦主管的職級、職等和職務說明，都需經過人資安排的工作評價，人資系統是完整而且嚴謹，放諸四海一致。

很獨特的，飛利浦的主管在其職務中有一項重要屬於領導的工作，就是要不斷的發展自己和部屬，它構成主管績效的一部分，每個員工都受到相同的對待，有相同的職涯發展機會。透過公司人資透明、公平、公正的績效考核制度和才能評估決定職涯發展，領導才能決定主管任用，而且機會應優先提供給內部的人才晉升。

主管人才的發展計劃由國家級別設置的**主管人才發展中心**（Management Development Center）統籌辦理。由於公司本身是跨國企業，須支援事業全球的發展，公司亞太總部的人資協同區域內各國的人資會制定國際主管的人才發展計劃，定期檢視**國際主管的實施狀況**（IMDR, International MD Review），其作業細節也都詳列在主管人才發展中心的作業準則，模式中包括下列幾個主要的程序如圖 9-2。

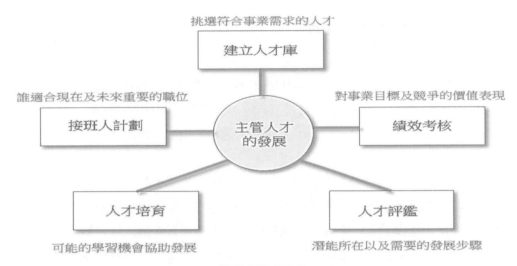

圖 9-2. 主管人才發展中心的模式

建立人才庫：人與事的匹配，挑選符合事業需求的人才，職位與人才配對後所得
　　　　　的名單將列檔建立在主管人才庫，人才來源的途徑包括可能的招募
　　　　　方式如校園甄選、外聘歷練的幹才或內部調遣。

績效考核：績效考核對事業目標及競爭性的價值表現，綜合評估工作職責、目標
　　　　　達成、才能水準、工作成效對事業的價值。

人才評鑑：評鑑人才潛能所在以及需要的發展步驟，經由公司相關的主管和專業
　　　　　募僚組成的「人才評鑑中心，（Assessment Center）」就候選名單做
　　　　　潛能評估，規劃潛能所在以及需要的發展步驟，包括具體的培育計
　　　　　劃。

人才培育：可能的學習機會，包括在職或學院的正式教育，符合組織及個人發展
　　　　　所需。

接班人計劃：誰適合現在及未來重要的職位，重要職位的接班人選以及可能接班
　　　　　人選的順位排序。

大致而言，主管人才發展中心包括人員發展周期的**「選、用、育、留」**，而且與
企業總部和各事業單位，所屬各國、各地區廠/處/中心等作業單位密切連結。主
管人才是公司的資產、人才發展是跨地域、跨事業的事務。

透過人才評鑑建立人才庫

在主管人才發展的藍圖上，首先從中/高階的主管群組中定義什麼樣的標準可歸屬有潛力的高端（HIPO）及頂尖（TOPO）人才？又經過什麼樣的程序評鑑（Assessment）及認定（Calibrate）那些人選合乎頂端的潛能？

主管人才發展中心檢視潛能評估的方式以及各級人才認定的標準，凡是合乎資格的人選將建檔列入人才庫。人才庫的名單是動態的，每年隨著績效考核、人員異動，定期提出汰換更新，人資主管也會與當事人溝通其異動。以台灣為例，主管人才發展中心的成員包括公司執管、人資、事業單位負責人以及重要的募僚人員組成，會議由負責主管發展的人員策劃安排，定期的召開檢討和規劃相關主管人才發展的事務、決定，交由主管發展單位執行。

人才評鑑是任務的編組，評鑑委員由公司相關的資深執管及高層擔任，包括執管及高層、人資、事業單位負責人以及地區的主管不等。評鑑的主要任務是在發掘新秀。評鑑委員在工作會議上分別討論、沙盤推演、評定六至九級各級主管認可的高端人才及頂尖人才。會議評鑑的內涵有人選的自我評估、360度領導才能的回饋、績效與表現、職涯及發展，綜合人才的個人特質、領導風格、對公司的價值貢獻等如圖 9-3。

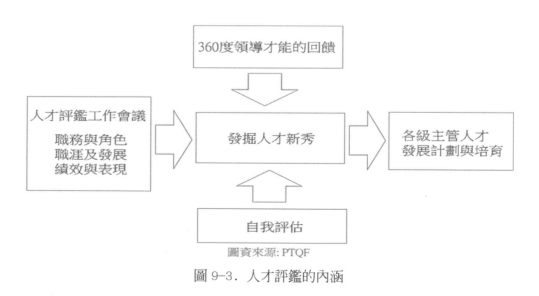

圖 9-3. 人才評鑑的內涵

其中，360 度領導才能的回饋是個人的評量，為多元資料蒐集（Multiple Source Feedback）的來源之一，只限中高層特定的主管人選，不是每個人的必要程序。360 度的回饋提供線上評估的系統工具，由主管邀請自己的上司、同僚/共事的同仁、部屬、夥伴/客戶，系統會自動發出信函要求，通知本身包括主管的自評，邀請評量人（至少五人以上）依連結展開評量，提供他們過去對受評人的觀察，受邀者有權利謝絕（Decline）這項請求，評估包括領導才能主要的問項：

- 是否為一個有願景和策略思維的人？
- 是否展現出有效的領導？
- 是否能促進團隊的合作？
- 是否對內/外客戶服務到位？
- 是否有效的帶領人員？
- 是否有效的專案管理？
- 是否有效的解決衝突？

對不清楚的問項，評量人可答不知，避免隨意答覆反而失真。系統是辦公室工作流程的電腦軟體應用，系統對所有的通知、進度跟催，自動管控提醒，方便座落在世界各地的受評人/評量人處理，避免受到時、空的限制和困擾。工具本身會將輸入的評量結果自動彙整，比對分析不同角度的觀察，就像一個 360 度的鏡子反射一樣，提供主管反饋的意見，瞭解自己的領導才能和表現，在自己和大家心目中的評價如何？ 這項回饋有助於主管日後進一步在其工作上、人際上的行事，做一些必要的調適。歷史上唐太宗有云：**『以銅為鏡可以正衣冠，以史為鏡可以知興替，以人為鏡可以明得失』**正是這個道理。

在飛利浦，360 度多方位領導才能的評量是公司客製化專屬的工具，不作績效考核使用，純粹協助主管在其領導發展的路徑上，更清楚的瞭解自己以及周遭的人對他/她的認識，作為主管領導才能改善的輔助，不像坊間有些人資的報導，將它用做個人的績效考核，是國際企業先進開放的領導人才發展的實務。

績效考核包括專業技能和領導才能

個人資料（Employee Readiness）包括個人的、職涯的履歷，經歷以及訓練發展的記錄，績效考核包括個人及其直屬上司認可的工作表現、專業技能、領導才能

以及潛力發展的評價。依前述評鑑中心對主管人與事的表現，大致區劃成 3x3 的
九宮格，稱它為「主管的潛能矩陣」如圖 9-4。

縱軸：是如何交付？行為的表現，區分三級，為**超越期望/好榜樣的；符合期望的
/有價值的；需加強/有待磨練的**

橫軸：是完成什麼？工作的成效，區分三級，為**成果優異；成果堅實；成果部分
完成**

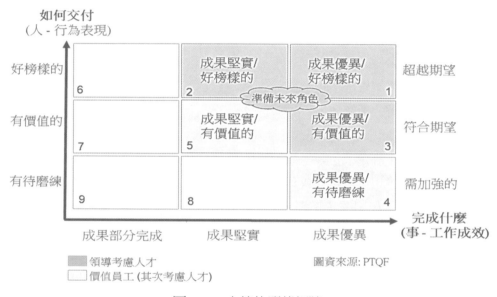

圖 9-4. 主管的潛能矩陣

九宮格裡，潛能主管的對象應是挑選績效表現成果堅實及成果優異的人選，其行
為表現上被評量"有價值的"及"好榜樣的"；工作成效上被評量"超越期望"
及"符合期望"的 1 ／ 2 ／ 3 群組，是優先考慮的人選，但對成果優異有待磨練
或成果堅實有價值的人選則會入列 4 ／ 5 群組，是其次的人選，他們基本上均屬
於「準備未來角色」的人選。

在主管發展的路徑上，依照績效的考評和職涯的發展速度，在職務上有對應的調
整，其中可能的選項包括對適職的人員繼續做目前相同的工作領域/相同的工作，
對有潛力成長發展的人員則考慮規劃做相同的工作領域/擴大的工作，對有潛力快
速提拔的人員則考慮規劃做不同領域的工作/不同的工作。

潛能人才的發展與領導才能的培育

企業好的績效，須有優秀的人才，而優秀的人才，須經過有計劃、循序漸進的培育，擴展視野，增強其能力，尤其對資深的主管更要讓他們瞭解從公司整體著想，消除守成本位的主義。其中最有效的方式就是讓主管磨練不同部門的任務，有機會與高層互動，分享他們的智慧，體會他們的立場、想法和做法，這個實務是主管榜樣的示範。按照台灣飛利浦前人資處長林南宏先生的描述，人才的培育有五種途徑，其影響和預期各不相同：

教育：是改變一個人的思想
訓練：是改變一個人的行爲，有短期的速效
發展：是改變一個人未來的思想及行爲，改變未來的行爲技巧
學習：是個人自發性的思想及行爲的改變
歷練：是工作上授權，從工作中磨練，智慧的領悟

舉一些例子說明台灣飛利浦的實務，進一步瞭解領導才能的培育途徑：

一、領導才能的課程

領導才能的培育課程依主管職級、職涯規劃的系列課程都框列在教育和訓練路徑圖中，增進管理和領導的知識和技能，從基層幹部、中級主管到高階主管，各有設定的科目，如基礎管理課程（Basic Management Course, <=六級）、進階管理課程（Advanced Management Course, <=八級）、高階管理課程（Senior Management Course, <=九級）、更高階的執管課程（Executive Management Course, >九級），其他還有一些相關的課程如有效的問題解決與決策（Problem Solving & Decision Making）、如何做有效的簡報（Making Effective Presentation）、多元文化的體認（Multi-Cultural Awareness Course）、認識領導才能（Leadership Competence）、非財會人員的會計（Accounting for Non Accountant）、如何開好一個會議（Making Meetings Work）、主管才能發展（Management Development Center）等，內容十分完整而豐富。

這些課程有些是由本地規劃、適用本地的人才，有些則是派送到海外，參加公司在荷蘭總部或亞太區域總部新加坡規劃的國際教育課程，其目的除了課程知識、

技能的傳授外，更有增進國際互動、體驗各國多元文化、不同語言習俗、磨練人際關係、團隊合作和國際見識（International Exposure）的機會。課程從數天到一個禮拜、兩個禮拜或更長的時間。以筆者的經驗為例，就曾多次參加總部或亞太地區菲律賓舉辦的管理課程，受益良多。而這些課程及參加人員的規劃及派送、費用及預算，已經編列在人資單位的年度海外訓練計劃裡，有預算規劃、執行就不會產生偏差。不僅如此，許多的事業單位或國家組織往往也利用其年度的大型集會，邀請知名專家或顧問做一些契合時勢的專題講座，對主管和幹部提供機會教育，發揮潛移墨化的效果。我們的認識，要嘗試影響或改變管理階層，單由內訓人員擔綱，其成效是有限的，他們必須藉助外部專家或顧問，尤其全球企業的國際管理團隊、流利的通用語言表達更屬必要，所謂遠來的和尚會唸經，這個道理十分貼切。

二、主管工作訓練 — Octagon

「Octagon」原義為八方、八邊、八角形之意，飛利浦在早期快速增長的1986~1993 年期間，進行了一項相當特別的潛力高階主管的培育計畫，這個名稱叫作「Octagon Program」，在公司沒有賦予中文稱呼，筆者叫它為**「八人小組」**，或是**「八方工作小組」**。言下之意聚集來自四面八方的菁英，共聚一堂，一面工作、一面學習，是從工作中「磨練」的最佳例子。工作訓練小組探討公司特定的指派，並在限定期間內完成期中及最終報告。這個計劃原是飛利浦集團一個區域性高階主管的培育，如歐洲、美洲、亞太地區，為跨國人才發展規劃的一部分。台灣為迎合快速發展的組織和高階主管人才的需求，除選派少數人員參加亞太的發展計劃外，也仿照這個模式，在台灣辦理自己的八人小組計劃，加速主管人才的培育，滿足增長的需求，它的特色有：

- 是高階主管人才發展計劃的部分，提供資深主管培育的機會
- 專案小組人數八~十二人不等，來自台灣各單位，跨不同工作領域與廠區的資深主管，成員各有其獨特的個性，不同的工作屬性，讓彼此有多元分享、相互砌磋的機會，創造互補的體驗
- 由執管高層親自參與協助或指導
- 是一個短期額外任務的指派，期限半年左右，必要時得視需求延長調整
- 專案的主題由執管會討論決定，視當時公司的情況和需求指派
- 開始的時候先安排特訓，由高層介紹公司的整體營運狀況、公司展望，與提示對主題的期望

- 約聘專家顧問/教授提供講座，給成員介紹管理相關的理論與實務或特殊應用工具
- 指派公司的資深主管發展經理（Management Development Manager）全程指導，提供小組必要的諮詢和協助
- 專案須在工作外的周末時間進行，以降低成員對原有工作的衝擊
- 成果直接向執管會報告，建議雖不代表公司的政策，但結論受到重視，提供執管施政的重要參考

專案從 1986 年六月開始嘗試，筆者有幸也參與了這個首次的磨練機會，期間個人及團隊獲得的成長是可觀的。撇開專案報告提供高層施政參考外，成員們對公司的營運有更快速、更全面、更深層的認識外，大家共同學習、凝聚出來的共舟共濟精神，發揮團隊協作完成任務，磨練的效果更是難得。在台灣，八人小組前後進行了四屆，歷屆的專案主題如下，從中也可略窺探出執管高層當時切中時政，對組織的焦點和期盼：

I 第一屆主題：「跨部會的合作，Cross Functional Cooperation」
II 第二屆主題：「變局中的管理，Management and Adaptation of Changes」
III 第三屆主題：「企業文化，Company Culture」
IV 第四屆主題：「如何轉變台灣飛利浦成為一個客戶導向的組織，How to turn Philips Taiwan into a customer oriented organization」

在歐洲，這個培育計劃行之有年，公司總部指定的主題也配合時勢所需，舉 1984 年為例：「工業製造領域跨域合作的研究及發展，Industrial Co-operative R&D」，探討不同工業製造科技的應用和研發。

三、執管外部的培育

還有一種為公司執管高層培訓的外部機會如 LEAP，是利用國際知名大學如哈佛、史丹福、歐美管理學院舉辦的企業高管的領導發展課程，主管得以和具有國際視野、不同企業跨領域的高層一起學習交流，課程時間從數週到長達數月不等。這種課程的學員來自世界各國、各行各業，一般需有豐富的執管工作履歷，但學歷背景並不要求，參加人員只接受公司遴選推薦。

四、工作輪調與外派

台灣飛利浦已建立共識，人力資產是屬於公司的，不專屬某一個部門而限制個人

職涯的潛力發展。對任何職缺，人資在公司網頁布達讓全體周知，人資同時也進行內部獵才（Internal hunting）。每個人都可自我衡量，惦惦自己是否符合資格，評估是否為個人適宜的下一個機會，每個人都可以主動的和用人單位接觸、試探。這種習以為常的內部公開方式，對組織的員工而言，是一個非常正向的激勵。

主管必須考慮讓有潛力的員工輪換，從事不同的工作，以筆者的經驗而言，對主管、幹部公開，任何公司內部若有適合的機會儘可前往爭取，也樂見其他部門前來挖角，但放人唯一的條件是已經準備好了的，值得人家前來挖角，而且職位已有訓練好的副手接替，隨時可以赴任而不影響原有的崗位。這種方式帶來的意義是每個人都會盡力教導部屬，給他人機會的同時也給自己創造未來新的嘗試，往往也是進一步的挑戰和提升，不會落入為他部門培養訓練新人的藉口。憑心而論，這種風氣是少有的，尤其是聽聞坊間一些報導有關幾近功利的組織，職工深怕讓人知道自己的工作內容，也吝於分享經驗、教導他人，造成非我莫屬的假象，相較之下有如天壤之別！依筆者的經驗，也曾有過勸阻內部獵才前往，但目的在分析給部屬清楚對工作要求的瞭解，避免日後期望的落差，由部屬自己最後決定取捨。

當時，管理層有一種島內人才的對調（Islands Wide Swap）計劃，讓潛力的主管透過輪調，有計劃的轉換不同崗位，歷練不同單位的工作。在台灣事業快速擴張成長的年代，確實收到快速育成的效果，支援企業營運規模的倍增。

在主管人才發展的途徑上，除了工作輪調，還有一種機會外派不同工廠或海外單位的可能性如「2 x 2 x 2計劃」，這個計劃是讓一位有潛力的菁英，不論是否已是主管或只是潛力的幹部，在職涯培育路徑上透過輪調與外派規劃，有機會歷練兩個不同的工作領域、兩個不同的事業單位、兩個不同的國家/地區的機會。

兩個不同的工作領域是指不同的專業間的輪換，或是專業主管與事業主管間的輪換，如廠長換成總部研發、或是技術轉任事業總經理； 兩個不同的事業單位指不同的產品群間的變換，像電子零組件的主動和被動元件、顯示器產品、數位儲存、磁性元件之間，或是其他產品群間；更大的領域則跨不同的事業部如電子零組件與消費電子、照明電子、醫療照護之間的變換； 兩個不同國家的機會則是外派海外機構，特別是外派總部荷蘭、美國，或前往其他地區如美洲、歐洲、亞太

地區等不同的地域、體驗不同的文化環境，歷練一段時日。

這個 2 x 2 x 2 輪調，是中長期菁英主管計劃性的培育，尤其後面的變換兩種不同事業單位或是外派到另一個地區，更是國際大型企業特有的優勢，提供菁英不可多得的歷練。很重要的，這種計劃成功的前題須企業有宏觀的格局和做法，制度上有一套慎密的架構和程序，讓人資可以無礙的、具體到位執行，它是一項長期的投資、育才、留才的有效途徑。

外派（Expatriation）是指主管或專家派往國外的單位或據點，工作一段時日。它涉及人員的任用期限、職級、薪酬、津貼、交通、住宿、家眷、返鄉、探親、所得稅賦、文化適應、回任職位等諸多的安排，若無妥善的安置和解決方案，可能人員的職涯發展不成反陷入流失的可能。觀察一些企業的做法，調動安置主管到海外據點的著眼重點在遞補當地職缺，而不是著眼人才發展的軌跡，往往調回後又難有適當的工作接續，讓人才難再發揮，礙於種種期望與現實的差異，常造成主管滯留外派的駐地不歸或最終選擇離開。

五、機能工作的歷練

主管除自己的職務，高層指派額外的機能性任務編組工作，藉以豐富人際關係、擴增跨領域知識。最常見的是透過台灣區「全公司品質改善活動的推行委員會，CWQI Steering Committee」，轄下的機能工作小組（Cross Functional WG, Work Group）如品質、成本、供應鏈、主管人員發展、研發，或其他如員工士氣、廠務； 或台灣區的跨廠活動如品質改善推行小組（直接人員的品管圈/間接人員的改善專案）等，這些跨部會的機能工作是任務性質，但密切的和其原職務領域相關，可充分發揮專長以更廣、更深、更高的格局，探討跨部會程序的介面和系統整合，確保公司機能活動的有效性。透過這種方式帶動全台各廠、各事業單位的核心業務。它豐富了資深主管的歷練，也協助公司掌握全面品質改善的活動和績效，然而這種機會若企業沒有 CWQI 或沒有跨域的多元經營規模，這種歷練是不可能的。

還有，在公司快速發展的情況下必須迫切思考有關接班人計劃以及主管對領導人才發展的職責與成效的正確認知。

接班人計劃

人資對每個部門和其主管一起進行年度的人力盤點，檢視部門的現有人員編制（Breeding Ground Positions），是否有加強補足的地方，除了前述人員的任用、發展、培育以外，也包括主管接班人計劃。

根據主管潛能的發展路徑，主管發展成長的速度大致有三種，分別爲現成的（< 1年）、或是即將可以的（< 3年）或是未來可以的（< 5年）。一旦有需要時，即可從人才庫裡挑選赴任。在主管人才發展的途徑上最大的挑戰往往在接班、輪調與外派規劃時，部門內無合適的人選需由其他單位調入時，一個單位的異動往往牽涉好幾個單位的骨牌效應。

接班人計劃若沒有管理層大家的共識和支持，是不容易達成。畢竟每個部門都有自己的承諾，人才流動可能造成一些衝擊，因此接班人計劃裡，人才庫規劃的人才管道、預定人選名單和可能的工作領域等記錄相當重要，而且人選的直屬上司也必須有充分的理解、共識在先，更可以說是管理層間接班人計劃的承諾。公司一旦需要，就須全力配合放人，再補進接替人選培育。在接班人計畫實施的風氣下，原先部門的顧慮和猶豫顯然是多餘的，原因是大都有培育接班人的準備，當成熟運作多時之後，反而活化人事、帶給人員更大的激勵。

領導人才發展的職責與成效

不要期望蘋果從樹上自己會掉下來，訊息傳達每個人要意識到人才發展的責任在我們自己身上。不論是主管還是員工，認清每個人都擁有自己的主權，積極的規劃工作人生，檢視與掌握職涯的發展進程，對自己的工作人生有成熟的思考，擔當的態度。勇於和上司坦然溝通，清楚自己能做什麼？ 如何做好？ 確認可能發展的方向和機會，不奢求不可能發生的事。在任何一個職場都能主動、有決心，而且不斷把自己定位在上一層的潛在位置檢視自己，不斷努力準備好自己，要知道機會永遠只給準備好的人。

從企業的發展以及人才管理而言，「讓人員成長，Let People Grow」的宗旨下，人資採行的許多途徑可經由工作訓練、磨練、教育、發展、賦權、學習、教練指導（Coaching）、師徒傳授（Mentoring）等方式進行培育，而且與時俱進的同時觀念也會不斷更新，體認到新時代不同的發展需求。以「訓練」來說，前台灣飛利浦人資處長林南宏先生曾經在一場演講，描述不同時期對訓練的期望，今昔有著極大的不同：

過去	今後
傳統－為失誤而訓練	前瞻－為績效而訓練
由下而上開出需求	由上而下貫徹政策與策略發展、依職能評鑑開出需求
是福利的一部分	是工作責任的一部分
由人資主管負責	由各單位主管負責
傳授知識	強調提升績效的行為改變
以訓練個人為主	要加強團隊學習

另外，在主管角色認知上特別針對「**教練指導，Coaching**」和「**導師傳授，Mentoring**」有具體的說明，主管須有正確的認識和技巧運用，雖然兩者都是與上位主管的互動，但實務上的做法是有差別。

「**教練指導**」廣泛的用在績效管理上，它的特點是：
- 角色的扮演不同，主管是教練，部屬是被指導的人
- 進行的方式是一對一，主管一次對一個部屬進行指導
- 跟工作任務有關，主管指導部屬如何改善績效表現，目的在提升績效、達成目標
- 議題由教練或由兩人共同決定
- 強調的是教練的回饋給部屬

「**導師傳授**」或叫它「**師徒傳授**」，是用在新人養成輔導（現場基層作業人員另稱 "大哥哥、大姊姊"，但重點在工作與生活的適應關懷）或是職能發展，尤其對領導才能的培育啟發更是有效，它的特點是：
- 導師與學徒間大都沒有直接的從屬關係
- 大都由資深的高階主管擔任導師，學徒則是有發展潛力的中、基層主管

- 傳授的範圍不限於工作有關，還有各種其他的提示，涉及個人的能力和潛力提升
- 議題常由導師主導，強調的是他的上位觀察與回應
- 進行的方式很彈性，對象可以是一對一、一對多、或多對多同時進行
- 主要目的在思想、技巧和經驗的傳授

雖然上述兩者間的角色有別，但技巧使用相同，兩者都對個人高度的關注，但部屬得自己思考判斷，找出解決方法，而不直接給予答案。比方說前述的八方工作小組計劃，每個成員在磨練的期間，都有指派的上級主管為其導師，隨時提供個人必要的分享和協助。

飛利浦規模龐大，可能儲備的資源比較雄厚，支援的選擇可能也廣泛多元，一般總部的訓練發展，會主動公告職能基礎（Competence Based）的核心課程系列，好像菜單一般，詳列名稱、目的、適用對象、時程、費用等，提供各單位年度所需，在預算許可下選擇，其中菜單的選項是人資巡迴訪視按照需求所做的規劃，不是專業閉門自己的造車，通常人才發展課程具有下列的特質：

- 是全球的規劃，有一般性的科目、有功能性的課題、有事業單位訂製的應用
- 由相同的服務顧問執行同一個課程，如此對特定課程預期的效果才能獲得一致
- 採取混合授課的方式，有網路的自修，也有現場的講授
- 分享學習全球最佳典範（Best in Class）或個案（Business Case）
- 課程由總部和幾個主要地區學習中心提供，可集中辦理，也巡迴各國
- 學員甄選來自各事業單位、廠、處、中心，不管是集中的還是國家客製的課程
- 場地安排均相當專業，一般在環境清幽的外地，避免學員頻受原有工作的干擾
- 重視外來的和尚會唸經的效果，有些課程不吝邀約專家或顧問擔任，體會國際高層團隊需聘請世界知名大師講授

談起訓練課程或發展的費用，其實投資不貲，每個部門都必須適當的編列花費或人資攤派費用在其年度預算中，並在人資部門協助下有效的執行。前羅總裁就曾說過，不做這些培育發展的代價更高，顯見執管最高層對主管培育的重視與支持。

在這樣的組織架構下循序運作不斷，除培育出許多具國際經營視野和管理專長的領導人才，平台累積出來的智慧和能量格外巨大，經由不斷的建置和系統完善措

施，匯聚成人員發展的智識管理基礎，建置出各相關階層、領域成長學習的環境，支援事業組織的有機團隊。舉例以半導體事業部為例，他建置了許多豐富的知識庫如 eKnowledge Market Place；最佳學習典範資料庫（Data Base of Best Practice）；知識地圖（K-Map）、知識網（K-Home）、知識社群（K-Communities）等內容不一而足，其他的事業部也不遑多讓，半導體只是整個公司的縮影，不再贅述。

績效連結企業的經營理念

飛利浦重視**人員的價值**（Value People），以人為本、人員關懷的人資管理，在員工績效管理（People Performance Management）裡有幾個專業（Professional）而且獨特（Unique）的地方，包括（一）員工績效指標鏈接組織目標、（二）績效評核連結公司的核心價值、（三）併行的員工績效管理和職涯發展程序。

韓非子論管理有云：『力不敵眾，智不盡物。與其用一人，不如用一國』，『下君盡己之能，中君盡人之力，上君盡人之智』。這句話的意思是能力差的君主，只能盡一己的能力去完成任務；能力中等的君主，除盡己之能力外，也能讓所帶領的人盡其力完成任務，能力上等的君主，除盡己之能力外，也能讓帶領的人盡力，更能聰明的用人之智完成任務。現代企業打天下，不能祗靠一己之能或別人之力，如果不能盡人之智，則難以壯大，在一個具規模的事業，就必須有智慧的運用員工績效管理來評量用人，發揮用人的成效。

傳統的年度考核，就像秋收後的總結，或企業的年度財報一樣，每個人都有績效評量的時候，如果一個人沒有平時的用心投入，成果結算時一定手忙腳亂，也許一切都照章行事，但在完成紙頭交待後，卻會發現除了年終薪酬有個依據外，績效評量對員工個人的職涯發展沒有具體關聯，沒有利用它發揮可能發展人才、創造潛能更有效的激勵，十分可惜！甚至可能發生績效評量因為缺乏審慎、公開、公平的考核制度，流於詬病，難以擺脫上級主觀的個人意志，不經意的造成屬下的憤恨不平，是件十分遺憾的事！

第三部　人員的價值：以人為本的領導與人才發展

員工績效管理為的是讓大家知道組織要達成什麼？ 個人要用什麼條件去交付？更積極的說績效管理是一項透過改善、學習和發展的程序。確認員工的表現是否符合預期？ 員工需要改善的地方在那？ 員工具有什麼優勢和潛力發展？ 發揮人力資產的價值貢獻，營造一個高績效產出的組織，若說人是公司最大的資產，但問公司在員工績效管理上為員工做了些什麼？

員工績效管理（PPM, People Performance Management）

飛利浦定義 PPM 是「員工和主管間有關個人績效表現和職涯發展的對話」。績效檢討個人做的什麼工作？指做 "事" 的成效（What - Results）；績效檢討工作如何做？如何交付？指做 "人" 的行為（How - Behaviors）；職涯發展則指員工如何發展自己（Develop Yourself）。若是一位幹部或主管，職涯發展則指如何發展部屬以及自己，績效和職涯兩者檢討的時段均涵蓋兩個年度，一個是**"當年度的實績檢討，Review"**；另一個是**"新年度的規劃，Plan"**。

績效考核程序的時點設定一年兩次，分別在六月和十二月，六月是年中的檢討，一方面做中程檢討，也給下半年計劃修正的機會，十二月是年度總結的考核，兩個時點追蹤一個人全年的表現，其中十二月的檢討除了績效相關項目外，也會納入職涯發展，對領導和潛力人才而言，人資和事業負責人將把潛能考核納入職涯發展的規劃。

對現場的直接人員而言，由於涉及動態的生產製造和績效環境，考核周期更為嚴密，以筆者的經驗而言，支援生產的機器維修、物料員等現場的直接人員是按月考核，作業員則是按週考核。考核的項目公開、透明，在年初制定或更新考核制度的時候布達、溝通，讓大家事先充分理解、據以遵循。要特別注意的地方，績效考核非常忌諱衡量的標準不明，甚至遲至考評時才下定義或臨時變動條件。

一、員工績效指標鏈接組織目標
當開始設定員工績效指標的時候，期望目標必須嚴謹能夠展開與收斂、分散與總成。目標鏈接組織長、中、短期的企圖，從上而下的按層級依序展開對接，PPM的績效目標設定屬於年度方針管理的展開，程序的一部分，無縫銜接公司 – 部門 –

小組/團隊 – 個人的末梢。績效目標設定工作是人資年初的重點，它不僅僅是人事行政，而是企業經營管理貫澈執行的重要環節。

目標設定依上層的方針管理程序，經各階層雙向的互動，層轉而下直達個人。目標設定連結前年度殘留、有待完成的事務，併入當年度的事項，確保目標的承諾與責任擔當，為一項務實系列的展開程序。方針管理原為 1989 年戴明學習之旅時從日本顧問引進，在挑戰第二階段戴明大賞的後期，於 1995 年更進一步融入飛利浦跨國企業原有的策略規劃，形成策略方針管理，具體的連結公司及事業部長程的前瞻策略發展到中、短程目標，為台灣飛利浦東學西用的模式。目標設定是全面的、嚴謹的鏈接公司願景、策略、年度執行政策；目標設定貫穿落底，從組織目標到個人目標，因此當所有個人目標如期完成的時候，部門目標一定達成，當部門目標完成的時候，組織組織目標也一定達成，說明公司的、事業單位的、部門的、到個人整體鏈接的員工績效指標與組織目標如圖 9-5。

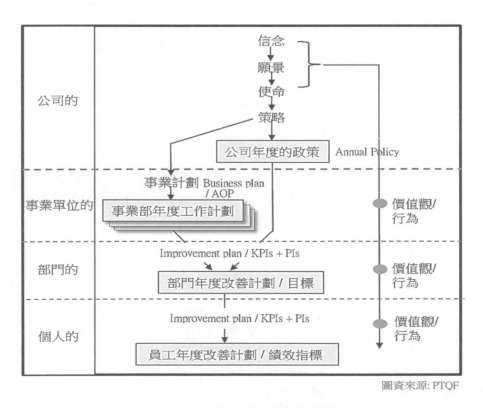

圖資來源: PTQF

圖 9-5. 鏈接的員工績效指標與組織目標

扼要的敘述如何鏈接員工績效指標與組織目標，在全面品質改善或卓越經營的模式下，經營高層的首要是將公司價值信念由上而下依序的展開，從公司願景、使命、執行策略，擬定出公司的年度工作計劃，各事業單位也依據總部指示的願景、使命，執行策略，擬定出事業的年度工作計劃，下轄的部門分別承接上層的年度計劃，展開自己部門的年度改善計劃以及目標，形成部門的主要績效指標（KPIs）/次要績效指標（PIs），再從部門往下展開，變成個人的主要績效指標/次要績效指標，這是員工任務的分派，這種方式構成組織嚴謹的「方針管理程序，PDP, Policy Deployment Process」，政策與目標環環相扣，獨特的行動文化，塑造出組織務實的管理風格。過程中透過雙向的溝通，整個組織、團隊和員工有相同的輪廓、價值觀和共識感，自然容易流露團隊合作的精神。

要強調的，程序末端的績效指標和目標設定不是咬大姆指般的數字遊戲，或是員工聰明的預算數字。目標須經過討論，經過主管和員工互動，是一種共同激發出的期望和承諾，實施有落實到位的計劃基礎，有行動的細節和查檢、跟催，員工知道怎麼做？主管也知道員工有沒有條件和能力確保它的完成？方針管理重視的不只是結果，也重視進行的過程和方法。它是吸取日式現場紮實的做事方式，避免美式 MBO（目標管理）或 OKR（做關鍵結果的事）等坊間的探討，少有敘述制作的精髓，要如何下工夫從上而下貫澈？如何能夠透過組織整體而且嚴謹的程序規範？確保計劃的執行和績效目標的達成！

談到績效目標，達成什麼？如何達成？在績效管理的指引上，或年度工作會議、訓練課程裡，強調目標設定要**明智的**（SMART），確保成果能夠符合預期的設定，目標符合下列要求：

       Specific，**是具體的**
       Measurable，**可量測的**
       Achievable，**可實現的**
       Realistic，**是務實的**
       Timeline，**有時程的**

目標有主要的和次要的區別，主要的目標是主要績效指標（KPI, Key Performance Indicator），次要的目標是自己的或部門內的績效指標（PI, Performance Indicator），當涉及「主要」績效指標時，不論是來自公司、事業單位、工作小組、部門或個人，目標設定要符合雷達（RADAR）的行動要求。對目

標的期望，程度分爲三級，高、中、低標，除了目標本身的期望外，增加最低門檻，這是底線的低標，同時增加高標要求，希望激發出更高的成就：

　　　　起碼要求（Threshold target），是個低標

　　　　目標要求（On target）

　　　　高標要求（Stretch target），希望高於目標，有突出的表現

可以肯定的說，PPM 鏈接員工績效指標與組織目標的設定，協助組織目標的達成，不論是年度的還是策略的目標。

二、績效評核連結公司的核心價值

績效的評核跳脫原本狹義的工作範圍以及個人的有效性，集團改變後的績效評核尺度連結公司推廣的核心價值貢獻。這個核心價值有六大問項，包括「**信守公司的價值**」、「**工作上的專業技能**」、「**態度上主動進取**」、「**思維上創新突破**」、「**人際間有效的溝通**」、「**團隊協力的作業精神**」。若員工職位是個主管，有領導部屬的話，評量的問項則再額外增加兩項，包括「**主管的領導能力**」、「**主管的人員管理與職涯發展**」。

1. 信守公司的價值 – 值得信賴、真誠，令人珍愛，其展現分幾個層次：

　　第一級　出發點著眼於公司的利益上
　　第二級　將公司的價值運用在工作上
　　第三級　將公司的核心價值運用在每項工作及程序的所有細節
　　第四級　展現極大的熱誠，服務客戶讓客戶滿意

2. 具有工作上的專業技能 – 展露及瞭解工作領域的專業，而且這些專業依職級要求不同，其展現分幾個層次：

　　第一級　具有職能基本的知識，有能力運用在指派的工作
　　第二級　具有職能進階的知識，有能力運用在複雜的任務
　　第三級　具有跨部會相關的智能和運作
　　第四級　公認的專家，能指導別人

3．**態度上主動進取 － 能主動積極、自我激勵，把握所有的可能機會，其積極性分幾個層次：**

第一級　主動採取行動，不待他人吩付

第二級　期待挑戰達成個人的、團隊的目標

第三級　採取主動的角色，追求改善的方案

第四級　展現極大的熱誠，滿足客戶的期望和要求

4．**思維上創新突破 － 基於原有的構想基礎、建構全新的思維，其行動採取的方式分幾個層次：**

第一級　不斷尋求新的點子、新的程序或改善的地方

第二級　找出解決複雜問題的可行方案

第三級　主動尋求業務和其程序上可能的創新途徑

第四級　探尋策略上的機會，找出業務發展可行的方案

5．**人際間有效的溝通 － 與個人或團隊間訊息往來的過程，依溝通方式分幾個層次：**

第一級　善於傾聽和表達，確保彼此對事情的瞭解

第二級　預期到他人的溝通訴求，也會調適自己的個性和溝通方式

第三級　能清楚的表達與溝通，有組織、貼切重點，不論是和個人或團隊間

第四級　能簡潔的、明確的、清楚的溝通，同時也能說服他人採取必要的行動

6．**團隊協力的作業精神 － 有能力和他人一起合作，完成工作、達成目標，依團隊的表現分幾個層次：**

第一級　願和他人合作，不吝於徵尋他人的想法或建議

第二級　能積極的讓背景不同的個人融入團隊活動

第三級　主動積極地傳達和分享有關訊息並能帶領成員

第四級　全心投注在指派的任務上，遵照議程、信守承諾

如果是一位主管，則需增加下列兩項有關人員管理技能與職涯發展項目：

1．**主管的領導才能 － 提出團隊及個人的工作指導、工作方向，並回饋他們，激勵並鼓舞大家達成目標，一般依其帶人方式分幾個層次：**

第一級　主管鼓勵並支援部屬完成分擔的任務目標

第二級　主管能夠鼓舞工作上內/外的所有關係人

第三級　主管能以身作則，展現大家的模範

第四級　主管能激發團隊，達成未來的願景

2．主管的人員管理與職涯發展 － 主管要扮演一個好的教練、好的導師，依其執行程度分幾個層次：

第一級　主管能鼓勵並促使部屬自我發展，提升目前及未來工作的效能

第二級　主管授權部屬，也賦予肯定部屬達成任務

第三級　主管對部屬會採用適當的獎勵措施

第四級　主管能建立一群締造卓越績效的行動團隊

重要的，營造組織成一個「**高績效文化**」的管理，主管不只引用管理制度制約，更要積極的鼓舞士氣、建立共識團隊、達成任務目標。

員工價值是以**價值評核**（Value Rating）的貢獻區塊來分，避開人性的弱點，捨棄早期使用的五等級分法，去除敏感的階級感受，同時把期望的標準拉到中間值，「完全符合預期」的表現才是普羅大眾，有別於一般的評價，喜歡做老好人，給大多數人評核在前端。

表現極爲優異，Excels：表現特殊，貢獻超出職責所在，所有績效均超過目標，也不斷展現出我們的所有價值。

表現超過預期，Exceeds：表現在職責內有明顯的貢獻，績效達到目標，也常有超越目標的貢獻，不斷展現個有價值的員工。

表現完全符合預期，Fully Meets：表現完全符合職責所訂的目標，也常展現個有價值的員工，基本上這種程度歸屬成有價值的員工，爲公司大家應有的水準，這種表現是員工的主力群。

表現部分符合預期，Partially Meets：符合一些目標，但並非全然完成職責所訂的目標，展現不完整的員工價值，也許需要一些工作上的輔導或訓練。

需採取補救措施，Required Action：表現都無法達到職責所訂的目標，很少展現出員工的價值，有待進一步行動。

爲了避免主管考核的鄉愿，把好的考績都給等級較高的愛將，往往對基層有失公允。考核前事先告知各評核辦法，每個職級的人數公平的座落而不能挪用，單位總人數的考績分布公正。實務上若主管對考績職級的分布有窒礙時，可尋求上級

主管補救，最高主管可適度審視公司的營運情況和該組織的績效表現給予彈性調整的機會，畢竟人事考核和成本的全局管控為最高主管的權限。不可否認，考績分布往往是主管頭痛的時刻，溝通不好常會無意的傷害員工，主管必須審慎運用，員工價值的評核如圖 9-6（% 為舉例說明，不代表真實情況）。

依筆者過去的經驗，需要建立部門主管、中堅幹部及所有人員的共同認知和心態調適，從新以正確的角度和態度看待績效的衡量，接受正常的情形下大家的表現應落在中間等級的「完全符合預期」，除非有特殊優越或異常表現的人就得以相對向上或向下的等級調整，不像一般大眾傾斜於較好的評等，對所有員工而言，心理建設調適在先，避免期望落差在後的正向思維，在系統轉換初期是相當難適應的挑戰。

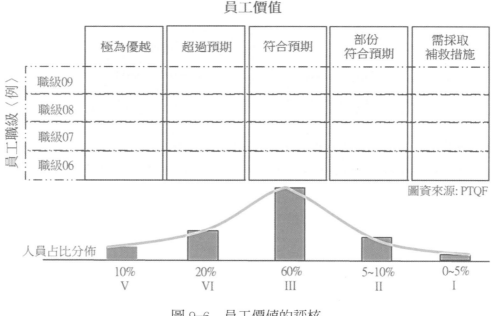

圖 9-6. 員工價值的評核

由於每個單位或部門都受限於公司的考核要求，主管需做同事間相對優劣的比較及調整，希望接受合理的現實，這個調整不能、也不會因此損害主管對部屬的信任。每個年度的考核是獨立的，只要肯努力、有表現，下次一定都有翻轉機會。如此在公開、公平、公正的制度下，透過雙方充分的溝通，同時也要求主管承諾一起努力，協助需要改善或提升的員工，讓下個年度考核有新的、更好的表現。經驗顯示，一旦大家對績效管理有正確的認識和做法之後會欣然接受，證明它可

以維繫部門主管和員工間彼此的感情和階。

員工績效管理程序由公司的人資和轄下各單位、及廠處的人資負責執行，作業時程四個月，其中重點工作須以不到兩個月的時間〈十二月~一月〉完成，員工績效管理程序如圖9-7。從宣布年度績效考核展開會議開始，接著開通資訊系統讓員工自評、主管評核、雙方核對，到員工最後確認，完成考核關閉系統，緊湊的步調全球一致。雙方核對（Alignment）是主管和部屬間的對話，討論彼此的看法、分解歧見。設計上也保有一個讓員工申訴的管道，當部屬簽署無法同意主管的評核時，該考核案件會自動通知上位二階的主管出面仲裁解決，給員工一次補救的機會。

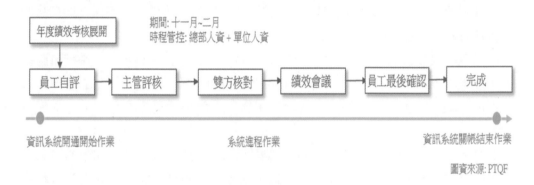

圖 9-7. 員工績效管理程序

系統在考核程序期間，會按時程、進度通知或警示相關主管其部門考核完成的狀況和統計，請主管進一步跟催。另一種補救的措施，當人為的誤植或錯送有待更正時，則要求個別通知管轄的人資協助，從系統中退回該案件重新處理。

員工績效的考核是針對前一時段工作表現的總評，目的為完成組織交付的任務、改善員工的表現，並據以做為薪酬、獎勵及職涯發展的基礎。然而實務經驗顯示，受到考核評等的僵化和形式影響，可能無法讓所有員工符合預期，難免有些人才失望、感到沮喪，甚至離開組織，因此公司在實施過程中也都依反饋意見，經歷多次改革，適應跨國企業多元文化的團隊，希望找到一個比較重視人性、多數滿意的方法。筆者就記憶所及，整理出過往較大的事項如下：
– 早期考核用紙頭填寫的方式，電子化後進步到上網作業，有效的提升全球的作業與進程管控。

- 制度的設計不斷進化、成熟，包括工作上的主要職責所在（Key Area of Responsibilities）及工作目標（Objectives），個人同意的目標（Personal Agreed Objectives）。評價領導才能（Leadership Competences）和專業技能（Functional Competences）的職能，內容連結員工個人存在在公司的價值（Philips Value）。

- 程序包括員工的年度績效以及發展潛力，若是主管還得進行評估其領導才能，為主管人才下一步規劃領導才能的發展和培育。

- 程序上讓員工自主，有自己的績效自己做的氛圍，過程中不單向閉門上呈，需經過與主管雙向對話，雙方核對獲得認可，也獲得即時回饋。

- 評等的方式揚棄 A–B–C–D–E 的等級劃分，有如國內傳統的 甲–乙–丙–丁 的稱呼，一種讓人落入感覺像似「吃大餅〈丙〉、掛燈籠〈丁〉」的失落和洩氣。尤其對殿後的員工，以半年期輔導追蹤需要採取改善的措施，不採立即淘汰的激烈方式，十足人員的尊重與關懷。

- 發揮資訊科技自動檢核的功能，確保輸入資料的正確性、有效性。系統自動提示要求線上即時更正，輸入的結果自動彙總加權計算，系統也會自動警示完成進度、跟催，節省大量的人工與行政事務，方便全球化的異地作業、掌握時效。

- 適應國際性的矩陣式組織型態，有些職位涉及的主管不止一人，可能有多人，主管們工作地點也可能不在同一地區，制度上只能設定其中一人為其考評主審，通常是員工職務重心所在的直屬為其上司，其他的屬會簽人員，會簽（Concurrence）僅提供相關的考評意見，回饋給主管採納後決評。

- 整個程序已跨越傳統的績效考核，更貼切的說除了員工績效管理外，也具體的連結公司的核心價值及個人的潛能發展，下面進一步說明併行的員工績效管理和職涯發展概況。

三、併行的員工績效管理和職涯發展程序

員工的績效在和主管對話、溝通、討論後確認，績效除了作為年度獎酬的依據外，更重要的意義在讓員工瞭解其表現和能力，進而提升員工的技能和工作績效。因此發掘潛能、加強栽培成為人資重要的工作。當考核完成後，自然掌握了員工的工作表現、專業技能、領導才能，人才潛能，可以提供員工未來的升遷、調整、發展，落實人員為公司重要的資產。

在升遷考慮（Promotability Rating）的重點上潛能類別分為「**適職人才**」、「**成長發展人才**」、「**快速提拔人才**」。績效上整體分為高績效群、中績效群、低績效群三個群組：

快速提拔人才：各項績效表現顯著、無時不展露個人的強處和積極態度。才能得快速擴增，增加工作職務的深度和廣度，在一個工作期間裡能展現出高出兩個職級的潛力，可以考慮提拔轉換更具挑戰性的工作職務。

成長發展人才：各項績效表現顯著、常展露個人的強處和積極態度。才能得擴增，在一個工作期間裡能展現出高一個職級的潛力，可以考慮工作職務增加一些深度和廣度。

適職人才：各項績效表現符合預期、為組織的一般大眾。才能適所，目前及未來一段期間均很稱職或才能已達最終職級別所賦予的工作職務。

適職人才的職涯發展已達員工職等的專精所長，應給予繼續發揮，其他兩類則需進行不同進程和速度的訓練發展計劃。成長發展人才的升遷可考慮在原職類別下相同的工作領域或擴大的工作，提供較大的挑戰；快速提拔人才的升遷可考慮轉換跑道，變換不同工作或不同領域的工作，增加歷練。各群組人數大致各三分一，在訓練發展和輔導方式上對應前面三分之一的人、中間三分之一的人或是後面三分之一的人。人員依據價值貢獻評級成五個群組，百分可依公司自行裁量，每個群組採取各自不同的措施。若以縱橫兩個軸向來闡述，縱軸表示發展的重點；橫軸表示績效的高、中、低群組，兩個向度構成員工績效與潛能管理矩陣（Performance-Potential Matrix）如圖 9-8（圖中數字只是舉例，並不代表實際情況）。

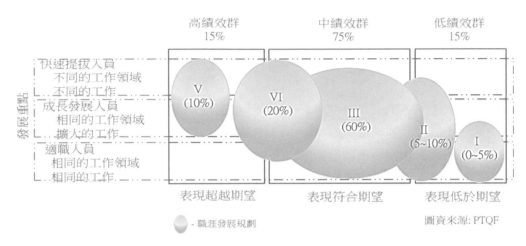

圖 9-8. 員工績效與潛能管理矩陣

基本上員工績效管理和職涯發展為兩個不同但平行互補的程序，員工職涯發展的
程序進行較晚，系統會自動連結績效管理相關資料，包括個人資料、前一年度的
績效完成目標、下一年度的計劃目標、領導才能、專業技能等，主管和員工針對
前一年度需加強的地方加以調適，一併納入下一年度的計劃中考慮。

程序處理的步驟類似績效管理，先由員工填寫職涯發展前一年的執行狀況、下一
年的計劃，之後由主管填寫。如果職務有需要會簽其他主管時，系統自動通報該
主管填具意見回覆，最後再經員工與直屬主管雙方共同討論、確認完成程序。為
避免兩個不同程序平行的困擾，績效考核在年度工作日曆的十一月到二月，而職
涯發展則落在五月到十月，飛利浦併行的員工績效管理和職涯發展程序如圖9-9。

圖 9-9. 併行的員工績效管理和職涯發展程序

總結，人資是利用員工績效管理評核人與事的表現、專業技能和領導才能、價值貢獻；在人才發展上配合組織團隊、薪酬任用制度，執行員工教育與訓練計劃、主管才能發展管理、精英人才發展管理完成員工職涯發展規劃，這些程序整體的構成一個以職能為基礎的人資管理，協助企業培育人才，建構組織成為高績效、有競爭力的團隊如圖 9-10。

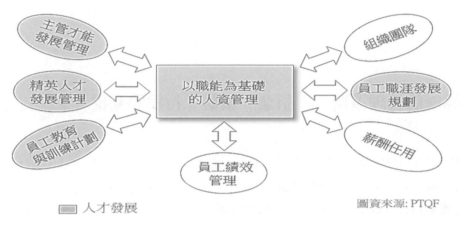

圖 9-10. 以職能為基礎的人資管理

全公司績效管理的領導

在公司全面品質改善活動的框架下，組織相對應層級的績效由「**全公司績效管理，CWPM, Company Wide Performance Management**」檢討和跟催。績效分上中下三層，分別是**領導層的「管理策略」、執行層的「年度方針管理」和人員層的「個人績效管理及才能發展」**，定位分明、相互連貫，三位一體，確保全公司的績效管理如圖 9-11。

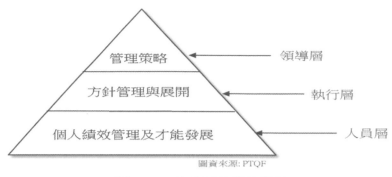

圖資來源: PTQF

圖 9-11. 全公司的績效管理

領導層的管理策略 ── 信念、價值、行為的基礎

管理策略是領導層的經營規劃，強調建立團隊共識，在企業的信念下貫澈飛利浦 **風範**（Philips way）、**企業使命**（Mission），**事業願景**（Business Vision），**以及挑戰目標**（Objectives）**和執行的方策**（Policy & Strategy）。台灣飛利浦身為海外組織的成員，必須無縫接軌公司總部和各事業部目標的推展，創造長期最佳的投資報酬，獲取股東最大的權益。

管理策略的首要在調適主管和幹部的心智（Mindset），有紀律的行為表現（Disciplinary Culture）以及重視人員的價值，人性為本、關懷為中心的領導。前羅總裁曾說，造就台灣飛利浦主要的關鍵來自「領導，Leadership」和有效的管理「變革，Change」，實際上它呈現的是領導力，領導力就是執行力，為追求全公司績效的絕對保證，因為：

 ◇　領導積極主動的參與和協助，信任而不放任
 ◇　政策方針的展開和貫澈實施，運作機制具體
 ◇　人員的尊重關懷和人才發展，領導專業敬業
 ◇　各項業務的協調與機能運作，跨部介面整合
 ◇　企業夥伴和資源的有效配置，創造價值貢獻

在管理策略執行的環節中，有一個主管重要的成果確認機制，叫「總裁診斷，Presidential Diagnosis」，依據羅先生的闡述：

「總裁診斷不是領導專權恣意、下達指令那般，是主管和現場雙向的溝通與學習、管理的平台，具有驅動組織積極改善的力量」。

總裁診斷爲公司領導層和執行層一年兩次〈一月/七月〉定期性的實地審查，全面性的、系統性的經營分析，是公司各階主管和現場的溝通。透過這個機制激發出組織自我的**驅動力量**（Driving Force），在互動進行過程中，提升了組織的**「能見度，Visibility」**，看得到、聽得到各事業、各部門的想法與做法，讓整個組織步入**「透明的程度，Transparency」**，能見度表示清楚事情，透明度則是瞭解事情進行的程序和步驟。總裁診斷不只審核部屬，也考驗主管的領導專業和行動決心，是企業經營層、主管層、執行層全體的加速器。

執行層的年度方針管理 ─改善計劃/創新專案的展開與實施

年度方針管理屬執行層的改善計劃或創新專案的展開與實施，是承接上級的規劃及目標後採取的具體措施，這個行動分三個步驟，**從策略規劃 → 方針制定 → 方針展開與實施**（見圖 3-10），透過各階的溝通如主管共識會議、品質學院、員工大會、部門會議等場合展開年度的改善行動和目標設定，計劃展開貫澈直達個人的績效項目。因此個人、專案群組和部門的目標是鏈接的，公司及事業單位目標是一致的。

方針管理實施過程中一個重要的事項在釐清組織間的**介面**（Interfaces）**和整合**（Integration），執行層也須經得起一年兩次總裁診斷的考驗，確定各部門是否協同一致？有什麼困難？什麼條件？爲主管和部屬間的相互砥礪、承諾及投入。

人員層的個人績效管理及才能發展 ─ 止於人

用對的人，做對的事，人員層的個人績效管理及才能發展是公司績效的基礎，人員爲行動基本單元。績效管理平衡公司、團隊與個人的目標，用對的人，做對的事，大家朝同一方向、同一步調行進，管理提供正能量的支持環境，另一方面又透過員工的職涯發展，培植人才、增益職能的能力，成就企業，充分發揮重視人員價值的績效管理。

全公司績效管理成功的關鍵

全公司績效管理（CWPM）植入全面品質經營改善的組織框架，公司最上有領導層的經營管理委員會，叫經管會或稱呼「全公司績效管理指導委員會」，由總部的方針推展辦公室及推展人員負責策劃與監督，執行分別由總部/事業單位/營運中心/機能工作小組推動，績效由經管會檢討跟催，也透過一年兩次的總裁診斷做全面性的檢視診斷。在經管會下各事業單位/營運中心有自己的方針管理委員會，負責轄下的改善與創新，公司跨部會、跨事業的機能則由工作小組如品質、成本、供應鏈、研發、主管發展等的指導委員會執行，這些小組是 CWQI 推行委員會視需要成立的機能。績效也分別由他們的績效會議或小組專案進行檢討跟催。

接著，事業單位/營運中心轄下有隸屬的廠/處，將改善與創新展開到部級，同樣的跨廠處、跨部門項目則由工作小組責成專案實施，績效由各負責廠/處的工作會議或跨部門的專案檢討跟催，部之下再展開到做事的每個人，部的績效由部工作會議負責。

基本上這些組織的運作與成效都依附在公司、事業單位、營運中心、廠、處、部門全面推展的 CWQI 架構下運作，形成全公司一體，執行與成果掛勾的績效管理，不致疊床架屋。若公司從上到下的方針管理落實到位，所有改善與創新專案均有承接人，不會遺漏，當所有個人完成任務時，意即部門工作也完成，當廠、處及各小組專案完成時，就表示事業單位/營運中心及機能小組的計劃目標也完成，全公司的績效目標也會達成。整體嚴謹的、無縫隙的銜接和運作，說來容易，實務上做起來絕不是件簡單的工程。從台灣飛利浦傲人的績效看來，足以證明機制貫澈，有效的發揮全公司績效管理如圖 9-12。

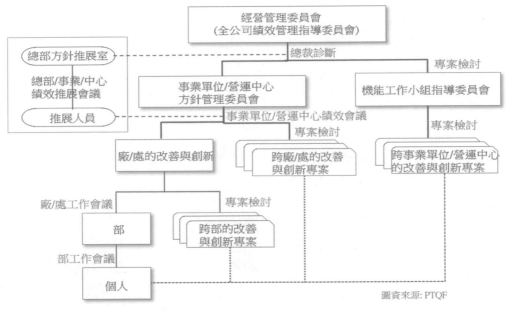

圖 9-12. 全公司績效管理

若要探究其中的關鍵，無外乎管理上已構築完整的基礎建設，組織和成員也建置出共識和決心，才能發揮出團隊合作的精神，在一次羅府的專訪中，羅總裁這樣解釋：

『**團隊合作的精神來自一個組織有正確的管理工具（Tools），有明確的形制運作（Form），各個單位都能制定出明確的主要績效指標（KPI, Key Performance Indicators），而且配合完整的人與事考核與發展措施。有這些績效指標之後，做起來會議組織的運作確實透明，公平公正。人人清楚大家在做什麼，不但自己瞭解、人家也看得見，所有的結果也都有具體的方法衡量，配合考核升遷、獎酬辦法以及主管才能發展計劃，這樣子就能夠激勵大家一起合作的動力，共同朝向設定的目標，全力以赴達成**』。

另一個全公司績效管理成功的關鍵在於主管的領導，主管瞭解不同的領導場合和扮演導師、教師、教練間領導者不同的角色，在輔導部屬時針對不同的事務，運用不同的技巧，然而不論是那種角色，他們均發揮主管領導的價值如圖 9-13。

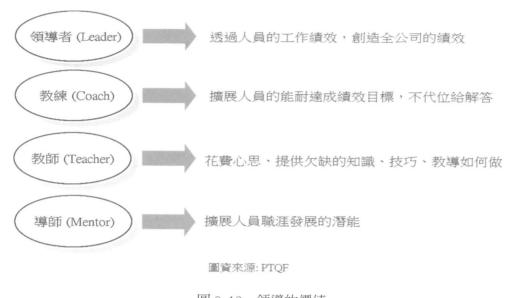

圖資來源: PTQF

圖 9-13. 領導的價值

跨文化國際團隊的領導

飛利浦原籍荷蘭,為一家世界知名的跨國電子巨擘,總部早期座落於南部的安多芬(Eindhoven),這個地方原只是飛利浦生產燈泡的純樸小鎮,在二戰期間大部分已遭無情的炮火催毀殆盡,所幸飛利浦總部帶動的諸多建設而重振繁華,為今天重要的工業城市。然而在超過一個多世紀之後這個城市已全然變了樣,隨著飛利浦的轉型,一躍成為歐洲先進科技的智慧城市,尤其是在半導體、智能、及醫療健康照護產業的示範領域。近年來台灣常以荷蘭為借鏡,雙方密切交流有關智慧城市的發展經驗,分享生技醫療與健康照護、循環經濟、永續發展等企業與社會發展課題,成為世界高度重視的焦點。

荷蘭是鬱金香、風車、乳酪、鯡魚、木屐的國度,有另一個稱呼為「低地國」,國土面積三分之二低於海平面,小小的地理,自古多外向發展。文化多元,人民崇尚自由開放,率性不拘的生活方式,具有包容接納的天性。人力素質極高,年青人大都受過高等教育,習於用鄰國多種語言如英語、德語、法語交談。謙遜的態度、不羈的風氣,喜歡到處旅遊,自然地孕育出廣闊的視野。歷史造就了荷蘭人,也造就了他們的性格,「自由」、「包容」、「多元」的文化底蘊,強調貿易生存、融合,而不講求征服或占有。

飛利浦深受公司所在環境的影響，主管尊重專業、尊重個別差異，往往依賴當地團隊發揮，只派關鍵的領導和運用放諸四海皆準的財會制度，內部控制與稽核，其他的作業，總部一般都交給各地方揮灑。對於一些涉及跨事業或跨國利益的地方，甚至僅給組織權責、工作方針，這種型態賦予了地方創意，成就各方，比起美式企業，多聽命於總部，而且規範也都巨細彌遺，地方少有彈性和選擇。

從一個有趣的對談就可以看出端倪，羅總裁曾經在一個會議中和部屬談論『到底要聽誰的？』，當部屬回答說「聽老闆的」時，總裁立即糾正說『不對！要聽自己的』，每個人有自己獨立的思考和判斷，即使老闆的意旨也要加以消化，最後自己做出正確的選擇，確定所做讓客戶滿意，因為上司也是客戶之一。尤其在矩陣式組織下的溝通比較複雜，甚至可能發生衝突，有時各方有難以捉摸的現象，這時候如何決定就顯得重要。必要時部屬也得據理力爭，不鄉愿也不輕易妥協。所以常見部屬和主管辯論，澄清一些狀況，凡事就事論事，不針對人，而彼此間也不會傷和氣。組織氣氛存在著珍貴的人際關係和自然率真的溝通和互動，成為飛利浦企業文化的特質。特別是台灣飛利浦，擁有東方人的個性，兼容國際企業及荷蘭的特質，主管與部屬間處於平等的位階，有別於一些國內企業的傳統，部屬那敢挑戰高層的威權，常見荷蘭同仁對事情首先的發難是問為什麼？當有件工作指示下達的時候，主管也會詳細回應，可見一斑。

跨國文化的認知與管理

為促進國際團隊的領導溝通，台灣飛利主管的訓練科目中曾安排跨國文化的一些相關課程，進一步引導國際團隊、培育多元文化的領導認知，筆者特別舉出 2000年十月，半導體事業部的中高階主管領導單元中曾有一例，課程特別邀請歐洲知名顧問公司 ITIM International 來台講授「多元文化的體認課程，Multi-Cultural Awareness Course」這個顧問公司為荷蘭跨國文化知名的研究專家**吉爾特・霍夫斯泰德（Mr. Geert Hofstede）**的兩大夥伴之一，到 2017 年彼此更進一步合併成為霍夫斯泰德中心。根據霍夫斯泰德的著作**《文化與組織，Culture and Organizations/2010》**以及**《文化的效應，Culture's Consequences/1980》**，他定義文化是「**由一個群體共同的心智形成的特質**」，人們在同一個環境中自然的組合，身處相同的生活經驗和教育所凝聚出的價值觀和行為模式。價值觀是不易查覺的內涵，而行為模式則是他人容易觀察得到的表徵。國與國間因不同群

體、不同環境、不同的生活方式自然的形成該國特有心智和型態，明顯的有別於其他國家人民。

但是，國家文化無法直接觀察，須從言語和行為特質中才容易看出。每個國家的國民有不同的社會生活、習性和工作，從而養成不同的思維，不同的態度和見解，無形中交互影響著國民大眾包括態度、價值與意識型態，並深深影響國民的行徑。所以說國家文化左右一國人民的價值觀，國民對事物反應處理的態度，而態度會反應人外在的行為，而且社會的生活方式，也會持續影響一個國家文化的塑造。不僅如此，國家文化還有其他的因素：

社會的：包括習俗、社會階層與移動性

政治的：如英、美的「民主制度」不同於亞洲國家的傳統「威權體制」

宗教的：不同宗教宣揚的教義是不相同的，因此信仰會影響到人民的行為

語文的：語文是溝通的工具，會影響到文化的散播與傳遞，在國際化趨勢之下，以英文為主的西方電影、電視節目、歌曲、雜誌書籍、教育課程等，不斷地滲透，改變人民的價值觀、思考方式與行為

霍夫斯泰德認為，國家的文化很大的程度影響該國就業人員工作的價值信念、行為態度。跨國企業在管理不同文化的成員時，領導要有文化的敏感性，重要的先有「**跨文化管理**」的認知能力。管理與其說是一門科學，不如說是一門藝術，不僅處理具體的事務，也要處理人在不同國度的家庭、學校、社會等文化背景生活下塑造出來的特質。

多元文化管理就是協助主管瞭解企業面臨的國際環境及組織成員的差異，並適時找出管理的機會和威脅，事先防範、避免問題的發生。在跨國企業中，文化衝突是無可避免的，原因不外乎由種族優越感造成，不當地以自己的習慣、不同的感性，以自己的觀點對待不同語言、不同價值體系的員工，造成的溝通障礙。

在其研究中，認為價值觀是文化的核心，他的研究綜合世界各國的問卷調查，從中歸納出各國的價值傾向，作為國家文化差異的代表，起初只歸納成四個尺度，於 1991 年，根據香港中文大學**麥可‧龐德**（Mr. Michael Bond）教授有關東西方文化對比的研究成果，增加了反應儒家的第五個尺度：「時間考慮 – 長/短期導向」。最後在 2010 年，又根據**麥可‧明科夫**（Mr. Michael Minkov）的世界價值觀調查的分析結果，霍夫斯泰德為這個模型增加了第六個尺度：「放任與約

束」，這個模型框架是當今對國家文化價值觀尺度最具代表性的研究分析。台灣在當時接受的課程，僅有介紹五個尺度，但筆者為完整的表達這個框架的完整性，一併更新到全部的六個尺度，以符實際發展，同時也將各尺度摘要整理如下，方便讀者瞭解。

1. 權力傾向 (Power Distance，縮寫為 PDI)

權力傾向被視為群體相信權力和地位從屬的情形，接受權力不對稱的程度，習以為常的視為社會體系的一部分。權力傾向大，表示下屬對上司有較強烈的尊從和依附；權力傾向小，表示參與的程度較高，下屬在其規定的職責範圍內有相應的自主權。

2. 避免不確定性 (Uncertainty Avoidance，縮寫為 UAI)

避免不確定性表示接受不確定情況的程度，或說接受不確定風險的程度，對不確定情況和模糊的態勢感受威脅的程度。在不確定性避免程度低的社會中，人們普遍有安全感，傾向於悠游不拘的生活態度，雖然人們也崇尚冒險；而在不確定性避免程度高的社會中，普遍有高度的緊迫感和進取心，傾向勤奮工作，也會試圖建制一些保障或制訂一些規則來防範，反應一個社會因應未來不確定的情況。日本是一個避免不確定性程度較高的社會，因而在日本推行全面品質改善，為員工參與的活動，團隊也容易獲致成效，終身雇佣也成為保障他們的制度；美國是避免不確定性程度低的社會，人們習於接受生活中的不確定性，包容各種不同的觀點，上級授權下屬，自主管理和獨立的工作。在不確定性避免程度高的社會，上級傾向於對下屬進行嚴格的控制和明確的指示。

3. 個人主義 (Individualism，縮寫為 IDV)

個人主義意謂著社會結構鬆散，每個人關心的是自己以及自己身邊親近的家人。嚴格說來個人主義並非一定是好或不好，有些國家文化的個人主義較為明顯像美國，有些則比較注重團體一致的行動像日本。

4. 剛性作風 (Masculinity，縮寫為 MAS)

剛性作風可以解釋為工作的導向或注重人際關係的考慮，在以工作為重、剛性作風的社會文化中，人們強烈的追求工作成就，目標地位、權力及金錢等物質的成就，其行事為目標達成，而顯少關心他人的感受或生活品質；在注

重人際層面、陰柔作風的社會文化中，人們追求精神層面的氛圍，如工作場所的和諧、社會關係、生活品質等。

5. 長短期考慮 (Long-term/Short-term Orientation，縮寫為LTO)

指社會對未來的重視程度，對時間有不同的態度。重視時間的人會認為時間急迫的、有限的，傾向節儉和堅持對目標的達成。相反的，忽略時間的人則視時間為無限且沒有止盡、沒有限制，比較會磨耗。好比說美國較重視時間要求，而亞洲國家及中東則認為無所謂。

6. 放任與約束 (Indulgence/Restraint，縮寫為 IVR)

指社會成員自我約束和控制的程度，放任的人喜歡個人獨特的興趣、 勇於追求享樂、快活的人生和樂趣。約束的人比較嚴僅、克制，約束自己的需求，配合或遵守社會的規範。

迄今為止，霍夫斯坦德的模式，被認為是在國際企業管理研究領域中，分析國際文化價值觀差異最為完整的、系統的框架，有助於跨國企業主管認識文化現象及其影響效應，提升領導力的最佳參考：

- 為人們識別和理解文化現象提供判斷的基準
- 為人們分析、比較不同文化現象提供具體的研究分析數據
- 為人們進行跨文化管理國際團隊提供有價值的參考

最後，筆者將霍夫斯坦德的研究調查，舉出四個與本書相關的國家如荷蘭、台灣、美國以及日本，將其國家文化價值的數據整理列出，供讀者比較參考。分數高低代表傾向強弱的程度，譬如美國崇尚個人主義、放任；台灣個人主義就較低、有遠慮的考慮；日本男性作風較強、不確定性避免也強。

	荷蘭	台灣	美國	日本
權力傾向	38	58	40	54
個人主義	80	17	91	46
男性作風	14	45	62	95
避免不確定性	53	69	46	92
長短期的考慮	67	93	26	88
放任與約束	68	49	68	42

課程中，顧問提供參加的主管們一些領導國際團隊、跨文化管理的金科玉律：

- 幾個原則 － 尊重自己的文化，也尊重他人的文化，只須調整你的作風適應對方的文化，不要模仿他人文化的行徑，因你不可能做對，更可能適得其反。
- 試著瞭解人們行為背後文化影響的合理解釋，這將有助於你更瞭解他人，也不會對他人的行為感到失望，勿用自己的想法和標準評斷他人。
- 對他人的文化和語言表露出真的感到興趣。

期望主管們透過瞭解跨國文化開始，認同多元文化，建立領導的技能。透過社會互動技巧的增進，減少文化帶來的不確定性，適應多元文化的管理與改善衝突。期望主管們能夠跨出自己的文化價值判斷，拉近對其他文化價值的感受，逐漸的影響從**排斥** → **接受** → **適應** → **到最後自然融入**的境界。期望主管們有效的領導，塑造團隊的管理風格，範圍不斷的擴散、累積，從**個人** → **團隊** → **組織**。總之，跨國文化的管理能力是跨國企業的一種競爭力。

跨國企業的決策與管理

另一方面，一個跨國企業面對全球各地多元的國家文化，在回應各地文化的差異時，會建置不同的管理型態，每個型態決策傾向不同。從其總部和海外各單位間的決策過程可以看出公司及事業經營的管理特質。在多元文化的團隊，領導須先探討公司組織所在的管理和決策傾向，母公司與海外子公司間的溝通。一般從其企業組織的結構、事業部的布局、事業策略的形成和執行中大致看得出來。從兩位研究全球化、國際企業，以及國際人力資源管理的專家**霍華德（Mr. Howard V. Perlmutter）和大衛（Mr. David A. Heenan）**所共同發展的 EPRG 模型，大致將全球化、國際企業的決策型態歸納成四大類：

本國模式 (Ethnocentric)

多用企業總部原籍國家的人才，民族傾向，總部制定作業準則、提供知識、技能，由總部掌握關鍵決策，有效傳達與執行。但可能缺乏地方的靈活性，或外派人才適應期長、或難掌握地方文化而失去效率、地方人才缺少積極性的激勵。

多國模式 (Polycentric)

多用在地國人才，採行本土化策略，認為地方的獨特或差異不同，在地人才比較瞭解當地市場，也容易獲得地方所在政府的支持。但可能出現地方重複的現象，容易出現母國與地方間的脫節或虛假現象、或重視地方而忽視總部目標。

區域模式 (Region centric)

多用區域的人才，以相近國家的地域為目標，在同一區域之內，國家文化之特質較為相似，因此多國籍企業採用相同之方式管理區域內之子公司，區域總部做決策，以區域為取向。

全球模式 (Geocentric)

多用全球具有全球觀的人才，熟習全球事務、尋求當地和全球目標的平衡，不論在總部或地方工作，問題的決策是全球的考慮，總部和地方的協作資源較佳的配置。但人才培育不易、所費不貲，管理兼顧平等、開放和參與地方、瞭解地方，以高層角度全球視野決定，能具備地方和全球，著實是項不易的挑戰。

曾經有媒體「經理人」雜誌，在羅總裁 1999 年退休後返台七年做過一次專訪，筆者特將其中觸及的兩個問題轉載。因為巧的是 2013 年到羅府為本書撰寫訪談時驚訝的發現，雜誌也曾刊登雷同的問題，而這兩者間時空前後相差七八年，可見羅總裁對跨國文化管理的惦記和重視，摘錄下列相關問答在本章最後，提供跨國企業經理人做決策時的另一種思辨。

記者問道：
『你一向不聽總公司的命令，覺得對的事就去做，有初步成果再跟總公司要資源。這樣的做法，對現在台灣的經理人，還適用嗎？』
羅總裁回答：
『台灣的公司現在也慢慢走向全球化，全球化的公司會希望每個地區的分公司，都有自己的想法。一個全球化的公司也是一個多元化的公司，管理全球化的公

司，不是管理一個軍隊，不是總公司給你一個命令，你就這樣做，那個不是最好的方式。全球化的意思，就是應用全球的資源，包括人力資源。用當地的人才，不可能只用作業員，只叫你做事，卻沒有授權，這樣好的人才不會留下，要人才留下，一定要授權。』

『總部這麼遠，地區發生的事情，它不見得全部了解，你要讓組織有計畫地成為一個有機的組織，當周圍的環境機會來時，它會反應，跟總部聯繫，這樣的全球化企業才有效。全球化的地方分公司不是殖民地，殖民地是總部一個決定、一個動作，是單一的，不是多元的。殖民地時代幫外國人做事的叫「買辦」，買辦就是個 Doer，老外講一句他就做一句，從不辯論，但是專業經理人的角色不同，你應該要幫總部抓住當地的機會和資源。』

專訪中還有一段對話有關工作要求，讓員工發揮所長的重要關鍵，領導有誠，組織才能透明，組織成員才能一起合作。

記者問道：『做一個經理人，什麼特質最重要？』
羅總裁回答：
『我覺得 "誠" 對一個領導者來講最重要，因為你的團隊要能夠信任你。不認為我比他們聰明，所以玩政治手腕，短時間有效，長時間不行。有誠才能談透明，有透明，組織裡才能真正合作。如果每個人都想留一手，絕對行不通。最難做到的也是這個，因為「情、理、法」你要全顧到。顧到「情」，你可能會傷到誠，「理」「法」跟誠比較近一點，但中國人的「情」很重要。在中國的組織裡，要做到對什麼人都一樣，很難。我在飛利浦 30 年，轉換過這麼多工作，我從來沒有帶過一個人跟著我。』

兩個問題道出了一位跨國企業睿智的領導者如何凝具組織，讓成員跟隨、發揮，貢獻所能。

第四部
驅動的力量：從危機到轉機的變革

前瞻的視野與行動的企業文化

第十章　前瞻的視野與行動的企業文化

洞察機先策略前瞻部署

在一次與羅總裁的專訪，他針對領導者和經理人作了具體的闡述，說明領導不同的視野，企業的經營管理（Management）有兩個層面，一個是維持營運（Operation）；一個是改變與創新（Change & Innovation）。經理人尤其是專業經理人做的是營運管理（Operation Management），領導者發揮的是影響力，帶領團隊、建置組織能力，不斷應變及突破，展現出的是領導力管理（Leadership Management），一個專業經理人有效的營運並不等同領導者卓越的領導力。

營運是在既有的資源與條件下運作，是經理人有效掌握現狀而已；而領導者須像個候鳥，嘗試順應環境、改變現狀，不斷的找尋方向、決定路徑前進、因應未來、創造機會。經理人著重短期績效，掌握計劃與實際的進度，它要求當下的表現，有績效的表現，屬預算管理。領導者做的是改變現狀，考量不同的資源與條件，著眼未來中長期的趨勢發展，它要能掌握環境變化、擘劃市場機會、探索未來可能的選擇，涉及事業中長程的策略與意向、市場競爭的延續或價值新定位，它絕對需要事業經營的智慧。

營運效能和策略規劃為兩碼不同的事、不能混為一談，但許多企業常不區分兩者的差別，混合一起管理，尤其是輕忽後者。但兩者不論短期預算的績效管理還是中長期的策略計劃的趨勢管理，所有的項目執行都必須按照戴明循環的行動思維，落實到位執行，筆者依訪談所得繪製出羅總裁對經營管理的視野如圖 10-1。

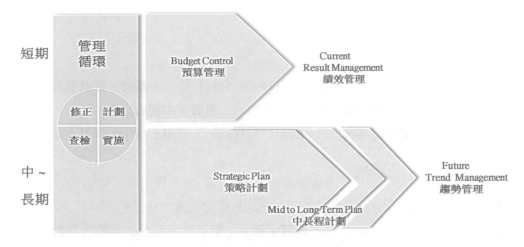

圖 10-1. 經營管理的視野

以台灣進行的「總裁診斷」為例，它是公司領導和專業經理人的管理平台、共同的學習和互動。一年兩次分別在一月和七月，是全面經營管理的診斷。它檢視兩個重點，察看目前營運的表現好壞，也檢視是否洞察未來的發展趨勢，足以支撐企業的成長和延續。企業未來的走向須及早預知、預應，但可以肯定的，沒有眼前的績效為基礎，就一定沒有未來的可能，總裁診斷提供了在台企業一個兼顧現時營運績效和掌握未來的橋樑。羅總裁以自己為例，進一步解釋：

事業預見趨勢前瞻計劃布局

領導者必須洞察五年以後的產業趨勢，釐清競爭方向，尋找可能的機會，往高端、高價值方向發展或另換跑道，及早召喚組織因應轉型，延續組織的競爭力，有這種的見識才是性格膽大、手法細膩、富商業敏感度的領導人。

在一般經管，事業部負責人依據營運的績效延伸未來的發展，企業分析產品技術、客戶基礎、自己的能力和主要對手的相對競爭優劣。台灣飛利浦稱「事業營運組合（Business Portfolio Management）」。每個事業單位進行完備的檢討分析，在一年兩次的「策略會議，Business Strategy Review」上做徹底詳盡的探討，據以規劃短、中、長期不同的對策，調整或配置所需的資源、安排優先順序，預期投資效益等，這些營運模式分析和前瞻布局具體的陳述在「事業計劃書，Business Plan」裡。

對於策略的定義，在時序上有不同的意涵，而且這個時序依各事業的特性長短不盡相同，像消費電子產品能看到的時間較短，而工業及汽車電子則較長，但大致上可以分為三個時段：

<= 2 年　　**短期的改善**（Short Term Opportunities）**機會，即時執行**

3 ~ 5 年　　**策略的計劃**（Strategic Plan）**主體，中程的行動**

>= 5 年　　**策略的導向**（Strategic Intent），**長期的指引，願景企圖**

以電子零組件事業部為例，事業營運模式分析包括下列幾個營運的組合，各事業單位的分析結構以質化、量化、圖示化、趨勢化的表述、具體的呈現。

產品組合（Product Aspect）：高價值產品、量產品、新產品、問題產品、產品市占率、產品成長率、產品壽命發展階段等

客戶定位（Customer Aspect）：策略客戶、重要客戶、其他客戶，產品/時間/科技和客戶的能力、資源配置推移等

應用領域（Application Aspect）：消費電子、工業應用、汽車電子、通訊電子的發展等

市場區塊（Geographic Aspect）：亞太、中國、日本、美洲、歐洲，其他等主要的、新興市場發展等

財務表現（Finance Aspect）：營業額、營利率、投報率、資產周轉率，產品對公司的價值貢獻度等

有些主管可能不經意，沒有充分理解外部分析的意義，不太細緻其適當引用場合及邏輯推演的順序，也沒查覺綜合過程間彼此的影響。坊間教科書一般介紹外部分析時，鮮少對整體收放的先後方式有妥善的提示和警告，工具看似簡單，實務運用的工夫卻大不相同。殊不知它必須經過事業策略會議，由相關主管人員審慎探討，在進行外部分析時，不會過度依賴技術人員的傾斜分析而不自知。一個錯誤的結論常會導致不正確，或受到侷限的策略，造成不可預期的後果。這個部分，台灣飛利浦的策略方針管理特別強調：

✦　不可在原有計劃和目標尚未明確彙總以前，混合外部分析所採取的措施，一個是既有的規劃、一個是後面帶入的現狀衝擊。團隊須先完整的釐清既有的基礎之後，才納入外部分析一起考量，否則擬定的計劃和目標將無法到位。

❖ 　不可將外部分析當成策略發展的全部依據，將現況當成未來可能的挑戰，
　　忽略組織長程追求的願景、企圖，構成偏狹的策略。

外部分析又稱 SWOT 矩陣分析，它檢討企業當下的市場前景和競爭格局，從內部條
件的強項與弱點，到外部環境帶來的機會與威脅，爲事業綜合外部/內部、環境/
競爭後的綜合評估。模式分析先從內部檢討對客戶、對產品及服務的相對強項
（Strengths）弱點（Weaknesses），再從外部衡量市場競爭環境帶來的正面機會
（Opportunities）和負面威脅（Threats）。矩陣分析用來制定事業發展的策略
定位，如何把握優勢、改善劣勢、抓住機會、消除威脅，外部分析爲擬訂改善計
劃必備的工具，在台灣飛利浦的策略方針管理和總裁診斷中，須證明邏輯順序從
市場、競爭者，從外向內的視野，程序必須恪守紀律的步驟如圖 10-2。

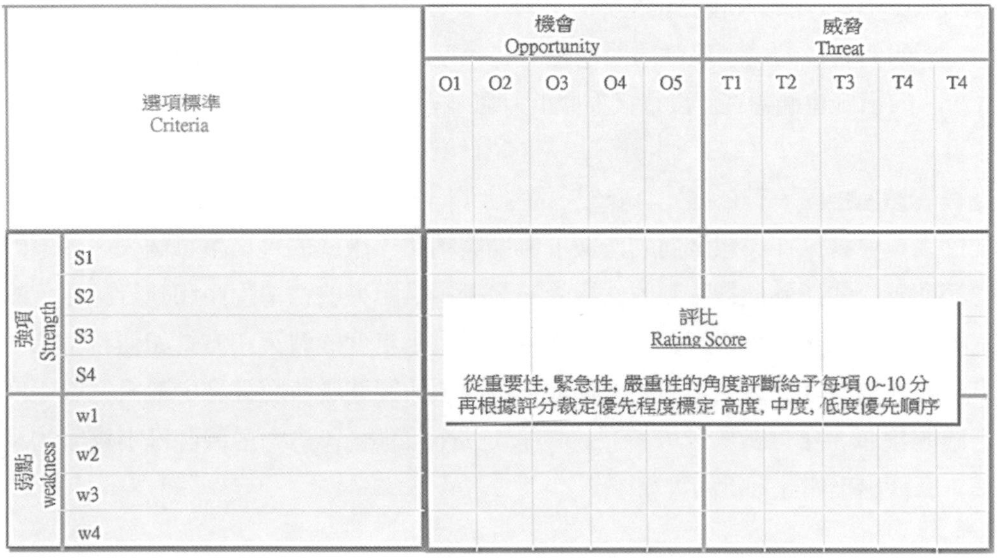

選項標準 Criteria		機會 Opportunity					威脅 Threat				
		O1	O2	O3	O4	O5	T1	T2	T3	T4	T4
強項 Strength	S1										
	S2										
	S3						評比 Rating Score				
	S4						從重要性, 緊急性, 嚴重性的角度評斷給予每項 0~10 分				
弱點 weakness	w1						再根據評分裁定優先程度標定 高度, 中度, 低度優先順序				
	w2										
	w3										
	w4										

圖 10-2. 事業的外部分析

更獨特的是，台灣飛利浦組織全體建立共識的過程，經過全員參與和雙向溝通，
格式和程序要求嚴謹，這得歸功於組織的行動文化塑造在先，全面定期檢視的總
裁診斷鍛鍊在後，才能落實到位，貫澈到所有部門、所有人員。逐漸適應改變的
氣氛，一路學習成長經歷了幾個階段，從開始的被紀律規範要求、慢慢的習以自
然，到最後成爲程序理所當然，思維和態度上呈現出個人能力的提升，也是組織
能力的提升。

貫澈執行年度政策與方針管理

年度政策為該日曆全年的工作重點、行動方向和行動綱領，不像一般企業稱謂的政策，像似公司的理念，秉持的規範，不變的堅持。飛利浦以年度政策聲明每年組織奮鬥的重點和預期的目標，年初更新布達，事業單位在政策引導之下展開系列的行動，包括溝通、理解政策內涵，擬定改善計劃和實施方案，政策是台灣飛利浦方針管理的依據。在展開時，年度工作計劃和目標的設定必須兼顧短期的績效要求，也符合中長期策略規劃的方向和階段規劃的發展。在年度政策形成的時候，須從年度改善計劃與行動項目中具體清晰的分辨出：

❖　那些項目屬於中、長程策略性的問題？

❖　那些是該年度執行的政策、行動方針及改善計劃的問題？

❖　那些是外部分析的衝擊？

❖　如何有效的將策略性的問題綜合在年度政策、方針及改善計劃，外部分析的措施也涵蓋在年度最後完整的計劃並得掌握實施？

過程的慎密推演，有依據、有條理，從上到下協同一致的手法展開，也透過 CWQI 推行委員會各工作小組全面的巡檢，協助與輔導，澈底的實務讓每個人、各部門從初期感覺的額外負擔、到欣然接受、最後視為組織的標準程序和執行紀律，的確投注不少工夫，是學習數年下來累積的效果！年度的政策和方針如何整併？一步步如何以嚴謹的邏輯，循序漸進從各別事項按照關聯步驟綜合，最後完成年度正確的挑戰。年度政策及方針目標的設定路徑如圖 10-3，它習自日本專家的精華，磨練出來如此細緻的實務。

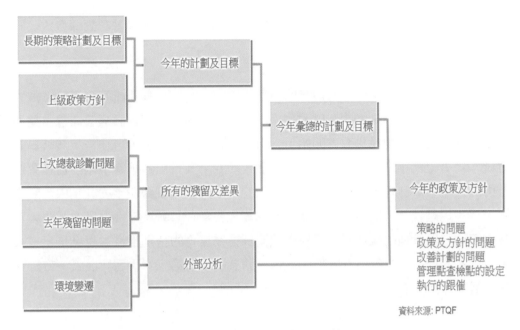

圖 10-3. 年度政策及方針目標的設定

步驟說明：

1. 今年度的計劃和目標要考慮事業單位本身長期的策略計劃和目標以及上級交辦的政策方針；

2. 所有的殘留及差異的問題要回應上次總裁診斷提出的問題以及交待去年執行計劃殘留的問題；

3. 外部分析要考慮去年執行計劃殘留的相關問題以及最新的環境變遷分析；

4. 今年度彙總的計劃和目標要併合考慮事業單位的當年度預期的計劃和目標以及去年度執行計劃殘留的問題；

5. 今年年度綜合的政策及方針要考慮合併今年度彙總的計劃和目標以及外部分析

這種「**綜合，Synergy**」的邏輯，在各階層政策及方針展開的過程中，明確而不含糊，考驗各事業的宏觀視野、審慎思辨，其結果是科學的。如果年度政策及方針又通過總裁診斷，更證明事業經營管理規劃周全，經得起考驗。往往每經過一次「總裁看病」，診斷的戲稱，又多一些成長，由於組織績效表現愈來愈佳，收穫的愉悅心情無不洋溢在每個人的心情。

為了貫澈組織、落實到位的執行，在培訓「方針管理，Policy Deployment 時，詳細的教導全員正確思考，按照系統的結構和邏輯步驟推演，方針區別策略改善計

劃及年度改善計劃，如何設定最後綜合的計劃和目標，這種學習的訓練方式，確實提升了組織的能力。

公司及及事業單位在策略方針規劃的做法，實際上是融合飛利浦原有策略思維的優點和吸取日本顧問細緻的年度改善手法，經數年的體驗修正而趨於完善。整個學習的歷程從單純的品質改善開始，到引入日式的方針管理，再進一步突破日式傳統，只著重當年度方針改善的架構，融入西式事業長程的策略規劃。這種東西合併的策略方針管理，有效的連結中長程的時序規劃，滾動在年度計劃中受到重視、逐步規劃執行，助益於策略與願景的實現。當在 1997 年獲得日本戴明大賞時，策略方針管理的獨特手法還贏得戴明評審委員會的特別讚賞，認為是日本人可以借鑑的地方。有關方針管理的敘述，請參閱本書第三章學習與成長，方針管理的展開實施一節。

總部的效能和專業奧援

台北總部的角色

提到台北總部的角色，先問他們的職責是什麼？ 一般人對總部常抱持敬畏、保持距離和順從的傾向。總部人員位階在上，難免恣氣指使的情事發生，容易導致下級單位避免多接觸、多談、多說，總不希望讓他們知道太多，如此反而造成組織疏離。在與羅總裁訪談時，他以身為國家總部的 CEO，給自己及幕僚主管這樣的期望，瞭解他對總部的角色定位和價值貢獻的不同看法。

『一個企業的總部和幕僚單位不能帶給組織種種的束縛或條件限制，不能居於高位，限定組織這個不能做？ 規定那個不能做？ 總部的功能須做快速的決策或指示，支持所屬，讓他們充分掌握先機，要知道各事業單位是總部及幕僚服務的對象，是他們重要的客戶，他們要證明總部和幕僚的貢獻在那？ 他們的作業是否給各事業單位帶來增值？』

『企業經營管理的價值在於能夠發掘珍珠，也會將一個個的珍珠串成更有價值的項鍊』，這是總部的職責所在。

CEO的這種理念，促使總部及主管幕僚積極的行動，接近現場，深入基層。而且設法解決所屬遭遇的各項困難，樂於指導並主動協助完成使命。由於他們為組織的上位，往往也肩負公司全面改善推行各項機能小組的負責人，他們的一言一行及行事，表露出公司的管理的專業、管理的風格，也自然的形成公司的管理文化。

就過去觀察所得，在總裁領導以及 CWQI 中心的大力推廣和協調下，總部無不盡其所能的提供各項的服務或支援，這些是重要的促成因子（Enablers），沒有這些促成，就談不上總部多有效能，在台企業也無法獲致如此閃耀的成就：

◇　領導發展的新思維，提高各階領導的能力，利用高階主管會議或研討會的場合邀請專家、顧問指導有關領導力的探討。人資也獲得總部奧援，有完整而具體的中、高階主管的訓練發展，以及潛力人才的栽培計劃。平心而論領導力及領導才能的發展有如樹人一般，不是件短期、容易實現的工作，而飛利浦在這方面長期的關注和投入足以自豪！

◇　安排專家/顧問的教導及學習，精進全面品質改善的認知、認同，改變工作態度、充實相關的知識和工技，提高個人及組織的能力。系列的課題包括全面品質管理、現場生產力管理、機器設備的生產力管理、品質應用工具、品質的機能管理等，而且這些知名專家、顧問舉出的案例均是獲得日本戴明的佼佼者，足為學習典範，十分難得與珍貴。

◇　總部以身作則帶動各級主管與同仁一起投入，營造團隊密切互動的氛圍，以典範、標竿、最佳個案激勵競爭的學習，準備未來，創造不斷的組織活力，維繫改善的熱誠於不綴，這些都是總部有效的計劃、督導和推廣，功不可沒。

◇　傳播大家認同的核心價值，培育組織品質管理文化，為建立有機學習型的智能團隊，創造有利的條件。

◇　保持核心科技競爭的領先優勢，創新營運模式，達成財務及非財務構面的總體績效，讓一個強調創新科技的跨國企業，持續快速成長與發展。

有關總部的專業和資源，飛利浦是矩陣式的全球性組織，總部的層級包括廠、處所在國家的台北總部、上級的支援有代表公司亞太地區總部，位在新加坡的區域總部，更上位的支援則有公司總部，後兩者為海外分支專業的奧援，也是唯有先進科技，全球多元事業規模的國際企業才擁有的優勢。

飛利浦企業超過百年，全球據點不少，跨國多元的事業有賴適當的領導和管理機制，總部無法清楚知道每個部門、子公司或海外機構的細節是否合宜，唯有透過對的人和對的準則、規範、程序、系統、報告及事業管治。台灣也不例外，身為公司海外重要據點，體會國際企業的經營，也習得各項業務功能的運作。在八十~九十那個年代，當台灣尚在快速成長與發展初期，仍然處於啟蒙的階段，能夠快速吸取國際企業管理的實務就顯得重要，本地人員可以借重先進，站在巨人的肩膀上開拓國際視野，快速的上手。在當時，台灣飛利浦高層的胸襟也開放，十分支持本土企業、也樂於分享和提攜、引領夥伴，協助政府、產業公協會提升效能，發揮企業公民的社會責任，頗得一般社會尊崇。下面分別列舉一些事例佐證企業的經營治理和價值信念。

一、經營管理

以台灣飛利浦而言，除了事業單位本部在台的事業管理以外，經營管理分為總公司層級和地區層級。總公司層級為台北雙週的執管會（PEMC, Philips Executive Management Committee，見本書第一章跨國企業的營運管理和公司的治理一節），以及台北總部每週的例行會議，它是總部和廠、處總經理級的經管會或叫董事會（Board Meeting），為國家級經營管理的決策機構，執管會和董事會隔週交錯舉行；地區層級的經管會或叫主管會議（Senior Staff Meeting），包括幾個總廠所在地點的中壢、新竹、高雄三個地區，參加的成員除了總廠及鄰近小廠的一級主管外，台北總部的總裁、副總裁和重要幕僚也都親臨，因此地區主管參與的程度非常高，不同於一般企業的做法，只要求地區少數負責人到台北總部的例會報告，實務上相當獨特。由於高層每週風塵僕僕的往返，經年不斷，充分顯露總部給予部屬的重視，身體力行，快速的行動和決策，展現有效的執行力。不但接近地方、瞭解地方，也支持地方，高強度的管理平台，自然的地方也不致懈怠。經營管理除了關注科技之外更多的是人員，除了領導、也關懷幹部和員工，體制上有跨國企業充分的資源、完善的制度、運作的機制涵蓋國家與事業間組織權責的特許或工作準則（PD – Corporate NO Organization Charter, NO – MDP Organization Charter）、政策和領域專業、實時盡責的管報系統等，團隊敬業、樂業、投入，凝聚出歸屬感。在這種組織環境下，若組織有動力不斷的學習與改善，勢必快速成長，創造更大的奇蹟。

不可諱言，台北總部和地區緊密的治理方式，在羅總裁調升歐洲以後，接任 CEO 的柯慈雷先生及後續，已不復原先國家型態的強人治理決策，尤其當公司步入全

球導向下的型態時，國家經理人的模式逐漸式微，扮演的角色不若已往，儼然變的更像是個提供資源的房東，單純的支援角色，配合事業部或事業單位所需。其他詳細請讀者參閱本書第一章跨國企業的布局與管理以及第六章一個公司的新定位。

二、內部控制與內部稽核

內部控制是國際企業極為重視的作業，飛利浦完整的內控內稽制度更是個強項，當時台灣正值萌芽成長時期，業界一些公司治理的實務有待充實，尤其內控內稽體系的建置仍處草創階段，甚至仍然陌生。此時飛利浦帶來的不只因應本身需求，也提供台灣業界珍貴的知識和經驗。一般說來，飛利浦對內部控制，除了強調會計控制（Accounting Control）外，還包括行政控制（Administration Control）、事業管治（Business Control）的政策與實施，尤其對飛利浦的事業管治更是值得贊許。要求各單位的主管必須採取適當的措施，確保各項運作符合所期，也必須針對癥狀採取立即的矯正措施，重視的不只是組織上建置系統、明訂操作程序和運用技法，它更關鍵一個主管對內部控制是否具有正確的認知和積極的任事態度，各事業單位能自我要求、自我管理、自我檢核，而不待外部的審查。

按照政府的法遵要求，企業的內部控制需透過外部專業審計的會計師查核認可會計帳務及資產管理。其實更具體、更務實的地方在企業自己的內部核稽，因為只有企業自己最清楚自己的事業情況。然而，內部核稽的內涵有深有淺，價值貢獻區分幾個不同層次。如何運作？ 是否充分發揮其功能？ 關係組織內控人員的素質以及主管是否具有意願、也肯花心思，願意透過內部稽核強化內部管理與控制作業，及時發現問題、糾正錯誤，堵塞所發生的漏洞，或減少風險及損失，保護資產的安全與完整。

企業視內控內稽為一項積極的自我預防，而不是消極的停留在粉飾太平，滿足政府規範的基本要求。我們認為內稽的業務，依內涵可分為下列幾個層次：
- 法遵層次
- 風險層次
- 管理層次
- 策略層次

不同的層次需要不同的知識和技巧，像策略的層次就不是台灣本身內部稽核人員所能，需借重總部專家支援，好比查核事業未來的發展定向、分拆獨立或出售之類的問題，本地的人員就地學習、或參與支援。

根據台灣飛利浦法務暨投資，也是前財務長的前執行副總裁劉振岩先生轉述，他曾協助中華民國內部稽核協會推動草創初期的艱難工作，在他分別擔任第二屆理事、第三屆副理事長、第四~五屆理事長、第六~九屆常務理事期間，都曾獲得飛利浦羅總裁的全力支持，無礙的利用公司既有的專業和資源，協助建置協會，在當時借鏡飛利浦先進的知識和經驗上尤為珍貴。在今天內部稽核協會的網頁上刊載著下面一段協會有功人員的推崇。劉先生說當初若沒有羅總裁的大方承諾，以社會回饋的宗旨讓他利用門部相當的人力、財力推廣，是難以成就這項殊榮的！

『協會成立伊始篳路藍縷，劉振岩先生就提供個人職場上人力及場地資源，使會務得以展開。於一九九四年至一九九八年擔任理事長，引進國際內部稽核協會CIA考試，並購置協會辦公室，為協會奠定堅實基礎。至今仍對稽核專業的推動不遺餘力，協助宣揚內部稽核的專業及價值，對內部稽核領域貢獻良多。』

三、法務與稅務

法務人員主要的任務平時協助銷售人員，撰寫合約草稿，因為法務人員的法律專業，了解公司如何妥善處置，寫出來的東西再交由相關人員審查、修改。法務人員負責與律師溝通，有些法務人員本身也具律師資格，那就更加容易，因為法律知識的領域不是一般未受過專業教育與訓練的人所能。

當公司遇到一些突發事件、抵觸法律或發生糾紛事件，進行訴訟處理的時候。法務人員可以適時提出因應措施，採取妥當措施處理解決。跨國企業本具有豐富的資源，總部具備幹練、國際視野的專才，他們充分支援本地法務人員處理，也協助培育本地的人才。尤其當公司或事業部遇上分拆、併購或出售時，更積極協助。有些甚至為了機密、本地人員必須迴避的情況下，法務需有意跳過，直接由總部專案人員和事業負責人扛起案件處理。

在台灣飛利浦快速擴廠的年代，法務最大的挑戰需以極短的時限，配合事業發展的目標與地方政府協商，找到適合的土地建廠。執行副總裁劉振岩先生回憶當時一段法務的種種折衝，印像中特別深刻的一件事，是新竹科學園區建置彩色先進

自動化映管的大鵬廠專案，他追述如何克服萬難，在園區當時仍處早期規劃發展的階段，能夠突破種種侷限，以極短的限期和管理局確定廠址、協調跟催相關單位完成土地開發、布建基礎設施，適時提供事業單位所需的土地，如期完成建廠，達成不可能的任務。這項傲人的成效還曾贏得公司十分讚許，給予了一個小小的獎勵。另外，他也提過一件職涯上值得驕傲的成就，當飛利浦和工研院籌設台積電階段，他正是公司與政府單位折衝合約內容協議的代表，也堅持廠址設在科學園區，奠下了今天台灣半導體晶圓製造的護國基業。

有別於法務，稅務屬於會計領域，不管企業總部、區域總部、或是國家總部，飛利浦擁有一些熟悉企業內部管理知識及政府稅務法令相關的專業人員或知識庫，足以提供必要的協助給會計師、外商企業、金融或控股公司一些必要的稅務分析和建議。以筆者親身經驗而言，就曾歷經幾次的變革，譬如將銷售的開票中心，從最初分散各國的商業發票抬頭集中到台灣，使台灣成為亞太十二國家的開票中心，可惜後來因為遭遇無法解決外商聯屬往來的交易，內部轉移定價造成的盈餘稅負問題，而被迫遷移到稅賦更自由的香港，俟香港九七回歸大陸之後，又因香港無法擺脫回歸大陸的種種限制，再次遷移到最惠地區的新加坡。一路走來，歷經數度的轉移，是跨國企業無法避免的稅務難題！

以上所舉，只是總部幾個比較突顯的業務，其他尚有許多專業機能如人資、工程、設計、廠務、公關、採購、資訊科技等，其實各有其特殊的經驗故事，無法在本書一一陳述。

四、企業永續經營

飛利浦曾在 2002 年響應環保倡議，推出生態願景的 ECO Vision 2002 ~ 2005 三項行動計劃。分別在廢棄減量方面、能源消耗方面、綠色新產品分類標準方面，大幅改進產品設計與環保效能。更在 2003 年推出首次的企業永續經營報告〈Annual Sustainability Report〉，擴大了早期發布的環保報告書，將飛利浦對社會與經濟發展的責任和承諾，做出更詳盡的說明。

永續經營報告揭櫫企業對 ESG 的三大責任和承諾，也就是 E－「環境永續」、S－「社會參與」以及 G－「公司治理」。在環境保護議題上投入研發，減少能源消耗，領先帶動循環經濟；在社會責任議題上，對內強調團隊合作與溝通協調，對外善用公司資源，盡力為社會弱勢族群提供教育及健康照護的機會；在公司治理

議題上，以精良的產品創造利潤。近年來，集團已依據公司經營理念，採取一系列的具體行動，提高透明度，並對企業責任歸屬做出明確界定，報告書呈現這些最新行動執行的進展。公司同時還宣布成立永續發展委員會（Sustainability Board）和企業永續發展辦公室（Corporate Sustainability Office），推出企業永續發展的政策和全球永續發展的贊助計劃。

全球飛利浦 CEO 柯慈雷先生在當年度的股東會上曾表示；『永續發展是飛利浦的重要資產，也是未來成長的重要基礎之一』；不但貫徹做得更好的理念，也證明永續發展早已存在公司的基因當中。飛利浦的綠色環保的思維已逐漸內化成企業精神，各事業部皆身負一些關鍵績效指標的責任，像提高能源與資源效率的綠能環保產品組合，改變商業模式、材料重複使用和設計配合等，以循環經濟的方式對生態環境有所貢獻，讓世界朝向永續發展的方向邁進。公司在企業永續經營上不僅是個先驅，也居於產業領導（Industrial Shaper）的地位。

飛利浦推出企業永續經營報告當年，就贏得**世界道瓊企業永續性指數**（DJSI, Dow Jones Sustainability Indexes World）評審的第一名。道瓊指數是以企業永續發展能力為評比，於 1999 年由美國道瓊公司與瑞士永續資產管理公司共同推出，其範圍涵蓋消費性電子、休閒產品、住宅建築、服飾和航空產業的許多公司，評選範圍涵蓋道瓊全球指數成份股中市值最大的二千五百家公司，提供投資者一個具全球性、整合性、永續性的社會責任指數。這項殊榮證明飛利浦已經把永續經營加入企業目標、化諸行動，將企業永續精神成為企業價值的一部分。其後，公司更積極的回應社會面臨的全球性挑戰，在 2016~2020 年間推出四年計劃，分別對社會及生態方面採取必要的措施，致力公司的創新和做法，促進人類健康、建立永續地球，有關企業永續經營的年度報告細節，讀者可上飛利浦官網查詢。

另外，飛利浦身為**電子行業公民聯盟**（EICC, Electronic Industry Citizenship Coalition）的一員，承諾遵守業界規範的行為準則，該準則是電子行業訂定出來的一套規範，一如其他許多國際知名企業，也沒置身事外（i.e. Apple、Amazon、Intel、Dell、IM、Microsoft、Toshiba、TSMC、Samsung 等），飛利浦充分依循規範，確保工作環境的安全、員工受到尊重並富尊嚴、商業營運環保、遵守道德操守，準則的內容有五大項（i.e. 2004 年版本，V5），分別為：

A. 勞工
B. 健康與安全
C. 環境
D. 道德規範
E. 管理系統

五、組織的人材發展

天賦是個人與生俱來、技能/才能卻可以在工作上透過組織的培育和職涯發展獲得增進與強化，為提升組織運作的效能，總部訓練發展單位為各級職工規劃必備的職能訓練發展藍圖（Training Roadmap），以領導才能為例示意如圖 10-4。

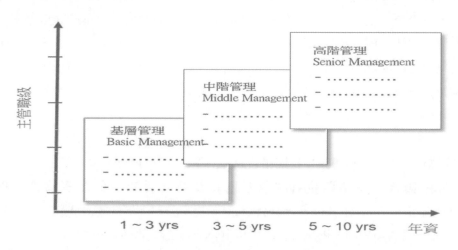

圖 10-4. 職能訓練發展藍圖（領導才能為例）

每年出台完整的系列課程選單，詳列課程目的、學員資格、課程進行的方式及主題概要、費用等，供各單位考量，及早納入年度預算。總部的專職人員也應邀支援各廠、處辦理現場基層人員的訓練發展事誼。職能訓練與發展的整體規劃歸納成三個領域：一般技能（General Competence）、專業技能（Functional Competence）、領導才能（Leadership Competence）。有關領導才能，已如本書第三部人員的價值所述；專業技能則涵蓋公司主要的業務如市場銷售、客戶服務、研究發展專題、供應鏈管理、採購及供應商管理、財務及會計、專案管理、現場管理、資訊科技工具應用等；一般技能則包括通用的課程如品質管理、品質工具、問題分析與決策、有效的溝通、做好有力的發表、語言、電腦及辦公軟體支援等。

實務上，除一般技能的訓練由員工自由選擇，經由主管和員工溝通後確認，其他的訓練均由主管和員工依年度的方針管理需求和員工職涯的發展路徑而定，訓練是全員的、三明治式的循序進行，工作 – 訓練 – 工作的循環反復，依需求主題辦理，客製化課程內容，所有員工的訓練課程均有記錄，登載在個人的職涯履歷裡，作為訓練效果追蹤、職涯發展及晉升資格的人資記錄。

事業的管治政策

管理的要項是主管能適時採取妥善的措施，執行指令、完成設定的目標，確保事業的績效。這個措施指的就是事業管治，它不僅牽涉有關事務、操作程序和運用技法，更重要的是主管本身具有充分的認知和正確的態度。正確的態度要求主管個人遵守紀律、樹立榜樣；正確的態度也意味著當發現任何癥狀或異常時，主管不姑息能立即採取矯正行動。飛利浦國際多元產品經營的管理環境下，首重要求各事業負責人能夠自行有效的掌控組織，因此制定了一套事業管治政策（Policy on Business Control），它包括下列幾個規範：

1. **組織權責：公司與事業單位間權責劃分的準則**（Charter）。
2. **對內簽署：事業單位各主管及財務長簽署聲明誠信盡責文件**（DOR, Documentation of Representation），提交公司上層的審計人員，表示事業各部門的內部控制系統，符合公司事業管治政策的呈報。
3. **對外簽署：公司董事會、執管會、事業負責人以及公司法務、財務主管簽署事實揭露文件**（LOR, Letter of Representation），提交外部審計人員，表示公司的自我約束和法律遵循，而且 LOR 文件須在先有 DOR 簽署聲明的基礎之上才行。
4. **公司：員工的行為準則**（Code of Conduct）。

其中對外揭露/對內訊息的呈報，要求確保準確性、完整性、可靠性，這些規範是公司對全球的自我約束，事業管治有幾個關鍵：
. 設定達成的目標
. 設定清楚的指令
. 設定明確的工作任務與責任
. 主管到位的督導

．採取必要的行動

．運用專業的會計功能及有效的會計控制

在飛利浦的管理體系中，明文規定員工的行為準則（Code of Conduct）或說道德規範（Ethics），秉持著公司正派經營的理念下須遵守的商業行為和道德守則，要求所有海內外各組織、團隊或個人行為，符合誠信的標準，以正當不違法的方式從事和決策，取信於客戶、夥伴、企業關係人、股東以及社會大眾，這些規範包括下列事項：

．一般的商業交易條件

．一般的採購交易條件

．採購道德規範及準則

．侵權及資料保護

．出口管制反恐安全要求

．供應鏈安全

．反舞弊及賄賂行為

．人員差旅規定

期望全球海外的每個員工能充分理解，在任何時間、任何情況下都能遵循行事與道德的標準，讓這些成為日常工作的一部分，維持公司一貫優越的品牌形象，引以為傲的工作所在。這些準則由總公司具體制定發布全球各單位，若有國家只適用在地特殊之處，則依全球守則修正適用該國的文件，然而這在台灣並不存在。

若讀者有興趣進一步瞭解有關規範的細節，請上飛利浦官網查詢。近年，在飛利浦實踐卓越經營理念的要求下，總公司更在其年報上揭露高層強化的幾個經營原則，以具體行動支持渴望求勝、協力超越、勇於承擔、時刻誠信的行事。

為充分傳達公司企業經營理念，台灣飛利浦在總部的價值規範下，給全體員工發行一分適用的行為準則，說明員工在工作上應遵守的法律規範和履行的義務、並做為員工從事相關活動時應遵守的基本標準和信守的承諾。這項行為準則透過各階層的訓練場合或溝通機會傳達，貫徹到每一位員工。行為準則內容有八大項（i.e. 1993 年版本），分別為：

．公司資源

．公司餽贈禮物與優惠

- 公司外利益
- 社交準則
- 所有權屬於公司的資訊
- 內線交易
- 誠實完整的資料
- 遵守規定

品牌承諾驅動企業變革

翻開飛利浦的發展歷史，是個不折不扣的變革過程，撇開早期的故事不談，若歸納八十年代以來的各種興革，概略的可以將它分為兩個階段。前一階段公司都陷於財務危機的泥沼中，須斷然採取挽救公司的措施，圖存為首要目標；後一階段則在改善基礎上，推動一個公司的概念，引領組織變革，強調企業品牌的承諾，重新定位市場，朝向目標價值的專業領域，全面帶動翻轉，兩個階段的變革重點概述如下：

一、從危機中啓動營運效能的改善

驅動一個龐大的跨國企業，本來就是艱鉅的工程，在八十年代，全球飛利浦各事業無不面臨諸多挑戰，急於找尋突破過去的作法。台灣飛利浦也沒置外，於 1985年以「危機」喚起全體的意識，推行「公司全面品質改善」活動，在當時台灣正面臨環境惡化，公司遭遇許多客戶抱怨，品質不良、成本壓縮效益，急需提高效能來突破；所幸在自我期許下，台灣已先一步展開全面改善運動，對全球飛利浦而言算是先行國家，也確實為台灣創造出亮麗的績效。尤其在相繼榮獲日本戴明賞和戴明大賞的肯定之後，全球飛利浦總裁更以台灣為最佳個案，大力推崇，聲名大噪，成為公司全球爭相學習的典範。

九十年初，CEO 丁默先生（Mr. Jan Timmer，執掌期間 1990/5 ～ 1996/9），進一步整合海外各事業單位個別的改善措施，擴大形成全球的一股推動力量，他啟動世紀更新（Operation Centurion）計劃，目標放在公司的止血整頓和全面品質改善，然而這時期的挑戰仍不脫離危機的突破。

九十年後段，CEO 彭世創先生（Mr. Cor Boonstra, 執掌期間 1996/10 ～ 2001/1），上任之初正值亞洲金融風暴襲擊，無法再容忍持續的虧損，使公司惡化財務，推出重整（Restructuring）計劃，目標透過新政，改變公司的治埋、強化組織與管理的運作和績效，這個時期仍處於危機持續下營運效能的改善。

二、品牌價值創造產業主導的優勢競爭

繼任的 CEO 柯慈雷先生（Mr. Gerard Kleisterlee，執掌期間 2001/2 ～ 2011/3）上任的時候，前任進行的危機重整，已將一些 比較嚴重、有問題的產業包袱處理到某個程度，但公司仍受大環境的拖累，那時正值 1998 年引發的全球經濟風暴後的緩慢恢復時期，公司遭遇 1996 年以來首度的虧損，必須採取更加積極的創新模式，突破過去危機管理的策略規劃。

柯慈雷先生推出的一個公司的整合專案，希望透過標準化的企業識別標幟，有一個公司、一個品牌的形象，各事業整體協作，創造公司最大價值貢獻，轉變了公司的治理模式，這個時期是全球事業部主導的時代。

為改變公司的文化，加強公司品牌的印象和承諾，拉近和客戶間的距離，於 2001 年推出「Sense & Simplicity, 精於心、簡於形」的全球形象和溝通策略。呼籲產業界平衡數位科技的發展，兼顧使用者的容易瞭解和使用，強調飛利浦是家先進科技，讓使用者簡單就能上手，有意義的為你設計的創新公司。這個理念透過公司全球的教育溝通，形像廣告強化了公司品牌的定位，成為驅動公司變革的力量。

以 2004 年推出的公司品牌定位為例，說明飛利浦對品牌的看法以及分別對企業客戶（B2B）和對個別消費者（B2C）的承諾，希望藉由飛利既有的技術優勢，成為產業的主導，過去人們對飛利浦產品的印象是家科技新穎、功能複雜、產品不易瞭解、也不好使用的公司，此時對客戶需求、對產品設計有了一番全新的詮釋：

「為您設計」－ 為消費者設計產品時，首要之務要了解消費者，一切設計以消費者為依歸，徹底掌握消費者的喜好、需求和渴望。而這些必須仰賴緊密的團隊合作和大規模的研究才能達成。希望消費者覺得飛

利浦重視消費者，確實花很多時間了解消費者的需求。飛利浦的責任要確實探討以下問題：

針對企業客戶─徹底了解消費者後提出的嗎？ 這是團隊合作的成果嗎？

針對消費者─在徹底了解消費者後提出的嗎？ 功能和外型設計都是以消費者研究為基礎的嗎？

所謂的徹底了解消費者，指在客戶/消費者和飛利浦之間建立起橋樑，心裡激發出飛利浦真的了解我的這種感覺。

「輕鬆體驗」─ 人們應該可以輕鬆享受科技帶來的優勢，而不必煩惱技術困難理解的問題，我們的產品科技和營運模式可能非常複雜，但是體驗起來絕對超乎想像的簡單。我們希望消費者覺得飛利浦讓我覺得很自在，科技產品在設計下覺得親切，使用起來非常簡易，飛利浦的責任是確實探討以下問題：

針對企業客戶─我們是易於合作的對象嗎？ 我們與消費者之間沒有距離嗎？

針對消費者─需要研究操作手冊才能使用產品嗎？ 無論消費者對科技的熟悉度如何，都能輕鬆使用產品嗎？

「先進科技」─ 進步是我們的支撐力量。科技日新月異，但更重要的是人也每天都在進步，只有能夠改善人們生活的科技，算是真正先進的科技。換句話說，科技的應用方式可以和科技本身一樣「聰明、先進」。我們希望消費者覺得飛利浦的產品不但外觀新穎，更擁有強大的功能和令人驚喜的設計。飛利浦讓我完成以往認為不可能達成的任務。飛利浦的責任是確實探討以下問題：

針對企業客戶─我們的解決方案是否眼光遠大？ 產品是否可以調整？ 是否不會很快落伍？ 與其他產品是否相容？

針對消費者─產品是否真能改善我們的生活？ 技術方面的革新是否能為使用者創造更佳的使用經驗？

「定位」─ 科技的目標是幫助我們，讓我們的生活更便利，提升我們的生產力。但科技產品為什麼總是如此麻煩，複雜難懂，讓我們感到挫折連連？我們堅信，即使最複雜、最先進的產品和解決方案也應該讓您輕鬆自

如、迅速上手。正是這種「堅持簡單」的信念，使您可以化工作爲商機、化負荷爲樂趣，而這也是飛利浦的承諾：

我們創造的產品要容易使用，技術先進，完全以消費者爲設計的出發點，無論技術多麼複雜、先進，我們的產品絕對平易近人。

最後，繼任的 CEO 萬豪墩先生（Mr. Frans v Houten，執掌期間 2011/4 ～ 迄今），承續重新定位後的公司事業組合，縮小的規模急需加速投資、擴展壯大。推出「加速成長（Accelerate）」計劃，希望加速運用飛利浦先進的科技、有意義的創新，鎖定專業的市場目標加速發展，取得事業的先趣，變成一個綠能永續的科技公司。公司全球推出新的品牌承諾和形象識別、引領企業的思維：

「Innovation ✦ You」

品牌的承諾，強調飛利浦致力提供的產品和方案是：

．爲您設計（Designed around you）

．輕鬆體驗（Easy to experience）

．先進科技（Advanced）

一個有意義的創新，創新爲你的意涵，是推動龐大的企業組織變革的巨大力量。

台灣飛利浦的企業信念塑造行動的文化

台灣飛利浦很早就提出**企業的信念**（The Taiwan Philips Way），推崇「**致良知**」、「**致良行**」、「**致良心**」。其中致良知與致良行結合在一起正是全面品質改善，知行合一的經營管理，是企業成功的不二法門。但基本的動力在致良心，而致良知與致良行的目的就是達成「致良心」的四大內涵，如何「**以良心對待員工**」、「**以良心對待顧客**」、「**以良心對待股東**」、「**以良心對待社會**」，不斷努力預應市場需求，以負責任的態度適時提供高水準、好品質的產品及服務，滿足顧客的需求，其間自然提昇大好的工作與生活品質。有說知識就是力量，若有知識而沒道德，知識將變成邪惡的力量。

在陽明哲學，心即是理、理即是心的即知即行信念下，管理受到東方文化的薰陶，行動實踐飛利浦風範的企業價值（Value），引導在台企業所有的個人、部門、組織的決策和行爲：

> ✧ 專注客戶，以客戶需求為導向，滿足客戶
> ✧ 重視員工與改善工作環境，獲得員工的認同熱誠投入
> ✧ 追求完美、保持競爭優勢，成為一個贏的公司
> ✧ 團隊合作，共同努力
> ✧ 掌握學習與發展的契機

好比說，改善推行開始的時候遭遇的一個嚴肅問題，何以一個歐洲企業要去挑戰日本戴明？難讓一向頗有自尊心的歐洲人理解，獲得總部及董事會接受？羅總裁在一次的專訪裡，提到他當時的想法，他說：

『挑戰戴明的過程其實就在挑剔自己的缺點，要知道缺點是一種值錢的學習，學習如何克服缺點，找尋新的缺點，能夠不斷的挑戰自己、打敗自己。當自己位居前端想要更進一步的時候尤其困難，這種現象日本人就曾遭遇到過。

如果企業的營運決定成敗，策略則會決定生死，但是一個了不起的策略。也許可以讓企業延續競爭一段時日，但企業若有信念，從信念中塑造出勇於挑戰的行動文化，建構出來的競爭力更能支撐久遠。』

飛利浦風範（The Philips Way）淬煉企業的價值

當全球飛利浦推出企業的價值風範之後，台灣飛利浦將原有傳統的義理加以演譯和融合，更淋漓盡致的發揮。容納西方的思維，力行不怠、甚至更加澈底實踐企業的價值。台灣推出的理念是內學、智慧的思想，是道德信仰基礎，公司全球推出的風範則為新學，提供具體實踐的方向，是應用上的指導，理念的延伸。筆者特別摘錄曾刊載在員工雙月刊「飛鴻」的一段有關飛利浦風範，創造企業價值的文稿，這個雙月刊是提供全體員工溝通的園地。

當飛利浦處於組織轉型的關鍵時刻，要致力成為一家高科技、高成長的公司時，首要考慮除了理念上一個整體的公司，一個品牌的概念轉變大家的思考方式以及行為模式，成為一個統整的企業；更需要藉由飛利浦的價值觀，來引領全員正確的方向。這個價值觀稱為飛利浦風範，也就是「4D」：

「**以客為尊**，Delight Customer」
「**履行承諾**，Deliver on Commitment」
「**人盡其才**，Develop People」
「**團結一致**，Depend on Each other」

全新的企業價值觀，「以客為尊、履行承諾、人盡其才、團結一致」看起來或許
簡單，但對有些人而言，卻須要徹底的改變思維和行事的方式。提出這個企業價
值是全球飛利浦總裁柯慈雷先生上任的時候，他說：『過去，我們專注於財務的
健全，但現在我們了解，僅在這方面上的努力並不足以實現成長目標，我們必須
成為單一企業體，強調一個品牌、一種企業文化和一套企業價值。』

研究結果顯示，能夠成長和維持獲利的公司總有些特殊「基因」，為其他公司所
沒有。成長企業的員工極重視密切合作，能共同協助他人達成目標，而且真心傾
聽客戶的需求。要實現飛利浦的理想目標，須改變公司的基因，當每個人都把這
些價值融入工作時，就不難實現。因為企業文化是具有生命力的實體，而不僅口
頭議論的事物。

舉例來說，以「一個整體的飛利浦」作為思考出發點，即表示隨時都必須把飛利
浦整體利益置於個別部門之上，為員工每天都可以做的事，例如與其他單位或產
品部門的人合作；團結一致也很重要，因為他會讓公司成為一個更簡單、更快和
更好的組織；至於履行承諾，則適用於所有事情，從「卓越企業」的實踐到多為
客戶設想、多做些服務、取悅客戶。

為加強和推廣這項措施，公司推出的「員工績效管理系統」也把這些價值列入評
比，除評估每個人是否達成個人的目標外，還會審視是否達成整體目標，依循飛
利浦風範的尺度。在 2002 年 10 月，公司也進一步提供多項工具，協助了解這些
企業價值的含義以及對自己部門及事業單位的重要性。有關績效管理連結公司理
念和員工職涯發展的敘述，請參閱本書第九章。

第四部　驅動的力量：從危機到轉機的變革

闡述飛利浦企業價值如下：

一、「以客為尊」

我們推測客戶的期望並設法超越，取悅客戶，創造永續的市場領導地位。

〔**實行方法**〕詳細了解工作如何滿足客戶的需求，從客戶的角度來改善產品、服務和作業程序，與客戶保持雙向溝通，不斷找尋新方法來提高客戶滿意度。

二、「履行承諾」

我們追求傑出經營，嚴謹實現我們的承諾。

〔**實行方法**〕讓雙方明確評估的標準，對工作內容達成共識，精準實現承諾，挑戰傳統規矩，告知所有相關人士作業進度。

三、「人盡其才」

我們互相啟發和互相幫助，利用我們的創造力和企業家精神，使潛力得以完全發揮。

〔**實行方法**〕勇於接受新挑戰或是學習新技能，以開放而建設性的態度接受他人意見，並且坦率而適時的提供自己的回饋意見，聆聽、詢問和探索各種可能的選擇，協助他人尋找解決方案，對於新的做事方法採取開放態度。

四、「團結一致」

在開誠布公而彼此信任的環境中，本著一個公司的理念共同奮鬥，以便發揮我們和合作夥伴的整體能力。

〔**實行方法**〕尋求瞭解、肯定和擴大延伸他人的想法，與夥伴們互相支援及扶持，實現企業價值，將企業整體目標置於個人利益之上，在所有溝通中都保持開放和相互尊重。

用具體的行動方式實踐飛利浦風範，這個模式透過縱向從上而下的方針管理以及橫向的過程管理，有效的行動原則連結客戶、員工、夥伴、領導，創造企業的價值如圖 10-4。

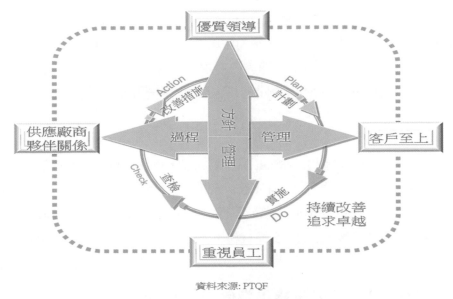

資料來源: PTQF

圖 10-4. 飛利浦風範

綜合以上所述，台灣有先前本土的企業信念，後又融合公司全球的價值風範。兩者之間強化了實踐的效果。台灣的企業信念有中國文化深厚的底蘊，陽明的倫常名教，是道德規範的內學，思想的精髓、價值觀的基礎，身心靈的追求，讓人自覺、自我要求、自我改變與肯定；後有公司的風範，為外學的力行之術，深化企業價值的具體實踐。台灣的信念培育在前，固其根柢、端其識趣；全球的企業風範加持推展在後，舊學為體、新學為用，兩者有如「**中體西用**」，中學治身心、西學應世變，若兩者皆有，則為體用兼備，愈加激發出公司文化的雙乘效果，造就組織的卓越與變革。

台灣飛利浦經驗的啟示

今天，台灣飛利浦已不若當年在大量電子市場翻滾，應用領域不再零組件、消費電子、資通訊、光電、半導體等事業**在台製造**（MIT, Made in Taiwan），隨著公司全球新價值、新定位的策略下，花上超過十年的工夫華麗轉身。回顧當初六十年代，很慶幸能在台灣，這個十七世紀東印度公司所暱稱的美麗之島「福爾摩沙，Formosa」，促成飛利浦這家傳統的歐洲電子公司來台投資，抓住了十九世紀工業化的機運，開創出輝煌的事業基礎。其篳路藍縷的歷程整整有半個世紀，締造了企業在台不凡的績業和台灣共繁榮，厚植出台灣不凡的電子工業。

一如本書各章所述的成長與蛻變過程，這是場絕無僅有的台灣經驗。驀然回首過往的興榮景像，在曲終人散之後，恍如一場夢幻，感於世事滄桑，負累幾許，昔日那些種種曾經深深烙印在飛利浦人的心坎。情境神似「回首向來蕭瑟處，歸去、也無風雨也無晴」，這句宋詞的意境，貼切的描繪出台灣飛利浦 MIT 製造的始末。

筆者秉著飛利浦人的堅持和使命，以我手寫我心，以我心訴真情，希望將台灣飛利浦珍貴的經驗、值得分享的管理實務，有系列、完整的陳述出來，不讓它隨時間遠去、煙滅消失，為台灣飛利浦留下一篇燦爛的歷史見證。在撰文最後，筆者也以局內人的親身體驗，歸納出台灣飛利浦帶來的啟示，作為本書的節尾。

危機也是轉機，把握組織再造的最好契機

危機也是轉機，危險事小、機會更大。「危機」字幅如圖 10-5，這幅字畫是 1986年委請國內知名書畫家董陽孜女士手書，字體飄逸、色澤有別、極富意涵，掛在各廠處的會議室中，勉勵所有員工知所警惕，對自己要有信心和決心，面臨挑戰立即採取行動。因為 1985 年台灣正遭受危機，經濟環境惡化，於是啟動了公司全面品質改善活動，希望這個改善活動的推行，提高生產效率，降低成本，增加市場的競爭力，是 1966 年開廠以來台灣採取的最大變革，帶領公司進入了重新建構時期（1985 ～ 1991）。

企業再造須全面的從心塑造，建置組織，做系統性的改善，這項努力改變了每個人的心智，不但公司獲得顯著績效，也在 1991 年贏得外部標竿日本戴明賞的殊榮，公司進入了整合時期（1991 ～ 1995）。在贏得獎項肯定後，台灣並沒有停歇前進的腳步，反而隨著客戶更嚴苛的要求，繼續挑戰進階的世界標竿，這時期引進策略規劃，洞察前瞻創新的優勢，發展新事業，走出台灣、擴大事業世界的舞台。所有努力證明除了帶來豐碩的績效、各事業建置成為全球重要的營運據點外，在 1997 年再度贏得象徵世界品質桂冠的日本戴明大賞。

圖資來源: PTQF / 台灣飛利浦通訊

圖 10-5. 危機

這一年，正值亞洲金融危機爆發，台灣電子加工產業的環境急劇變化，面臨不可逆轉的挑戰，紛紛轉移外地。其實，台灣飛利浦各事業已經用更長遠的角度看待經營的未來，營運總部早有全球的規劃部署，這時也須隨著客戶加速調整資源配置，這個階段公司進入了策略轉型期（1995 ~ 2000）。更讓人驚訝的是，公司早在邁向二千年之際，針對大量電子事業的布局，已深受全球飛利浦市場價值的新定位下影響，有了截然不同的詮釋，步入未來的新選擇。

憑心而論，這些策略的制定和執行翻轉，需要高度智慧、更是大膽的決心。它涉及兩個關鍵，其一知道做什麼？ 其二能完成嗎？ 假如已經知道做什麼的話，剩下的就是執行的強度，能否如期完成？ 其中專注度至關重要，能夠洞察未來、預見趨勢，能夠預見產業至少五~十年，抓住創新發展的機會，在眾人之前引領組織前瞻規劃、領先布局，預期可能面臨的競爭與走向，有捨有為，快速的調整事業配置、產品組合。有句話說機會是給有所準備的人，每次的危機都是領導的考驗、領導的轉機。

追求卓越，是持續組織全面的學習旅程

環境多變，沒有一個企業能無所準備就從容應付。如果組織團隊是個有機體，具活力快速因應，有自我學習調適的智能，有洞悉產業發展的能力，就足以採取預應措施。台灣飛利浦的成長從初期的品質改善到後期的追求卓越，是不折不扣的組織學習過程，伴隨著經濟和電子工業發展的初期，提供了台灣飛利浦絕佳展露的機運，使得進展異常神速，獲得豐碩的成果。其實，學習的本身就是一種創新，整個歷程經過幾個階段，從開始的營運創新 → 接著進行組織創新 → 到最後步入商業模式創新而達極致。

全台各單位在不斷的學習下，塑造出獨特的企業行動文化，追求共同的願景。更難得的是組織團隊展現出的毅力，不是段短的學習旅程，學習的效果逐漸累積，影響也慢慢擴展，依序從產品／服務開始 → 到業務程序的探討 → 到系統機能的整合 → 到客戶價值鏈的創造 → 到企業全方位的提升。每年進步的評比平均超過 150 分幅度，一路學習、充實從內部的改善到內部的標竿到外部的卓越經營挑戰，企業整體的表現逐漸勝出甚至突破，邁入世界級的水準。學習之旅全程歷時超過十五年，絕無僥倖，意義可說不凡，台灣飛利浦卓越的標竿學習如圖 10-6。

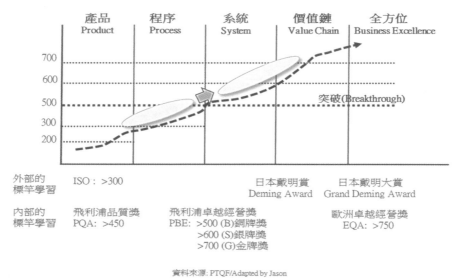

圖 10-6．卓越的標竿學習

讀者也許會發現，文中常引述當代大師倡導的重要管理思想和論述，台灣飛利浦將他們的思想具體實踐，貫澈在組織變革的旅程當中，佐證組織的發展依循巨擘的理論基礎和行事框架，這些知名專家的睿智，提供了莫大的啟迪，虛懷若谷的台灣團隊，追隨大師不斷的學習，吸取他們的能量，開拓視野，邁步向前。

珍視人員的價值，是人才創造不凡的績業

台灣飛利浦文化的基因，涵有東方傳統的底蘊，知行合一，形塑身心一體的企業理念。在邁入新世紀之際，更以全球飛利浦風範的新價值觀「Philips 4D Value」具體實踐。以人為本，重視人性的管理模式，員工認同公司、以客戶至上，全員參與、願意承諾、投入交付；另一方面，公司也致力投資員工，循序提供教育訓練，個人職涯獲得發展，使員工職能不斷精進拓展。公司期許以員工滿意度為改善指標，汲汲營營的追求更善、更好，願意為員工建置一個滿意的工作環境，造就滿意的員工，讓員工表現滿意的工作績效。其間因果關係環環相扣，正向交互的影響功不可沒。

事業單位的發展需要專業的員工和領導才能，當事業單位拓展到世界舞台的時候，更仰賴他們擴增的能力。用一個員工專業程度的範疇來說明事業單位的期望，它跟著組織成長，從崗位上的業務和期望逐步擴增，價值貢獻的影響程度會逐漸擴大，從個人、到局部、到全面。專業的效能層次從個人的效率、發揮基本的職能 → 到職場機能的整合、帶來組織上的效能 → 到跨出地域的整合，事業單位程序的整合、業務功能上的發揮 → 到事業單位業務上的加值如圖 10-7。這種珍視人員的價值、人才發展的理念和實務，意味著創造人員價值貢獻，自然造就出公司不凡的績業，引領企業的未來。

業務上的加值Business Value Adding

業務功能上的發揮 Functional Effectiveness

職場組織上的效能 Organizational Effectiveness

個人的效率 Personal Efficiency

資料來源: PTQF

圖 10-7. 專業的價值貢獻

領導尊重專業，融合國際多元文化的激勵

「企業有的是管理，缺的是領導」；**「組織有三層，階階有領導」**，是與一般企業認知獨特之處，常見許多企業的主帥自負、自恃而不自知，依賴自己，不重視組織的領導和團隊發展，沒能好好培養各階的領導才能，發揮領導力、強化執行力。要知，一個企業縱有好的程序管控和管理，取得一時的成功，也沒有辦法保證持久，組織依賴嚴明的紀律但卻不表示全員都能自發、自覺和自律。組織需要傑出的領導人，各階層各有其決策的智慧，才足以適時應變、改變或創新，而領導是存在組織裡的每個成員。

進一步闡述組織三層的領導。一般組織大約可分三階層如圖 10-8 所示，第一線是作業層，作業層需要基層的領導者（組長、領班），掌握公司業務現場的運作，依據工作要求把工作做好，中間是中堅的管理層，基層的主管，解決問題的人，現場不僅維持更要改善。管理層是中階領導者（主任、經理），執行單位的計劃，並檢討改進各項系統，激勵與教育訓練員工，確保年度方針管理達成，長期規劃的願景實現。企業的上端是經營層，是高階領導者（廠/處/中心/事業總經理），是問題的創造者，為組織願景與策略的建構人，描繪願景、制訂策略、設定目標、建立價值觀、塑造品質文化，重點多在事業的趨勢與組織未來的企圖和發展，在客戶導向的組織裡，經營層的角色在下方，扮演對中層管理和第一線作業層的支持和支援。

作業層：**基層的領導者**（組長、領班）是現場的第一線，依據工作要求把工作做好，基層主管更要解決問題、時時改善。

管理層：**中堅領導者**（主任、經理）執行組織單位的計劃達成目標，並檢討改進各項系統，激勵與教育訓練員工、確保組織年度方針管理實現長期的願景規劃。

經營層：**高階領導者**（廠處長、總經理）是組織願景與策略建立者，描繪組織願景、制訂策略、設定目標、建立價值觀、及塑造品質文化，為組織的未來著想。

資料來源: PTQF

圖 10-8. 組織三層次

領導存在組織的每個階層當中，引領組織前進的動力不只靠產品/服務的創新、營運的創新，需要更複雜的組織的創新和商業模式的創新。領導不只涉及少數高居上位的主管，也不能只有依賴高層主管，少數的意志成全其事。

『**領導有一種掌握『創造性張力』**的能力，這是美國麻省理工學院教授**彼得聖吉**（Mr. Peter M. Senge）在《**變革之舞，The Dance of Change**》書中所載，引述管理大師**彼得杜拉克**（Mr. Peter F. Drucker）的話說，『**領導有一種創造能量，它源於企業能夠清楚地提出他們的願景，且盡全力的說明與溝通**』。

"**領導才能，Leadership Competence**" 是領導者人際間勝任的指標，把握組織的使命，促使成員在組織中共同奮鬥、完成任務、達成目標。它存在組織社群，人與人間、團隊之間的互動，並不是只有主管、幹部或是經理人的工作才有需要。它是每個人日常的管理，是一種社會活動。也可說，只要每個人的工作不是單獨完成，不需和他人共事的話，基本上都需要領導才能。

領導才能表現的是領導力，為執行力的關鍵，牽涉個人在組織管理活動的影響。每個階層都有其不同的領導與才能要求，組織中的每個人都會去影響他人，也接受他人的影響，因此每個人都具有潛在的和現實的領導力，認為領導不只是主管

的事，某種程度上組織能力反應出領導才能，領導才能代表領導力，領導力就是執行力，也可說組織能力為企業的核心能力，企業競爭力之所在。

前許副總裁說：**『飛利浦尊重人才及世界各國文化，只要有能力做得好，就願意放手讓你做。這種接納人才的開放精神，讓全世界的人才為飛利浦所用，願意為飛利浦效命。飛利浦也不吝嗇對人才投資，培植無數國際、跨文化、具才能的領導者，這是飛利浦最成功的地方』**。

前羅總裁說：**『給員工空間、容許不同意見，是飛利浦可愛的地方。因此他常鼓勵年輕一代要造反，不造反的話，很難突破。但造反絕對不是無理的，換句話說要有自己的邏輯，這樣大家可以開放討論。飛利浦的好處是有給你機會論辯，將來的組織都該朝這個方向走！』**，獨特的領導智慧確實與眾不同。

台灣飛利浦深耕適地化，願意放手，投資人才。跨國企業本來就是複雜的，它不單是各國文化的集合，團隊需要組合、更需要融合。由於飛利浦在各個國家大都重用當地人，在地除了適應，也追求人才與文化的融合，也就是飛利浦強調的多元與融合（Diversity & Inclusion）。許多員工都從海外的各個單位派駐，台灣的員工也有許多外放至世界各地，讓各國人才能夠彼此相互間的交流與融合。

這種多元文化的匯合過程經由日常的活動逐漸浸潤，透過教育訓練潛移墨化，其成效最終可從業務績效中看出，一個多元文化的影響是漸次的，它經由慢慢的擴散，從**個人的 → 團隊的 → 事業的 → 組織的→ 企業的**層次延伸。

引述一篇前台灣飛利浦總裁莊鈞源先生與媒體的專訪報導，其中有段關於東方與西方人工作態度及哲學不同的比方。**『在台灣，叫員工做事大家都會先問How（怎麼做？），但在荷蘭，第一個反應是Why（為什麼？）』**，台灣的員工行動力強，客戶需要什麼馬上動手去做；至於荷蘭的員工，則在動手前先要搞清楚目標與方向，需要花更多時間溝通在前，如果主管們理解這個差異後，就能豁然開朗，而且更容易去尊重及欣賞他們的優點。容許多元意見各自表述，鼓勵員工交流，是融合成功之所在。

在一篇前許副總裁的講稿中有關領導的革新，有這麼一段引述現代管理大師詹姆·科林斯（Mr. Jim Collins）的話，闡述五階的領導，他說：

第一階的領導：是團隊有能力的人（Capable Individual）
- 以個人的才能、智識、技巧、及良好的工作習慣做出積極的貢獻。

第二階的領導：是個有貢獻的人（Team Member）
- 發揮個人的技能，團隊融洽共事的一員，完成群組的任務、達成目標。

第三階的領導：是個能幹的經理人（Competent Manager）
- 掌握人力和資源有效的管理，達成現階段的目標。

第四階的領導：是個有效的領導人（Effective Leader）
- 主管承諾，有高瞻遠囑的願景，激發所屬的熱情與活力，創造美好的績效，追求崇高的目標。

第五階的領導：是個出色的領導人/執管（Great Leader/Executive）
- 具有專業的意志和個人的魅力特質，影響所屬，認同他所做的，十分投入的追隨著他。領導的革新，說明了台灣飛利浦對領導的專業和融合多元文化的期望和重視。

堅持品質信念，積極探取行動的工作態度

如果生活是一種態度；那麼，職場講的就是一種工作態度。工作態度是個體在職場上對人與事的認識、感受和行為傾向，其中受到信念與價值觀的影響至巨。態度在工作上可以查覺，對人與事表露出積極的或消極的自然反應，是一種心理傾向和行為的表徵。

當初，全面品質改善是從從心智開始，從新（心）塑造。透過品質學院（Quality College）和管理溝通改變每個人、團隊、組織的行為。讓大家正確的認識品質、品質信念和價值貢獻所在，認為品質是一種工作態度的體現。追求品質需要不斷的堅持，肯負責任的態度，它是一種工作榮耀，全面品質改善活動形成公司特有的品質文化，驗證品質是大家「**用心的結果, The Result of Care**」。

改變工作態度先要改變人質，需要從心思想，灌輸正確的認知，積極的態度逐漸養成一種工作習慣、工作方式，甚至變成是一種工作生活。期間並不單純依靠幾個課堂就可以扭轉，必須有組織的、結構性的、系統性的培養，更不能由主管高壓下指令。須經由三明治方式不斷的從工作 → 教育和訓練 → 工作循環進行，週而復始，再佐以嚴謹的日常管理落實到位。

舉例說明品質學院的重點之一，如何從個人的工作認知和工作態度開始？
每個人從態度上建立起**不推（別找我？ Why Me）與不棄（干我何事？Not Me）**的擔當，凡事得以自我要求，樂於由我開始，透過系列的教育訓練強化全員積極的態度，它強調：
   . 我多麼重要！
   . 為什麼任何一件事都需要我來做好？
   . 為什麼我的工作態度影響那麼大？
   . 如何由我開始？

在工作上，希望能夠 「記取過去」、「把握現在」、「策勵將來」全力以赴。有這種的認知激發行動，不推與不棄，積極的參與，讓事情做得更好。之後，全球飛利浦在卓越經營的路程上，又注入了行動的意志有關「Can do ；Will Do」的鼓勵，這句話的意思是「**能做到 ；會做到**」，或說「我能做到、我會做到」、

「沒問題，交給我來辦」、「我可以搞定」、的意思。

這句話語氣強烈、肯定，強調我有這個能力、知道怎麼做好。每個人在行動上有我能做的精神，就沒有什麼難倒你。有說「事在人為」、「天下無難事，只怕有心人」。若每個人秉持能夠做的精神，代表每個人勇於任事、樂觀、有積極進取的精神，有決心和信心一定做到，是個有能力、能解決問題的人。在這種組織氛圍下，團隊是鼓舞的，成員彼此間自然同心協力，本著做得到的精神，創造佳績。

比起我試試看（Will try），我會做到（Will do）在本質上都是正面的態度，沒有推拖。但前者給人的印象在開始前似乎就已經給自己預設了一個緩衝空間，有藉口機會，可不一定會成事。好像我盡量試試，成功也好、不成也罷，反正我已盡了力、不掛保證。

有句話形容一個人，你說的話決定你是什麼樣的人，基本上反應的就是你的態度，你的工作品質信念和價值觀。悲觀的人會說「做不到；考慮看看」，積極樂觀的人會說「能做到；會做到」，態度不同，工作方式不同，獲致的結果自然不同。

成功是整體的投注，非少數英雄式的表現

在整個變革的旅程中，品質的標準隨著定義和要求，層次逐漸提升，從開始的 **"符合需求的"** → 到 **"符合產品的規格和要求"** → 到 **"提供客戶最大的滿意"** → 到 **"取悅客戶、創造客戶的價值"** 逐漸擴大。在人員方面，判斷的標準也是逐步的調高，希望透過以人為中心的管理、善待公司重要的夥件，創造出 **"滿意的員工"** → 進階到 **"承諾的員工"** → 甚至更高能達到 **"投入的員工"** 的境界，因為我們深信有滿意的員工才有承諾的員工；有承諾的員工才有投入的員工。投入的員工指有工作的熱誠、認同公司，在工作上投注心力、賦權盡責、表現不俗，自然締造一個高效能的組織，員工滿意的漸次發展如圖 10-9。

飛利浦常用「**員工的承諾與投入，**Employee Commitment and Engagement」這個辭彙，也常利用主管溝通的場合具體的說明其意義及內涵，讓大家理解人員的思維，該如何採取相關的措施，提高其有效性。

員工的投入是一種對組織或團體情感上與理智上的能量付出，一種員工融入工作角色中的心理狀態，員工可以透過工作自我實現，並在情感的認知上產生對組織或團體的連結，產生對工作的熱誠。簡單地說，是員工對組織付出的心力與熱情，認為投入熱枕專注，可以獲得他們想要，他們的實際行動改善組織的績效，也從過程中及結果獲得肯定。

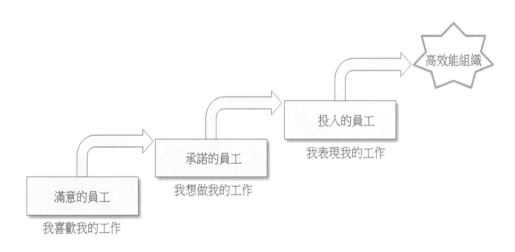

圖 10-9. 員工滿意的漸次發展

這些有賴全體共同的努力，絕不是端靠個人或少數英雄式的表現。有些企業標榜權利、金錢待遇、分權分利，露骨的吸引人才，鼓勵權利的交易追逐，這些容易造成人際間不良競爭、傾軋的功利思維，它不符飛利浦的企業文化，也非跨國專業經理人能夠承諾，做為組織用人的條件。雖然飛利浦的待遇，在人資的薪酬尺度上沒有位居最前沿，但在同行市場的排行榜中，台灣飛利浦高層期許的目標定位在業界排行前端百分之八十左右卻是不爭的事實。若得以處在國際相對優越的工作條件和工作環境中，以及公司珍視人為資產，視員工為企業夥伴的企業，有種種的措施和配套，著重長期的人才投資，招募、用人、留人，不以功利的角度招引，不以個人的權與利交易。

根據美籍心理學家**克雷頓·奧爾德弗**（Mr. Clayton Alderfer）在其提出的馬斯

洛需要層次的理論加以印證說明，人類的滿足有許多不同的需求層次，即生存需求（Existence Needs）、關係需求（Relatedness Needs）以及成長需求（Growth Needs），涉及的因素相當廣泛包含組織本身、願景政策、工作內容與程序、工作肯定、主管溝通與領導、待遇福利、工作環境與安全、工作夥伴、工作資源、職涯發展與肯定等。對此貼切的說明飛利浦人員的價值管理實務所產生的效果。不同於傳統的人際互動和相互影響，達到強化的、更深的互動及相互影響，其境界更能激發員工高度的承諾和投入如圖 10-10。

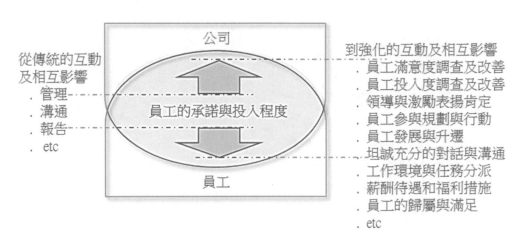

圖 10-10. 員工的承諾與投入

員工體認飛利浦是一個好的公司，滿意有個好的工作，熱愛工作想把工作做好。飛利浦是一個溫馨的家庭，認同公司的宏觀遠景，滿意有許多的導師和朋友像家人，一路相互扶持。引述在一場資深員工聯誼餐會上的對話來佐證主管與員工的互動，一日在員工餐會上，柯慈雷總裁糾正單色顯示管總經理李維鋒先生所說，他是公司最好的 Spare Parts，意即能補位任何欠缺之意，更應該說是公司的 Key Components，人人都是公司重要支柱，這種情感對曾經盡力過的人而言，回憶起來特別容易勾記起昔日深刻的印象，讓人莞爾，也不覺對領導的佩服和敬重。

獨特的企業文化，蘊育出無數珍貴的人才

飛利浦成立超過一百卅年，在過去曾和美國的通用電氣（GE）、德國的西門子（Siemens）、日本的東芝（Toshiba）並列全球四大電子集團。這幾個公司有個

共同的特點都是,有創新改變人類歷史的科技而名聞遐邇。飛利浦由電燈泡發跡,進而拓展真空管技術,開發出醫療用的 X-光管、收音機與電視的真空管,最後投入半導體產業,成為全方位的電子集團。

筆者列舉出一些和台灣比較熟悉的相關技術,說明一個世紀以來飛利浦創新科技重要的里程碑有:

1891 — 燈絲燈泡 Light bulb

1914 — 荷蘭實驗室 (Nat Lab) 技術創新中心, Technology & Innovation Center

1925 — 真空管 X-ray tube

1927 — 收音機 Radio

1939 — 電動刮鬍刀 Electric razor

1949 — 電視 TV

1963 — 錄音帶 Compact audio tape

1972 — 錄影機 VCR

1983 — 光碟 Compact disc

1997 — 錄放影機 DVD

台灣飛利浦從 1966 年開始從高雄加工出口區投資設廠、布局,若撇開合資企業或工程專案、進口貿易,或台北總部的研發如 IC 設計、語音、產品設計中心、系統實驗室等不屬於 MIT 製造工廠性質的單位以外,飛利浦獨資的幾個比較重要的工廠有:

1966 — 電腦記憶磁盤(加工出口區高雄廠)

1968 — 封測 IC 及被動元件電阻和電容器(加工出口區高雄廠及後來的楊梅廠)

1970 — 映像管及電子玻璃、磁性材料(竹北廠)

1975 — 電視、監視器、電腦及相關部件(桃園廠)

1980 — 先進自動化彩色映管(竹科廠)

1988 — 燈具照明(桃園廠)

這些工廠的設立,在正值台灣電子產業發展的階段,起了重要的先導和帶頭作用,產生產業引領的效應。尤其在電子零組件、積體電路和顯示器產業方面更是如此。譬如說台灣半導體封測產業的發展歷程中,當時有「北德儀 – TI、南飛利浦 – Philips」的說法,因為德州儀器據點在北部中和;而飛利浦

在南部高雄，兩家半導體廠的歷史悠久，在台灣奠下的技術基礎和培植出來的許多技術、專業人才，幾乎都和這兩大外商體系不無關係。

在挑戰卓越品質與經營的過程中，共同協作的外包商、供應商或客戶也都同蒙其利。大家共同學習品質的要求，淬煉具體的實務和作法，一起分享邁向世界級水準的智識和技能。記得在戴明賞的實地審查活動上，協力廠商也都紛紛表達他們由衷的感激，因為飛利浦的提攜，讓他們眼界大開，不必支付額外學費，直接套用所學，推廣到廠商其他聯屬和客戶，紬紬有餘，讓他們獲益良多。

另外，台灣飛利浦在擺脫人力密集的初級加工過程中所做的努力如自動化、智能化、無人化的開發，也曾有過十分龐大的投資。這個經歷也造就出許多協作的精密機械加工廠商，培植了台灣機械加工、自動化的先驅。如今在各種展場都能夠看到他們今天傲人的成就，構建台灣智能製造占有一席之地，讓人倍感欣慰。

飛利浦在台的 MIT 製造基業，最後於 2005 年半導體事業部讓給恩智浦（NXP）後結束。近半世紀的光陰，為台灣高端電子產業培養出無數的人才，他們都曾接受過飛利浦專業或技術的培訓，是跨國企業管理幹練的技術人才、專業經理人，擁有融合歐洲和華人的兩大優勢，是無價的高級人力資產，一般而言：

歐洲主管的特質有；
- 策略有遠見的思維
- 商業模式整體的考量
- 追溯原因和分析的技巧
- 多元文化的包容和融合（Diversity & Inclusion）、接納各地人才也讓各地人才發揮
- 信賴他人、給人空間、允許不同意見的溝通和領導

本地華人主管的特質有：
- 團隊合作的精神
- 行動導向
- 現場管理
- 在地化的深耕和培育

. 智能的學習與成長
. 追求卓越的組織信念和企業文化

兩者優點匯聚一身，讓企業有根深、莖壯、葉茂的發展，成就飛利浦的一棵大樹。印證一個事實，有非常之人，做完非常之事，成就非常之功。其間幾位關鍵的領導人物有總裁羅益強先生、柯慈雷先生、張玥先生和許祿寶先生。他們都是企業開創和轉型的領導，專業經理人，高瞻遠矚、跨國團隊領導的佼佼者。飛利浦在台能夠締造出如此獨特的成就，領導魅力是他們共同的特質，擁有科技先進企業面臨競爭的六度領導力：「**高度**」、「**廣度**」、「**深度**」、「**速度**」、「**角度**」、「**溫度**」。個人的魅力散發出來的影響力，能號召一群堅定的追隨者，他們賦權、信任而不放任屬下中、高階主管與專家群，使組織發揮整體最大的戰鬥力。下面舉幾個事例，扼要的描述他們的事蹟：

羅總裁是建置台灣在全球飛利浦重要布局的靈魂人物，他是百年來華人中晉升總公司執管會董事的首位，打造飛利浦在台堅實的基礎，創造出傲人的績效，傑出的領導贏得總部信任，讓組織有機會走出台灣，前進大中華、亞太或全球事業拓展營運基地。這種機遇和磨鍊，培育無數跨國事業經營管理的人才，他們不僅在台灣也派赴世界各地得以一展身手。一個不爭的事實，沒有羅總裁的遠見和勇氣，也不會有外國企業贏得世界級戴明賞和大賞兩階段的肯定。

柯總裁派赴來台是總部刻意的安排，當時他已是公司內定培養的接班人選，目的是要歷練亞太這塊極具潛力的市場環境，吸取台灣成功務實的經驗，也對亞洲文化及企業有更深層的了解。柯總裁在台時，員工深刻感受到他對亞洲文化的用心，曾任台灣飛利浦總裁的莊鈞源先生說：『他身高一九〇公分，看起來很酷，但其實很謙虛（Humble），那三年的確給他很大的影響，他不僅學會分辨台灣人、香港人及新加坡人，還知道北京人與上海人有哪些差異』。

張總裁原是彩色映像管亞太事業及全球單色映像管事業的負責人，在他的領導之下，成功的結盟韓國巨擘共同轉型，讓雙方在傳統映像管事業有段雙方美好的黃昏，將龐大的投資順利落幕，並轉移到新興取代的平面顯示器。他曾擔任飛利浦和韓國樂金共同成立的兩個合資公司映像管和平面顯示器的首任董事長，之後接任電子零組件事業部亞太地區總裁，繼而成為飛利浦大中華區的總裁，也是飛利浦全球總部執管會的華人執行董事。在他的領導下，將飛利浦中國各自為政的地

方事業局面，成功的轉變成一個整體的公司。奠下一個外商在中國獨特的發展基礎，創造出飛利浦在中國非凡的企業形象。

許副總裁教授般的風範和教導，大家的感受尤深，他質樸與平實的作風，中壢同仁在飛利浦簡訊曾形容他新官上任的三把火是對人、對工作、對公司三種熱情的火；是一個辛勤開墾、種植、灌溉的園丁，耕耘參與每一項新計劃，開創和完成任何一項計劃。以誠待人、劍及履及、腳踏實地，創造了組織長期的繁榮。在創新和學習的理論和實務上，他有獨到的體會和見解，引引台灣一路發展的路徑。在挑戰日本品質卓越獎項的旅程上，更有卓著貢獻。在他的提攜下不斷的提升組織能力，培植出組織智能學習的有機團隊，展現出不同層次的創新，從營運創新之後更能進階組織創新，事業和商業模式創新，圓滿的蛻變、全面的翻轉。

台灣飛利浦這種兼具中西的企業文化，它深根涵養在東方倫常名教的致良知、致良行、致良心信念的土壤，力行西方公司價值 4D 風範，長出莖壯、葉茂，蔥蔥鬱鬱的樣貌，蘊育飛利浦跨國多元的事業，這些珍貴的國際經營團隊和科技創新人材，蘊育出一棵飛利浦不凡的蔥鬱大樹如圖 10-11。

圖 10-11. 飛利浦的企業文化蘊育出的蔥鬱大樹

當然，在許多高管中也有些自行創業者，或隨者公司事業、工廠移轉在接手的業者舞台上，碌力以赴。他們分別在半導體〈晶圓設計、封測、設備〉、被動元件〈電阻、電容、傳感、功率元件〉、LCD 光電、電腦與周邊、資通訊科技、顯示器、電子玻璃、系統、自動化等諸多的領域。他們身上有流淌的 DNA，在台灣許多企業仍然面臨的人才不足、也缺乏國際培訓機會的窘境下，飛利浦在台五十年的開枝散葉，在這個島嶼上造就了無數的跨國技術人才、管理人才，讓有關業者在餘蔭下獲得舒解、或更加茁壯。如果說具有競爭力的領導人才是無價的資產，飛利浦多元的企業文化灌溉的這一棵大樹，在企業蛻變轉型之後，給台灣電子產業界留下了無數寶貴的資產。若說，飛利浦的人才某種程度上影響台灣電子科技的產業，實不為過。

猶記得多年前，小兒子在金華國中就讀的時候，班上導師邀請家長到班上演講，給學生們分享家長工作上的趣聞。當時，筆者就是以「飛利浦的一棵大樹」為題，介紹荷蘭人在台的昔日歷史（1624~1662 年）以及飛利浦發展人類生活福祉的許多貢獻。希望給這些尚未涉世、仍然朦懂的少年，對荷蘭人和和荷蘭企業在台灣的連結，一點認識和一些感動。

── 全文完 ──

後記

在強烈的使命感下，伏案數年終於完成這本「成長與蛻變」饗宴讀者，兌現台灣飛利浦品質文教基金會成立的初衷，將珍貴的跨國管理納入「知識分享、經驗傳承」系列分享大眾。本書是飛利浦在台一路走來刻劃的紀實，從成長到茁壯、蛻變到全面翻轉的歷程，一段難以磨滅的 MIT 光榮印記。

回首向來一些時事，它會舊、卻難忘，畢竟在這塊土地上有著許多飛利浦人珍貴的記憶，他們奉獻出大半青春歲月，試煉出傲人的績業，奠定在台深厚的製造基礎，筆者有幸參與這段與台灣的共同成長，也盡所能回顧台灣飛利浦電子製造的重要片段。

不坐視那些珍貴的知識、實務經驗在時間的流淌下消逝，筆者積極的從歷程中整理、訪談、記述，將一個國際巨人培植競爭力的思維和內涵，如何從價值理念啟始、塑造企業文化？ 如何以使命、願景引領組織？ 如何透過智能學習、培養有機團隊，構築事業主導產業的優勢？ 更關鍵的，如何重視人員的價值，關懷員工、以人性出發的領導與人才發展，建制組織的能力、貫徹執行力，帶領公司全面改善、追求卓越、策略轉型；最後又能因應公司新價值定位全面翻轉。本書以真實的體驗，提供讀者思索企業國際化、成長變革轉型的參考。成功雖然不易複製，但歷史卻可以提供啟示，讓人好好省思，吸取前人智慧。如果說曉得往後看才知如何往前走，它正是印證不忘初衷、慎忖現在、積極的面對未來。

台灣飛利浦的奮鬥，是全體員工意志和情感的傳遞，歷經數十年的更迭、淬煉的累積。每一份都閃爍著大家璀璨的歷史。企業的成長不是做大，而是要人強才會壯大，組織要透過不斷的學習、領導人才的培育，才能鍛練出傑出的團隊，足以前瞻的視野挑戰大格局。命運不靠機緣，而是有正確的抉擇，命運不能等待其來，要自己爭取；樂觀的人在每個危機裡查覺機會，悲觀的人在每個機會裡只見危機，飛利浦在大量消費電子盛世之後，積極地搜尋公司的新價值，可供大家一個轉折的借鏡。

成功絕非偶然，能力是關鍵，筆者將台灣飛利浦憑藉的兩大系統完整的呈現，一個有關組織、一個有關人員。本書其中第二部「組織的能力」是前台灣飛利浦副總裁許祿寶先生的畢生精華，他推動公司全面品質改善，領導在台企業挑戰日本載明，透過教育訓練、建組織、佈系統，提升體質成為智能學習的有機團隊，成功達到卓越的巔峰。他是主導的靈魂人物，大家敬仰的儒者。筆者有幸從 1977 年進入公司即在他麾下，其後更有諸多機緣一起共事，職場退休後仍秉著赤誠，在基金會積極的貢獻，他窮一生所學傳授新世代，為企業盡棉薄，希望筆者已揭露他豐富的跨國企業學習與創新管理的睿智，分享大家。

第三部「人員的價值」，敘述飛利浦如何以獨特的企業文化，蘊育優秀的人才，也是卓越倚勢之所在。它以人為本，人性出發、人員關懷的領導與主管人才發展，珍視人力資材、掌握人與事的專業領導，發揮領導力。從傳統的講究四度─「高度、廣度、深度、速度」，號召一群堅定的追隨者，面對環境變遷，勇於擔當挑戰，其中更有不可或缺的關鍵─「角度、溫度」，形塑全方位六度競爭的領導力，這些見地是來自幾位專家，包括前資深人力資源副總裁童維堅先生、資深人力資源處長林南宏先生和蔡昆佑先生的協助。

很遺憾的，領導台灣飛利浦的前總裁羅益強先生、人資的童維堅先生、蔡昆佑先生已不及本書的發行溘然長逝。在草擬初始，他們均曾積極的參與，如今已不復安在，緬懷昔日戰友、感動莫銘！尤其長官羅總裁更是難得，他巨細邇遺的提供筆者當年產業發展的歷史背景以及鮮為人知的祕辛。他是個變革的領導者，訴諸目的和熱情，激勵他人面對挑戰；他也是個民主的領導者，與屬下共同形成決策，積極的投入與執行；他更像個呵護的牧人、關懷的家長，照顧家人的每一片刻，讓飛利浦團隊在這個蕞爾小島上締造出如此輝煌的成就。羅總裁的個人特質和非凡魅力，公關林芝小姐在人物特寫的專訪中，曾這樣形容他自然的流露「**腹有詩書氣自華**」的優雅風範。在他扮演的各種角色中是一位「**望之儼然、即之也溫**」的性情中人，他展現的是「**充分授權、尊重信賴、顧客第一、利己利人**」的領導。感念他無盡的付出，遠遠地超乎一位跨國企業的專業經理人，實質上他流露的是對這塊土地由衷的摯愛！

人生真實的體驗，一生工作慶幸能有發揮的餘地，在三十多年的職涯裡，筆者和公司這一家人共事，親身經歷這些精彩，這段人生的風景是畢生難得歷程。有些人、有些事、有些時，似乎在記憶中存在某種深意，筆者以感恩的心，儘可能呈

現走過的經典，完成這項承諾。

飛利浦在台 MIT 製造，從 1966 年第一個被動元件廠，在高雄加工出口區設立創始，到 2006 年最後一個事業半導體出脫給恩智浦（NXP）之後結束。時光荏苒超過半個世紀，回顧所來徑，懷人、詠物，無不承載著飛利浦人過往的拼搏；伴隨逝去的青春，如今產品都已安在？ 浮沉世事、滄狗變化，那些無不是飛利浦人共有的驕傲和記憶，也為新世代訴說的故事！ 尋思往事、恍如雲煙，每當回首誚如夢裡，台灣飛利浦的點滴，淅淅瀝瀝、撲朔間絢麗璀璨，不覺讓人蕩漾迴旋，美麗與哀愁的心境，勝似「錦瑟無端五十絃，一絃一柱思華年」！

成功來自無私，分享本書正是這個理念，也是基金會的期許。套句名言所說：**「如果我能看得更遠，是因為我站在巨人的肩膀上」**，希望讀者獲益。感謝一起共同創造光榮歷史的所有同仁，他們的胼手胝足、共同砥礪、卓越學習的奮鬥精神，在這塊土地上奠下渾厚的工業基礎，成就了台灣飛躍的年代。期望「台灣飛利浦」這塊招牌，仍能傳承過去的榮光，以另一型態持續閃耀！

最後，感謝台灣飛利浦品質文教基金會的董監事們的建言和釜正，讓本書更加周全，繼首冊「總裁診斷」之後順利推出，也謹以本書「成長與蛻變」對台灣飛利浦同仁們由衷的表達崇敬和謝意。

筆者

附錄一：多國籍企業在台發展的大事紀

（資料來源：網路及公司網頁，作者彙整）

美商台灣通用器材（Vishay General Semiconductor Taiwan）

原始的美商通用器材（General Instrument），1939 年成立於美國賓夕法尼亞州，專業從事半導體之設計及製造，產品包括二極體、電晶體、邏輯 IC 等，衍生公司包括 Microchip Technology Inc.（1989 年）。1997 年時，通用器材被拆分為三家公司，其中的半導體公司（General Semiconductor Inc.）後來由威世（Vishay Intertechnology Inc.）集團所購，並於 2001 年將台灣設施轉手威世。

台灣通用器材，最早成立於民國 1964 年，原名台灣電子於 1969 年改名，是第一家外商來台投資的電子公司，也是規模最大的電子公司之一，主要生產二極體/整流器（Diodes/Rectifiers）及突波抑制器（TVS），是該系列產品的全球領導廠商。主要客戶遍及全球，如歐洲的西門子、飛利浦、美國的福特汽車、通用汽車、韓國的三星、日本的新力及台灣的宏碁、台達電等都是，多次榮獲政府評定為外銷績優廠商，直到轉手隸屬威世集團。

威世於 2002 年拿下 BComponents （原飛利浦與 Beyschlag 合併的被動元件事業）在廣東惠陽的工廠，這個廠原先是台灣飛利浦在桃園的中獅電子（Centralab Taiwan），主要生產電容器相關電子元件，於 1994 年從北美飛利浦併入，而於 1998 年轉手 BComponents，並於隔年結束在台工廠轉移惠陽。威世是世界最大的半導體分立元件和被動元件的製造商之一，產品相當多元，用於工業、電腦、汽車、消費電子、電信、軍事、航空及療市場的各種電子設備。

美商摩托羅拉電子公司（Motorola）

美商摩托羅拉於 1999 年合併通用器材公司，2000 年接收在台的通用電子廠房，其網通產品的廠房仍以通用先進系統（GIT）為名，成為摩托羅拉公司寬頻通訊事業部，主要生產視訊機上盒等數位網路產品，像有線電視變頻器（Cable TV Converter）、有線寬頻數據機（Cable Modem）及衛星接收器（Digital Satellite Receiver）等各種功能的類比/數位機上盒（STB），為全球最大的通訊器材設備製造廠，居北美市場領導地位。為因應企業整體的改變，以便提供客戶更好的品質與營運彈性服務，於 2007 年底結束營運，改以委外代工模式轉向大陸生產。台灣的通用先進系統公司隨後又數度轉手從谷歌到艾銳勢（Arris）。根據工商報導 2018 年 2 月艾銳勢決定運用與和碩聯合科技（Pegatron）長達 15 年

的合作夥伴關係，將新店廠移轉給和碩，做為台灣少量多樣產品線的生產基地。

高雄電子公司（GIMT）

成立於 1966 年，為美商通用器材繼新店之後投資的半導體裝配與測試工廠，是外商在高雄加工區設立的第一家電子公司，也是台灣的第一座半導體封裝廠，主要從事從早期的電晶體到微晶片到相關應用的積體電路微處理器、面板驅動 IC 的裝配與測試。由於不敵成本競爭的壓力，先於 1995 年停產，封裝外包國內及東南亞的專業代工廠。在亞洲金融風暴之後也不敵全球半導體萎縮的影響，再加上成本難和南亞國家競爭，而於 1999 年結束。

美商德州儀器電子公司（TI）

是一家總部位於美國德州達拉斯，位居世界領導地位的全球半導體公司。提供創新及頂尖的半導體技術，協助客戶開發最先進的電子產品，在台灣成立於 1969 年，建置極具現代化的半導體封裝測試工廠，是台灣科技產業重要的元件廠商，為客戶提供即時產品及技術服務諮詢，帶動台灣產業的發展，經由產業合作的關係促進台灣產業的全球競爭力，也鞏固德儀在全球半導體產業的領導地位。在他們公司網頁有一句很吸引人的話：『在 TI，你所做的不只是一份工作，而是在參與改寫人類科技及生活方式的發展史；加入 TI，你有機會與全世界的菁英互動，TI 更是你展現獨特智慧與潛能的最佳平台』。

TI 台灣是德儀亞洲的總部，1983 年成立積體電路設計中心，在他們全球設計、研發分工的任務上，台灣扮演的重心在電腦產品，其他地區如美國是軟體、歐洲是無線通訊產品、日本是消費電子產品。1989 年與宏碁合作成立總碁公司，後來基於公司全球分工和運籌的策略考量，於 1998 年退出營運。在台灣電子工業發展史上，TI 是第一個在台投資生產半導體的公司，也移轉了許多技術與國內的合資公司，對台灣電子工業的產業提升具有關鍵性地位。

美商無線電公司（RCA）

RCA 曾經是美國家電的第一品牌，主要生產電視機、映像管、錄放影機、音響等產品，於 1970 年台灣經濟起飛的時候在桃園設廠，是當年桃園最大的工廠，員工人數最多時曾高達一萬八千多人，專門生產家用電器產品、電視機之電腦選擇器等。1986 年 RCA 被美國奇異公司（GE）所併購，繼續生產電視機之電腦選擇器；1988 年法國湯姆笙公司（Thomson Consumer Electronics，TCE）續從奇異公司取得 RCA 桃園廠之產權。

遺憾的事件，發生在製造過程中使用的化學物質如三氯乙烯、四氯乙烯等有機溶劑，對環境可能造成永久性的污染，這些劇毒物質在製程中沒有很好的防護隔離以及廢棄物的回收處理，而被直接排放在工廠後方的深井裡，由於當時排放這些有毒物質無疑它可能會造成的後果，產線使用中也沒有刺鼻的異味而缺乏警覺，員工和附近的居民渾然不知，土壤和地下水遭受污染的嚴重性，一直到 1991 年湯姆笙公司發現，桃園廠有機化學廢料被排入廠區造成污染，而於 1992 年三月停產關廠，甚至隔年三月，將桃園廠廠區土地所有權售予宏億建設準備開發成購物中心。污染事件於是在 1995 年被舉發出來，也才清查出對附近地下水的汙染而難以復原以及對居民造成健康的危害，是一個悲劇的收場。更讓人心疼的是前員工及家屬高達五百廿九人的集體訴訟，歷經漫長的歲月，而官司也纏訟長達十一年之久，於 2015 年二月才獲得法院一審判決賠償的結果，但遲來的正義又如何彌補那些曾經引以為傲的公司員工，那些遭受疾苦罹癌已經死亡的六十多人、罹癌或重大傷病的員工二百多人以及未罹癌但有風險的員工近一百五十人。（後續的發展，一如大家的預期，2017 年十月台灣高等法院判決 RCA 及其母公司 GE 被認定也須賠償受害員工 486 人，共七億一八四〇萬元，較一審判賠的五億六仟萬更多，儘管員工振奮然而律師團卻擔心司法仍須跨國求償，也未必能如願拿得到如數的賠償，讓人悲涼的是許多罹患重症的員工，已等不到正義來到的那一天）

艾德蒙海外公司 AOC（Admiral Overseas Corporation）

艾德蒙為冠捷科技的前身，Admiral 創立於 1934 年於芝加哥，早期為映像管電視機產銷的大廠，也是美國知名的家電品牌。艾德蒙海外則是 1967 年在台灣成立的艾德蒙，是台灣最早組裝電視出口美國的廠商。1990 年時，由於美國對台灣電視機課徵高額傾銷稅的衝擊，艾德蒙裁撤在台灣的電視機業務，轉進大陸福建生產電腦顯示器，成為福建第一家資訊產品製造商。

AOC 現為冠捷科技集團旗下四大自有品牌（AOC, Philips, Top View, Envision）之一，為艾德蒙海外股份有限公司之英文縮寫（Admiral Overseas Corporation），產品包括 CRT、LCD 顯示器，以及 LCD TV、PDP 電漿電視等。於 2008 年陸續與飛利浦達成合作關係，從早期為飛利浦代工到為期五年的顯示器品牌獨家商標授權，事業從顯示器代工延伸到品牌的領域。2010 年再度與飛利浦簽訂五年在中國銷售飛利浦彩色液晶電視機的商標許可，讓冠捷從全球最大顯示器代工廠，更進一步跨入液晶電視品牌經營的領域。2011 年與飛利浦成立電視合資事業（TP Vision），接收飛利浦分割出來的電視部門，結合飛利浦的電視設計創新能力與冠捷的製造規模及卓越營運能力，統籌全球飛利浦電視業務，2014 年拿

下飛利浦的三成持股，可以想像挑戰的企圖更為重大。

台灣飛歌電子公司（Philco）

美國飛歌的前身為 1892 年設立的 Helios Electric Company，1906 年改組為 Philadelphia Storage Battery Company，成立於美國費城，主要製造電池、收音機與電視機等產品，在三十年代為世界首要的收音機製造公司，1931 年開始研發生產電視機。在五十年代為節省成本開始尋求海外廉價勞動力，1961 年被福特汽車公司併購，更名為飛歌-福特公司，自此成為福特汽車電子製造廠，1966 年來台灣淡水設廠，正式名稱為台灣飛哥股份有限公司，外商第一家在台保稅工廠，以生產電視遊樂器和家用電器外銷為主。遺憾的事於 1972 年發生數名女工因吸入三氯乙烯、四氯乙烯，導致肝病死亡之重大工安事故。

飛歌從 1966 年設廠到 1984 年，總共十九年經營期間四度易主，除前二次屬美國福特內的問題，第三次是美國喜萬年集團（GTE-Sylvania，1974 年），換手後的喜萬年飛歌公司業績並未起色，在接近倒閉邊緣的時候由美商華納利集團（ATARI）於 1981 年購入，但仍沿用原名。直到 1985 年才將飛歌更名為「華納利」，最後華納利又於 1986 年轉賣給僑福建材工業公司而結束命運多舛的生產製造。據當時的報導，海外加工廠缺乏母廠技術移轉的奧援而難以回應市場和客戶的要求，終致無法競爭，很現實的突顯一般低層次加工組裝產業的弱點。

美商增你智公司（Zenith）

台灣增你智公司設立於桃園內壢，工廠於 1971 年落成開幕啟用，在當時來講，設備非常新穎，廠房非常寬廣，環境優良，工廠主要的任務是電視機及其半成品、收音機、錄音機、電源供應器、電視機變壓器、調諧器、塑膠外殼、鍵盤、監視器、電腦終端機等品項多種，同時也接受委託從事電腦產品及電子零組件之品質檢驗、測試與維護、加工及修理等業務。到 1992 年，來台三十多年的公司，也決定關閉位於桃園的工廠，移轉到墨西哥。

高雄日立電子公司（已更名為高雄晶傑達，KOE）

高雄日立電子因企業整合關係，自 2012 年五月起公司名稱變更為「高雄晶傑達光電科技股份有限公司，英文名稱 Kaohsiung Opto-Electronics Inc. 簡稱 KOE」，員工各項勞動條件維持原狀不變，大家齊心一體繼續為公司之永續經營打拼努力的同時，更竭誠歡迎具工作熱忱之先進加入經營團隊，一起分享美好未來，卓越經營、績效輝煌。

高雄日立電子公司，1967 年成立於「高雄前鎮加工出口區」，爲日本日立顯示器
（DP）公司的子公司，是在台第一家生產 STN 液晶顯示器之廠商，於 1983 年開始
生產顯示器模組，1987 年開始投入 LCD 面板，產品銷售全球，對面板產業開創深
具意義。

在 2012 年日本官民基金（株）產業革新機構（INCJ）主導下成立新的日本顯示器
公司（JDI, Japan Display Inc.），統合日本原先的三家（東芝/TMD）、新力
/SMD、日立/DP）中小型平面顯示器企業，希望透過合併，擴大產品互補，提升競
爭優勢。在三家合併後隸屬日本顯示器（JDI）海外子公司，名稱則變更爲高雄晶
傑達光電科公司。

台灣松下電器公司（Panasonic，國際）

台視從 1962 年開播，和日本電視台合作，開始時由日本業者聯合進口經營在台黑
白電視的銷售。之後，台灣的家電業者，透過與日本的合作關係，引進零件，在
台灣組裝電視機，促成日本家電業者在台合資設廠發展的契機，也奠定台灣業者
在家電產業發展的基礎，產品從黑白電視到彩色電視、洗衣機、冰箱、冷氣機等
一系列的電化產品，不斷創新推出。日方合資設廠的公司從 1962 年的國際擴展到
三洋、再到歌林（1963）、聲寶（1964），因此六十年代後，家電產品開始由本
地廠商生產，步入民眾的家庭生活當中。

備註：以上資料僅收錄至某個年度，如有漏誤或不足之處，敬請見諒。

附錄二：台灣飛利浦發展的大事紀

（資料來源：PTQF 以及飛利浦官網/網路資料彙總整理）

1966 成立飛利浦代表辦事處，旋改組為「台灣工業發展股份有限公司,Taiwan Industrial Development Company」，成立「建元電子股份有限公司, EBEI: Electronic Building Elements Industries（Taiwan）Ltd」

1968 台灣工業發展股份有限公司正名為「台灣飛利浦股份有限公司, PTL: Philips Taiwan Ltd」

1970 成立第二家工廠，「台灣飛利浦電子工業股份有限公司, PEI: Philips Electronics Industries（Taiwan）Ltd.」竹北廠，生產黑白映像管及電子玻璃，是飛利浦在台投資金額及規模最大的工廠，建元電子正名為「台灣飛利浦建元電子股份有限公司, PEBEI: Philips Electronics Building Elements Industries（Taiwan）Ltd.」

1972 台北總公司成立企劃部，統籌在台飛利浦各企業組織的生產及後勤事宜

1974 除消費性電子產品外，飛利浦在台銷售專業及工業用器材，並進行承包工程

1975 設立第三家工廠「台灣飛利浦電視製品股份有限公司, PVP: Philips Video Products Company（Taiwan）Ltd.」，後併入台灣飛利浦電子工業股份有限公司於中壢, PEI_CE，為消費電子事業，生產黑白電視機，同年推出第一台 T8 型電視機

1976 高雄建元廠開始生產金屬薄膜電阻（Chip Resistors），竹北廠從單色映像管拓增彩色映像管（Color CRT）廠建廠

1978 高雄廠開始生產表面黏著元件（又稱晶片電阻, SMD Resistors），竹北彩色映像管廠量產，中壢廠開始生產偏向軛（Deflection Yokes）

1980 高雄廠成立自動化部門，並開始直接出貨至歐洲（Direct Delivery from IPC），竹北廠開始量產鐵氧磁體（Ferrite Core），之後竹北廠稱為 PEI-DGM, Display、Glass & Magnetics，中壢廠成立設計工程部

1981 荷蘭飛利浦工程中心承包高雄過港隧道機電工程，任命黎夫鏗（Mr. P. Liefkens）擔任在台各企業組織總經理

1982 中壢廠開始生產馳返變壓器

1983 任命貝賀斐（Mr. J. Bergvelt）先生擔任台灣飛利浦各企業組織總裁，台北總公司成立「管理執行委員會」以擴大管理層面以確保政策一貫性，高雄廠開始主產陶瓷電容器（SMD_MLCC）

1984 高雄廠開始量產各式電阻電容微粒元件（Chip Components），中壢廠開始生產單色監視器（Monochrome Monitors），荷蘭飛利浦工程中心承建中正紀念堂兩廳院多項工程

1985 台北總公司正式成立「全面品質改善中心」，推展 CWQI: Company Wide Quality Improvement，全台各企業的品質改善活動高雄廠遷至楠梓加工出口區，同年成立遠東發貨中心，並獲得飛利浦品質獎，中壢廠開始生產彩色監視器（Color Monitors），全台灣飛利浦開始實施辦公室自動化

1986 飛利浦與政府簽約共同成立「台灣積體電路製造股份有限公司,TSMC」生產晶片，同年「積體電路設計中心」設於台北總公司飛利浦與美商艾佛來合組「全浦光碟, Compact Disc Industries Co., Ltd.」，設廠於新竹科學工業園區，生產雷射唱盤組件，高雄建元廠的積體電路廠和被動元件廠正式獨立作業, PEBEI_IC and PEBEI_PC 竹北廠啟用高壓靜電集塵機，為國內首座玻璃廠防治污染設備，飛利浦與台灣日光燈合資設立「台灣照明工業股份有限公司, Taiwan Lighting Industries Co., Ltd.」，生產節能的高效率光源供應國內市場，中壢廠成立亞太行銷部，成為飛利浦在遠東地區消費性電子產品製造中心

1988 羅益強先生接任總裁一職，首開國人擔任公司最高主管先例「新竹光電分公司, PEBEI_Optoelectronic Devices Division」成立於新竹科學園區，專事生產雷射二極體照明燈具廠設於大園，並籌建台灣為飛利浦亞太區照明之生產及技術支援中心, Philips Luminaire Competence for the APAC region 中壢廠提昇為飛利浦全球視訊產品企劃、開發及製造中心, ICC: International Center of Competence，竹北廠開始生產高解析度彩色監視器用顯示管

1990 工業電子部標得環保署價值新台幣四億元的空氣和噪音監測系統二大工程，購入艾佛來在全浦光碟的 50% 股份，並更名為「台灣飛利浦光碟科技股份有限公司, PCDT: Philips CD Technologies Ltd.」，台北總公司成立「新事業發展中心, New Business Development Center」，包括數位電視專案、主控元件行銷、筆記型電腦研發和多媒體系統推廣，以整合關連性技術及人力，迅速發展科技導向之新事業為目的，繼 SS30 計劃後，台灣飛利浦與總公司共同推動"世紀更新（Centurion）計劃"，追求品質、效率與利潤，大園照明燈具廠遷至觀音

1991 舉辦一系列紀念及回饋活動，全球慶祝飛利浦成立百週年，台灣飛利浦成立25 週年紀念，榮獲國際品質桂冠—日本戴明實施獎（2012 年改名戴明

賞），台北成立飛利浦全球電子組件事業部亞太地區本部，Product Division Philips Components APAC region

1992 台灣飛利浦獲選爲最佳形象外資企業，**「台灣飛利浦品質文教基金會，** PTQF：Philips Taiwan Quality Foundation」成立

1993 經濟部江丙坤部長與荷蘭飛利浦共同簽署策略聯盟意向書，成立行銷、研發、生產整合的事業團隊（MDP Team）及客戶諮詢服務中心（CRD），投資「飛中電腦股份有限公司」，拓展全球資訊業務，通過海外最大單一產業投資案，以新台幣 90 億元在新竹科學園區，設立亞太區顯像組件中心大鵬廠

1994 被動元件亞太事業中心成立，北美飛利浦體系的「中獅電子，Centralab」加入台灣飛利浦電子工業股份有限公司，揭示「整合多媒體、邁向二千年」的企業遠景

1995 繼附加卡事業部後，陸續成立研發中心、多媒體事業部及亞太區及台灣個人電腦部，積極整合多媒體相關產業，飛利浦企業全球推出「Let's Make Things Better」讓我們做得更好的品牌承諾，觀音燈具廠遷至大園

1996 監視器總部自安多芬（Eindhoven）遷至中壢，Vision 2000 目標修正，成爲營業額一百億美元的領先多媒體公司，羅益益強總裁升任全球電子組件部總裁，成爲 105 年來進入總部集團管理委員會（GMC），首位亞裔人士柯慈雷（Gerard J. Kleisterlee）接任台灣飛利浦總裁暨亞太電子組件負責人

1997 榮獲國際卓越品質桂冠—日本戴明品質獎（2012 年改名戴明大賞），半導體成立台北系統實驗室（System Lab Taipei），是飛利浦半導體在亞洲設立的第一個實驗室，登記成立財團法人「台灣飛利浦品質文教基金會，PTQF: Philips Taiwan Quality Foundation」

1998 荷蘭飛利浦選擇台北成立東亞研究實驗室（PREA: Philips Research Lab East Asia），是的第一個研究實驗室，以台北研發創新爲基礎提昇東亞技術層次，爲飛利浦全球六大據點飛利浦在亞太地區創立之一

1999 映像管移轉大陸南京華飛廠，成爲飛利浦全球第一大生產中心，荷蘭飛利浦和韓國樂金集團合資成立 LG.Philips Display 和 LG.Philips LCD，前者負責映像管業務，後者負責液晶平面顯示器，雙方各持股 50%，共有超過 3.6 萬名員工、34 廠區並分布全球 14 個國家，也成爲全球最大生產電視和電腦顯示器用的彩色映像管公司。但飛利浦於 2008 年出脫持股之後，公司改名 LG Display 成爲樂金的子公司

2000 荷蘭飛利浦和台積電合資在新加坡成立晶圓代工廠 SSMC，該公司於隔年開始量產，通過日本品質獎複審，依戴明委員會規定日本品質獎得主獲獎後將

定期每三年接受複審，台灣服務部門通過 KEMA ISO 9002 認證，成為台灣第一家公司管理單位（Corporate Control）獲得認證的公司，也是亞洲地區繼新加坡之後獲得認證的公司，全球飛利浦被動元件事業及磁性材料事業出售給國巨（Yageo）及其旗下的電感廠奇力新公司

2002　飛利浦企業繼往開來，柯慈雷總裁為貫澈「One Philips, One Brand」推出嶄新的品牌識別，整合並改進公司所有的行銷活動以及飛利浦識別標幟包括文字、盾牌、顏色、尺寸以及在各種媒體的使用，在世界各地都一目了然，形象獨特、明確一貫

2004　飛利浦企業全球推出「Sense & Simplicity，精於心、簡於形」的全新品牌承諾，將公司的治理從多頭矩陣式的國家或區域的經營管理，朝向一個飛利浦公司的模式整合（TOP: Transforming into One Philips）全球飛利浦監視器事業移轉冠捷科技（TPV）

2006　全球飛利浦積體電路事業及所有資源拆分成立新公司恩智浦（NXP）

2007　荷蘭飛利浦與台灣建興電子成立飛利浦建興數位科技（股）公司，共同銷售光碟機產品，之后建興又於 2014 年正式併入光寶科技

2008　荷蘭飛利浦授權冠捷科技品牌顯示器商標銷售權

2010　荷蘭飛利浦授權冠捷科技在中國的品牌電視商標銷售權

2011　荷蘭飛利浦與冠捷科技成立電視合資事業（TP Vision），接收飛利浦分割出來的電視部門，2014 年冠捷買下 TP Vision 飛利浦全部 30%的持股

2013　荷蘭飛利浦將影音多媒體及配件事業售予日本船井電機，但船井未履行承諾，而事業由旗下總部位於香港的獨立部門 WOOX Innovations 接管

2015　荷蘭飛利浦將照明分拆出來的 Lumileds 與中國金沙江集團簽署協議出售、飛利浦授權商標使用二十年並保留 Lumileds 19.9%的股權，唯 2016 年宣布取消此項交易

2016　荷蘭飛利浦將公司策略性的分成二個，皇家飛利浦聚焦在健康科技領域，另一個新公司聚焦在照明，飛利浦並宣告將後者獨立上市或尋求策略夥伴的投資人

2017　飛利浦持續創新轉型，專注健康生活、醫療及保健領域的挑戰。在照明事業成功獨立上市公司之後，有計劃的買下原皇家飛利浦的持股，該新公司於 2018 年改名為昕諾飛（Signify），全新定義照明，由於光源不只是照明，已成為一種智能語言、連接和傳遞資訊的東西，新公司將繼續使用享譽全球的飛利浦品牌

附錄三：台灣飛利浦在台投資彙總

業別	投資別	公司名稱	主要生產產品	廠址	在台期間		
					成立	結束	說明
電腦記憶盤/被動元件	飛利浦	飛利浦建元 (PEBEI_PC)	電腦記憶體(*)、電阻器、電容器、晶片電阻、多層陶瓷電容	高雄->楠梓加工區	1966年(*)、1968年	2000年	1983年開始陶瓷電容器，1984年開始微粒元件，2000年轉手給國巨電子(Yageo)
半導體封測	飛利浦	飛利浦建元 (PEBEI_IC)	積體電路IC封裝測試	高雄->楠梓加工區	1968年	2006年	2005年底轉手給恩智浦(NXP)
映像管	飛利浦	飛利浦電子工業_新竹廠 (PEI_Display)	映像管、電子玻璃、半成品	新竹竹北/科學園區(*)	1970年、1993年(*)	1999年	映像管產品及事業移轉LPL，2000.10結束竹北廠，2001.7結束園區大鵬廠
磁性材料	飛利浦	飛利浦電子工業_新竹廠 (PEI_Display)	鐵氧磁體(線性/硬性/稀土)	新竹竹北	1980年	2000年	2000.5轉手給國巨旗下奇力新
視訊產品	飛利浦	飛利浦電子工業_中壢廠 (PEI_TV/Monitor)	電視/監視器總成返變壓器、偏向軛(*)	桃園中壢	1975年、1982年(*)	2004年	於2004年轉手給國際顯示器大廠冠捷科技(TPV)，DU產品(1982~2001.7)先前已轉出LPL
被動元件	飛利浦	中腳電子 (PEI_Centralab)	電容器	桃園楊梅	1972年	1999年	1972年Philips取得Centralab，1994年併入台灣PEI，1999年結束轉移大陸
光碟儲存	飛利浦	新竹光電分公司 (PEBEI_POD)	雷射二極體	新竹科學園區	1988年	1993年	轉型與OEM合作
照明	飛利浦	飛利浦電子工業_大園廠 (PEI_LOC)	照明燈具	桃園大園	1988年	2002年	公司策略決定遷離台灣
光碟儲存	合資	全浦光碟 (CDI)	雷射唱盤組件	新竹科學園區	1986年	1990年	飛利浦與美商艾佛末合組，Philips 50%之後改全資併入光電分公司
照明	合資	台灣照明	高效率光源	新竹	1986年	1994年	撤資退出
資訊產品	合資	飛中電腦	筆電	台北	1993年	1997年	總公司決策不從事電腦事業，結束先導
光碟儲存	合資	飛利浦明基儲存科技 (PBDS)	光碟機	台北	2003年	2006年	飛利浦與與明基(BenQ)共同合資成立，Philips/51%
光電/光碟儲存	合資	飛利浦建興數位科技 (PLDS)	光碟機	台北	2006年	.	荷蘭飛利浦與台灣建興(Lite-On IT)合資成立/Philips 51%，取得飛利浦之車用光碟事業部門
半導體	合資	台灣積體電路製造 (TSMC)	晶圓製造	新竹科學園區	1987年	2007年	與政府共同合組成立Philips 27.5%，飛利浦逐步釋出手中台積電的持股，直到2007年全數出盡
光電/液晶面板	合資	飛利浦中小液晶面板MDS	中小液晶面板	上海/日本神戶	2003年	2006年	飛利浦與於2006年轉手給國內的統寶光電(Toppoly)
映像管	合資	樂金飛利浦顯示器 (LPL)	映像管、電子玻璃、半成品	韓國龜尾、南京	1999年	2006年	2006年飛利浦與樂金合資成立/Philips 50%，2006年映像管事業結束
光電/液晶面板	合資	樂金飛利浦顯示器 (LPL LCD)	大尺寸液晶面板	韓國龜尾、南京	1999年	2007年	2006年飛利浦與樂金合資成立/Philips 50%，飛利浦釋出持股於2007年退出，公司改名「樂金顯示器，LG Display」

註：依據飛利浦網路資料來源由作者整理，表列重點涵蓋和本書相牽項目，並非集團的全部投資。

附錄三：台灣飛利浦在台投資彙總

國家圖書館出版品預行編目資料

成長與蛻變／林昌雄著. —初版.—臺中市：白象
文化事業有限公司，2022.8
　　面；　公分
ISBN 978-626-7151-42-6（平裝）
1.CST：台灣飛利浦公司 2.CST：電子業
3.CST：企業經營 4.CST：組織管理
484.5　　　　　　　　　　　　111008863

成長與蛻變

作　　者　林昌雄
校　　對　林昌雄
指導單位　財團法人台灣品質文教基金會
出版發行　白象文化事業有限公司
　　　　　412台中市大里區科技路1號8樓之2（台中軟體園區）
　　　　　出版專線：（04）2496-5995　　傳真：（04）2496-9901
　　　　　401台中市東區和平街228巷44號（經銷部）
　　　　　購書專線：（04）2220-8589　　傳真：（04）2220-8505
專案主編　黃麗穎
出版編印　林榮威、陳逸儒、黃麗穎、水邊、陳婷婷、李婕
設計創意　張禮南、何佳諠
經紀企劃　張輝潭、徐錦淳、廖書湘
經銷推廣　李莉吟、莊博亞、劉育姍、林政泓
行銷宣傳　黃姿虹、沈若瑜
營運管理　林金郎、曾千熏
印　　刷　基盛印刷工場
初版一刷　2022 年 8 月
定　　價　480 元